Lecture Notes in Mathematics
A collection of informal reports and seminars
Edited by A. Dold, Heidelberg and B. Eckmann, Zürich

122

H. Zieschang · E. Vogt
H.-D. Coldewey

Math. Institut der Ruhr-Universität Bochum

Flächen und ebene diskontinuierliche Gruppen

Springer-Verlag
Berlin · Heidelberg · New York 1970

Title No. 3278

Frau Anni Faber als Dank

Inhaltsverzeichnis

Einleitung

Für die zweidimensionalen Mannigfaltigkeiten, die Flächen, sind die klassischen Probleme der Topologie, Klassifikation und Hauptvermutung, seit langem gelöst, und es konnten feinere Fragen untersucht werden. Die interessantere Seite der Flächentheorie ist jedoch nicht die topologische, sondern die analytische. Resultate der komplex-analytischen Theorie, z.B., sind oft nur topologischer Art, nicht aber die Beweise, in denen tiefliegende Sätze der Funktionentheorie verwandt werden. Hier ergibt sich ein natürlicher, enger Zusammenhang mit den diskontinuierlichen Bewegungsgruppen der nicht-euklidischen oder euklidischen Ebene.

Die vorliegenden Vorlesungen sollen in erster Linie die kombinatorisch topologischen Sätze über Flächen und ebene diskontinuierliche Gruppen behandeln; es wird also das Konzept des Buches "Einführung in die kombinatorische Topologie" von K.Reidemeister übernommen. Dem dienen Kapitel I - V, allerdings halten wir uns nicht streng in der kombinatorischen Begriffswelt auf, sondern wechseln, wenn es bequem erscheint, in eine andere Kategorie. Die Reinheit des obigen Buches haben wir also ganz und gar nicht erstrebt, im Gegenteil z.B. gruppentheoretische Sätze zumeist geometrisch bewiesen und umgekehrt.

In Kapitel VI gehen wir auf Riemannsche Flächen ein und folgen dem Ansatz von O.Teichmüller zur Lösung des Modulproblems. Hier sind Grundkenntnisse der allgemeinen Topologie, der Funktionentheorie und der nicht-euklidischen Geometrie erforderlich. Wir meinen, hier einen einfachen Zugang beschrieben zu haben.

Die Kapitel I - V stellen die Ausarbeitung einer zweistündigen Vorlesung im Sommersemester 1967 in Frankfurt am Main dar. Kapitel VI entstand aus dem mißglückten Versuch, ein Jahr später die Arbeit [Ahlfors 1] zu besprechen. Den Vorlesungen voraus gingen solche in Moskau 1963/64 und Birmingham 1964 über kombinatorische Flächentopologie sowie Vorlesungen von A.M.Macbeath über ebene diskontinuierliche Gruppen und

Teichmüllersche Räume.

Unser Dank gilt A.B.Sossinskij, A.V.Tschernawskij und A.M.Macbeath für Anregungen und Kritik und Frau Faber für die Realisierung der Vorlesung auf ebenen (!) Bereichen.

I. Freie Gruppen und Graphen

§ I.1 Freie Gruppen

Gegeben sei eine Menge von Symbolen

$$S_1, S_2, S_3, \ldots .$$

Wir nennen jeden Ausdruck der Form

$$W = S_{\alpha_1}^{\varepsilon_1} S_{\alpha_2}^{\varepsilon_2} \ldots S_{\alpha_n}^{\varepsilon_n}, \quad \varepsilon_i = \pm 1$$

ein Wort in den S_i, wozu wir noch das leere Wort "1" nehmen. Produkte von Worten werden durch Hintereinanderschreiben der Symbole definiert. Wir nennen zwei Worte $W = W_1 S_i^{\varepsilon} S_i^{-\varepsilon} W_2$ und $V = W_1 W_2$ elementaräquivalent. Zwei Worte W und V heißen <u>äquivalent</u>, wenn es eine endliche Folge $W = W_1, W_2, \ldots, W_m = V$ von Worten gibt, in der W_i und W_{i+1} zueinander elementar äquivalent sind. Die Äquivalenzklasse des Wortes W werde mit $[W]$ bezeichnet. Wir definieren das Produkt von zwei Äquivalenzklassen $[W]$ und $[V]$ durch

$$[W] \cdot [V] = [W\,V] .$$

Das Produkt ist wohldefiniert; denn sind $W = W_1, W_2, \ldots, W_n = W'$ und $V = V_1, \ldots, V_m = V'$ zwei Systeme aufeinanderfolgender elementaräquivalenter Worte, so ist $WV = W_1V_1, W_2V_1, \ldots, W_nV_1, W_nV_2, \ldots, W_nV_m = W'V'$ ebenfalls eine solche Folge. Die Menge der Äquivalenzklassen bildet unter dieser Multiplikation eine Gruppe, deren neutrales Element die Klasse des leeren Wortes ist. Das inverse Element von $[W] = [S_{\alpha_1}^{\varepsilon_1} \ldots S_{\alpha_n}^{\varepsilon_n}]$ ist $[W^{-1}] = [S_{\alpha_n}^{-\varepsilon_n} \ldots S_{\alpha_1}^{-\varepsilon_1}]$.

Diese Gruppe heißt die <u>freie Gruppe</u> in den freien Erzeugenden $[S_i] = s_i$ und die Kardinalzahl der Indexmenge heißt ihr <u>Rang</u>. Wir zeigen später, daß Gruppen mit verschiedenen Rängen nicht isomorph sind (s. § I.7, Satz I.7). Wir beschränken uns auf freie Gruppen von höchstens abzählbarem Rang.

§ I.2 Wort- und Transformationsprobleme

Bezüglich freier Erzeugendensysteme läßt sich in einer freien Gruppe leicht entscheiden, ob zwei Worte dasselbe oder zueinander konjugierte Elemente darstellen.

Das Wort $W = S_{\alpha_1}^{\varepsilon_1} \dots S_{\alpha_n}^{\varepsilon_n}$ ($\varepsilon_i = \pm 1$) heißt ein Kurzwort, wenn für kein $i = 1, \dots, n-1$ $S_{\alpha_i}^{\varepsilon_i} = S_{\alpha_{i+1}}^{-\varepsilon_{i+1}}$ ist.

Der folgende Prozeß überführt ein gegebenes Wort $W = S_{\alpha_1}^{\varepsilon_1} \dots S_{\alpha_n}^{\varepsilon_n}$ in ein äquivalentes Kurzwort.

Wir definieren:

$W_1 = S_{\alpha_1}^{\varepsilon_1}$. Ist $W_{i-1} = S_{\beta_1}^{\eta_1} \dots S_{\beta_j}^{\eta_j}$, so sei

$W_i = W_{i-2}$, wenn $S_{\beta_j}^{\eta_j} = S_{\alpha_i}^{-\varepsilon_i}$ ist; sonst sei

$W_i = W_{i-1} S_{\alpha_i}^{\varepsilon_i}$.

W_n ist ein zu W äquivalentes Kurzwort.

Sei nun V ein zu W äquivalentes Kurzwort, $V = V_1, V_2, \dots, V_m = W$ eine Folge aufeinanderfolgender elementarer äquivalenter Worte. Wir wollen zeigen, daß der oben angegebene Prozeß W in V überführt. Es ist klar, daß der Prozeß V festläßt.

Ist $V_i = GH$ und $V_{i+1} = GS_j^{\varepsilon_j} S_j^{-\varepsilon_j} H$ und ist mit $K(X)$ das durch den obigen Prozeß definierte Kurzwort zu X bezeichnet, so sieht man leicht, daß $K(GS_j^{\varepsilon_j} S_j^{-\varepsilon_j}) = K(G)$ und folglich $K(V_i) = K(V_{i+1})$ ist. Wir haben somit gezeigt:

Zwei Worte sind genau dann äquivalent, wenn sie das gleiche Kurzwort haben.

Die Lösung des Konjugationsproblems stellen wir als

Aufgabe I.1: Zwei Kurzworte W_1 und W_2 beschreiben genau dann zueinander konjugierte Elemente, wenn sie von der Form

$$W_1 = H^{-1}KJH \qquad W_2 = L^{-1}JKL$$

sind. Dabei endet KJ bzw. JK nicht mit dem Inversen des Anfangszeichens. Ein Kurzwort mit diesen Eigenschaften nennen wir zyklisch kurz oder zyklisch reduziert und sagen, daß wir JK aus KJ durch zyklisches Vertauschen erhalten.

§ I.3 Graphen

Ein Graph oder Streckenkomplex ist ein höchstens abzählbares System von Punkten und gerichteten Strecken mit folgenden Eigenschaften:

(I.1) Jede gerichtete Strecke hat Anfangs- und Endpunkt. (Diese dürfen zusammenfallen.)

(I.2) Zu jeder Strecke σ gibt es eine inverse Strecke σ^{-1}.

(I.3) Der Anfangspunkt von σ ist Endpunkt von σ^{-1} und der Endpunkt von σ ist Anfangspunkt von σ^{-1}.

Ein Paar zueinander inverser Strecken bezeichnen wir in Zukunft als Streckenpaar.

Ein Weg ω ist eine endliche Folge von gerichteten Strecken $\sigma_1,\sigma_2,\ldots,\sigma_n$, so daß der Endpunkt von σ_i gleich dem Anfangspunkt von σ_{i+1} ist. Wir schreiben

$$\omega = \sigma_1\sigma_2\ldots\sigma_n.$$

Ein Weg heißt geschlossen, wenn der Endpunkt von σ_n Anfangspunkt von σ_1 ist, er heißt reduziert oder kurz, wenn in ihm keine Stelle $\sigma\sigma^{-1}$ (Stachel) vorkommt.

Ein Graph heißt zusammenhängend, wenn es zu je zwei Punkten einen Weg $\omega = \sigma_1\ldots\sigma_n$ gibt, so daß der eine Punkt Anfangspunkt von σ_1, der andere Endpunkt von σ_n ist. Er heißt endlich, wenn er nur endlich viele Punkte und Strecken enthält. Als den Grad eines Punktes definieren wir die Anzahl gerichteter Strecken, deren Anfangspunkt er ist.

Beispiele für Graphen sind Straßennetze einer Stadt, das Gleisnetz der Eisenbahn, Telegraphenleitungen und Labyrinthe. Eine Frage über Graphen, das Königsberger Brückenproblem, gilt als Ausgangspunkt der Topologie. Es wurde gefragt, ob man auf einem Weg alle Brücken in der Figur unten einmal, aber auch nur einmal überqueren kann.

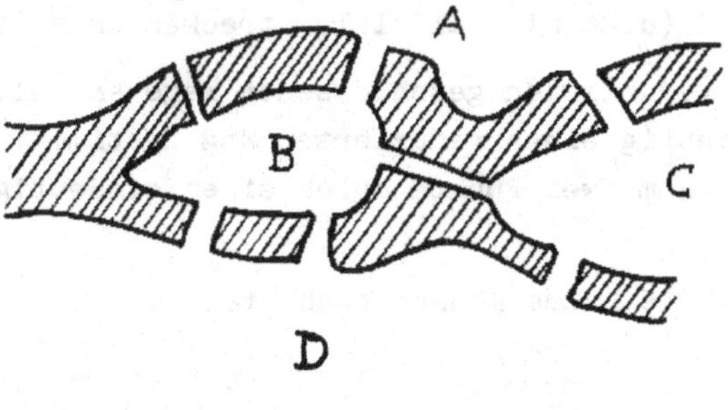

Dies ist äquivalent zu der Frage, ob man den Graphen

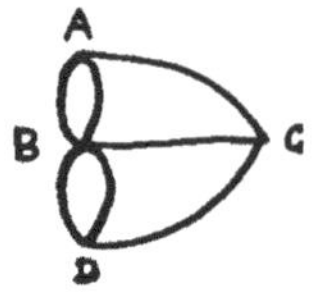

in einem Weg durchlaufen kann, in dem jede Kante genau einmal vorkommt. Euler zeigte, daß es keinen Weg mit dieser Eigenschaft gibt, durch folgenden

Satz I.1: Ist in einem zusammenhängenden endlichen Graphen C die Ordnung aller Punkte gerade, so läßt sich C in einem geschlossenen Weg durchlaufen, der jedes Streckenpaar einmal trifft. Enthält C 2n Punkte ungerader Ordnung, so braucht man n Wege $\omega_1, \omega_2, \dots, \omega_n$, um jede Strecke von C genau einmal zu durchlaufen.

Aufgabe I.2 sei der Beweis des Satzes.

Ein zusammenhängender Graph, der keine reduzierten, geschlossenen Wege außer 1 enthält, heißt Baum.

Satz I.2: In einem zusammenhängenden Graphen C liegt x) ein Baum, der alle Punkte von C enthält.

Beweis: Man nehme einen beliebigen Punkt P_o von C. Der Teilgraph B_o besteht aus P_o. Der Teilgraph B_i von C gehe aus B_{i-1} hervor, indem man die Punkte, die von B_{i-1} um eine Strecke entfernt sind, ferner zu jedem von ihnen eine verbindende Strecke samt Inverser hinzunimmt.

$B = \bigcup_{i=1}^{\infty} B_i$ ist ein Baum, der alle Punkte von C enthält.

Einen Baum, der sämtliche Punkte eines Graphen C enthält, nennen wir (den Graphen C) aufspannend.

Der konstruierte Baum besitzt eine Minimalitätseigenschaft bezüglich P_o. Es läßt sich nämlich jeder Punkt aus C mit P_o auf einem Weg in B verbinden, der so "kurz" ist wie der "kürzeste" Weg in C (d.h. minimal viele Strecken enthält).

Da ein Baum keine reduzierten geschlossenen Wege enthält und jeder Weg eindeutig einen reduzierten Weg bestimmt, lassen sich in einem Baum zwei Punkte durch einen eindeutig

x) Wie Sie wollen: die Bäume können auch stehen.

bestimmten reduzierten Weg verbinden.

Sei B ein aufspannender Baum von C, σ eine Strecke, die nicht in B enthalten ist und verschiedene Endpunkte P und Q besitzt. ω sei der reduzierte Weg von P nach Q in B. Entfernen wir eine Strecke σ' von ω aus B und fügen dafür σ hinzu, so erhalten wir einen neuen aufspannenden Baum B', der zu B benachbart heiße. Unterscheiden sich zwei aufspannende Bäume B und B' nur um k Strecken, so kann man durch k dieser Operationen B in B' überführen. Deswegen ist folgende Definition sinnvoll:

Die Zusammenhangszahl eines Graphen ist die Anzahl der Strecken, die außerhalb eines aufspannenden Baums liegen. Gibt es nur endlich viele Punkte, so ist sie gleich

$$\alpha_1 - \alpha_0 + 1 ,$$

wobei α_1 die Anzahl der Streckenpaare und α_0 die Anzahl der Punkte ist.

§ I.4 Die Wegegruppe eines Graphen

Sei C ein zusammenhängender Graph und P ein Punkt von C. Analog wie bei Worten in freien Gruppen folgt, daß zu jedem Weg ein eindeutig bestimmter reduzierter Weg gehört. (Nach Definition wird die Anfangsstrecke nicht gegen die Endstrecke gekürzt). Wir nennen zwei geschlossene Wege mit Anfangspunkt P äquivalent, wenn sie denselben reduzierten Weg haben. Das ergibt wie bei Worten in einer freien Gruppe eine Äquivalenzrelation. Ist für zwei Wege ω_1 und ω_2 der Endpunkt von ω_1 gleich dem Anfangspunkt von ω_2, so können wir das Produkt $\omega = \omega_1\omega_2$ als den Weg definieren, der zuerst ω_1 und dann ω_2 durchläuft. Wir multiplizieren Äquivalenzklassen geschlossener Wege mit Anfangspunkt P repräsentantenweise. Wie bei freien Gruppen sieht man, daß das Produkt wohldefiniert ist und die Menge der Äquivalenzklassen unter dieser Multiplikation eine Gruppe, die Wegegruppe, bildet.

Satz I.3: Die Wegegruppe eines (zusammenhängenden) Graphen ist frei.

Beweis: Sei B ein aufspannender Baum. Jeder gerichteten Strecke, die nicht in B liegt, ordnen wir ein Symbol S_i oder S_i^{-1} zu, wobei zu inversen Strecken inverse Symbole gehören und verschiedene Strecken verschiedene Symbole erhalten. Einem geschlossenen Weg mit Anfangspunkt P wird das Wort $W = S_{\alpha_1}^{\varepsilon_1} \dots S_{\alpha_n}^{\varepsilon_n}$ in den Symbolen $S_i^{\pm 1}$ zugeordnet, wenn er der Reihe nach die Strecken mit den Symbolen $S_{\alpha_1}^{\varepsilon_1}, S_{\alpha_2}^{\varepsilon_2}, \dots, S_{\alpha_n}^{\varepsilon_n}$ durchläuft. Da geschlossene Teilwege eines Weges, die ganz in B verlaufen, auf ihren Anfangspunkt reduziert werden können, sind Wege mit äquivalenten Worten selbst äquivalent und umgekehrt. Außerdem entspricht dem Produkt zweier Wege das Produkt der zugeordneten Worte. Also ist die Wegegruppe isomorph zur freien Gruppe in den Erzeugenden S_i. ∎

Ein Weg $\sigma_1 \dots \sigma_m \sigma_m^{-1} \dots \sigma_1^{-1}$ heiße Stachel (s.S.I.3). Ein geschlossener Weg in einem Baum besteht aus Stacheln, und wir haben eben allgemein gesehen, daß man den reduzierten Weg zu einem beliebigen Weg erhält, indem man sukzessive alle Stacheln entfernt.

Nimmt man anstelle von P einen anderen Punkt P' als Anfangspunkt, so erhält man eine isomorphe Gruppe. Man nehme dazu auf dem Baum einen Weg ν, der P mit P' verbindet, und ordne einem Weg ω, der in P beginnt und endet, den Weg $\nu^{-1}\omega\nu$ zu. Das liefert eine eineindeutige Beziehung zwischen den Wegeklassen.

Aufgabe I.3: Einem Wechsel des aufspannenden Baumes B entspricht ein Erzeugendenwechsel der freien Gruppe. Man gebe diesen Wechsel für den Übergang zu einem benachbarten Baum durch seine Wirkung auf die Erzeugenden an.

§ I.5 Überlagerungen von Graphen

Unter einer Überlagerung $f: C' \longrightarrow C$ eines Graphen C' über einem Graph C verstehen wir eine eindeutige Zuordnung von Punkten bzw. Strecken aus C zu Punkten bzw. Strecken aus C' mit folgenden Eigenschaften:

(I.4) Ist σ' eine gerichtete Strecke mit Anfangspunkt P' und Endpunkt Q', dann ist $f(\sigma')$ eine gerichtete Strecke mit Anfangspunkt f(P') und Endpunkt f(Q').

(I.5) $\left(f(\sigma')\right)^{-1} = f(\sigma'^{-1})$

(I.6) Ist f(P') = P, und sind $\sigma'_1, \sigma'_2, \ldots$ sämtliche gerichteten Strecken mit Anfangspunkt P' und $\sigma_1, \sigma_2, \ldots$ sämtliche gerichteten Strecken mit dem Anfangspunkt P. Dann bildet f die σ'_i eineindeutig auf die σ_i ab.

Wenn $f(\sigma') = \sigma$ ist, sagen wir i.a., daß σ' <u>über</u> σ liegt. Sei f: C' $\longrightarrow$ C eine Überlagerung. Dann ist das Bild eines Stachels in C' wieder ein Stachel in C, und deshalb sind die Bilder äquivalenter Wege äquivalent. Ist nun $\sigma'\tau'$ ein Weg in C', so daß $f(\tau') = f(\sigma')^{-1}$ ist, dann ist wegen (I.6) auch $\tau' = \sigma'^{-1}$. Also ist ein Weg, der auf einen Stachel abgebildet wird, selbst ein Stachel, und Wege mit gleichem Anfangspunkt, die auf äquivalente Wege abgebildet werden, sind selbst äquivalent. Ferner ist klar, daß f das Produkt zweier Wege in das Produkt der Bilder überführt.

Somit induziert f einen Monomorphismus von der Wegegruppe von C' bezüglich P' in die Wegegruppe von C bezüglich P = f(P'): <u>die Wegegruppe eines überlagernden Graphen ist isomorph einer Untergruppe der Wegegruppe $\mathfrak{U}$ des Grundgraphen.</u> Nimmt man anstelle von P' einen anderen über P liegenden Punkt zum Aufpunkt der Wegegruppe von C', so erhält man eine zu $\mathfrak{U}$ konjugierte Untergruppe.

Zu einer Untergruppe $\mathfrak{U}$ der Wegegruppe $\mathfrak{F}$ von C konstruieren wir nun umgekehrt eine Überlagerung f:C' $\longrightarrow$ C, so daß die Wegegruppe von C' unter dem induzierten Monomorphismus auf $\mathfrak{U}$ abgebildet wird.

$g_1, g_2, \ldots$ seien Repräsentanten der Linksrestklassen $\mathfrak{U}g$ von $\mathfrak{F}$ nach $\mathfrak{U}$. Dabei soll $g_1 = 1$ der Repräsentant von $\mathfrak{U}$ sein. B sei ein aufspannender Baum von C und für jede Restklasse $\mathfrak{U}g_i$ nehmen wir eine Kopie B_i von ihm. Einer Strecke σ von C, die nicht in B liegt, entspricht ein Element $s \in \mathfrak{F}$. Es seien Q der Anfangs- und R der Endpunkt von σ, Q_i und R_i die entsprechenden Punkte in B_i. Ist $\mathfrak{U}g_i s = \mathfrak{U}g_j$, so sei

$\tau(i,\sigma)$ eine Strecke mit Anfangspunkt Q_i und Endpunkt R_j und ihre inverse Strecke sei gleich $\tau(j,\sigma^{-1})$. C' sei die Vereinigung der B_i zusammen mit den Strecken $\tau(i,\sigma)$ $i = 1,2,\ldots,;\sigma \in C - B$. C' ist ein zusammenhängender Graph und die Abbildung f, die B_i "identisch" in B und $\tau(i,\sigma)$ in σ überführt, ist eine Überlagerung.

Die Wegegruppe γ von C habe den Aufpunkt P, und P_1 sei der Punkt über P in B_1.

γ' sei die Wegegruppe von C' bezüglich P_1. Liegt ein Weg mit Anfangspunkt P_1 über einem geschlossenen, so ist auch er geschlossen, wenn er ganz in B_1 verläuft oder der Reihe nach außerhalb der B_i die Strecken $\tau(1,\sigma_1),\tau(i_2,\sigma_2),\ldots,\tau(i_n,\sigma_n)$ durchläuft, so daß $s_1 s_2 \ldots s_n$ ein Element in $\mathfrak{U}$ ist. Dabei sind die s_i die Elemente von γ, die den σ_i entsprechen. Also bildet der Monomorphismus zur Überlagerung das γ' in $\mathfrak{U}$ ab. Ist umgekehrt ω ein Weg in C, der zu einem Element von $\mathfrak{U}$ gehört, und sind $\sigma_1,\sigma_2,\ldots,\sigma_m$ die Strecken von C - B, die er der Reihe nach durchläuft, so liegt $s_1 s_2 \ldots s_m$ in $\mathfrak{U}$ und ω ist gleich $\omega_1\sigma_1\omega_2\sigma_2\ldots\omega_m\sigma_m\omega_{m+1}$. Dabei sind die ω_i Wege in B, die σ_i Strecken außerhalb B. f bildet den folgenden Weg mit Anfangspunkt P_1 auf ω ab:

$\omega_{1,1}\tau(1,\sigma_1)\omega_{2,j_2}\tau(j_2,\sigma_2)\ldots\omega_{m,j_m}\tau(j_m,\sigma_m)\omega_{m+1,1}$,

wo ω_{i,j_i} der Weg in B_{j_i} über ω_i ist und $\tau(j_i,\sigma_i)$ von B_{j_i} nach $B_{j_{i+1}}$ führt. Er ist geschlossen. Also wird γ' isomorph auf $\mathfrak{U}$ abgebildet.

<u>Satz I.4:</u> Eine Überlagerung f: $C' \longrightarrow C$ induziert einen Monomorphismus von der Wegegruppe γ' von C' auf eine Untergruppe $\mathfrak{U}$ der Wegegruppe γ von C, sofern der eine Aufpunkt über dem anderen liegt. Umgekehrt existiert zu jeder Untergruppe $\mathfrak{U}$ von γ eine Überlagerung f: $C' \longrightarrow C$, so daß der von f induzierte Monomorphismus die Wegegruppe von C' isomorph auf $\mathfrak{U}$ abbildet.

§ I.6 Die Schreiersche Methode für Untergruppen

[Schreier 1] , [Reidemeister 1,2]

Ist $\mathfrak{F}$ eine freie Gruppe, frei erzeugt von $s_1, s_2, \ldots$, und besitzt der Graph C einen Punkt und zu jeder Erzeugenden $s_i^{\pm 1}$ eine Strecke $\sigma_i^{\pm 1}$, so ist die Wegegruppe von C isomorph zu $\mathfrak{F}$. Der aufspannende Baum besteht hier nur aus einem Punkt. Ist $\mathfrak{U}$ eine Untergruppe von $\mathfrak{F}$ und C' der zu $\mathfrak{U}$ gehörige Überlagerungskomplex, dann ist $\mathfrak{U}$ isomorph zur Wegegruppe von C', also frei.

Satz I.5: Untergruppen freier Gruppen sind frei. Ist eine Untergruppe von endlichem Index i, so gilt

$$\text{Rang}\,\mathfrak{U} = (\text{Rang}\,\mathfrak{F} - 1)\cdot i + 1 \,.$$

Nach Konstruktion besteht C' ja aus $\alpha_o = i$ Punkten und $\alpha_1 = \text{Rang}\,\mathfrak{F}\cdot\alpha_o$ Streckenpaaren. Zur Konstruktion des Baumes benötigen wir $(\alpha_o - 1)$ Strecken, die Zusammenhangszahl von C' ist also $\text{Rang}\,\mathfrak{F}\cdot i - i + 1$ ◊

Es sei B' ein Baum von C'. Jede Strecke von B' gehört zu einer Erzeugenden von $\mathfrak{F}$, nämlich zu der Wegeklasse, auf die sie unter f: C' ⟶ C abgebildet wird. Seien $P_1', P_2', \ldots$ die Punkte von C' (sie liegen alle über dem einen Punkt von C) und P_1' sei der Aufpunkt der Wegegruppe von C'. Die Punkte entsprechen eineindeutig den Restklassen von $\mathfrak{F}$ modulo $\mathfrak{U}$. Zu jedem Punkt P_i' gibt es genau einen reduzierten Weg in B', der von P_1' nach P_i' läuft. Den Anfangsteilworten der Kurzworte zu solchen Wegen entsprechen wieder Wege von P_1' nach den P_j'. Das Wort, das zu P_i' gehört, repräsentiert ein Gruppenelement w_i aus der Restklasse g_i (siehe die Konstruktion der Überlagerung zu einer gegebenen Untergruppe von Satz I.4). Anstelle der g_i können wir die w_i als Restklassenvertreter nehmen. Diese genügen der "Schreierschen Bedingung" bezüglich der Erzeugenden s_i:

Jedes Anfangsteilwort eines w_i (in den s_i) ist als Element von $\mathfrak{F}$ wieder ein Repräsentant.

Dabei wird w_i als Kurzwort aufgefaßt.

Genügt umgekehrt ein Repräsentantensystem $\{g_i\}$ der Schreierschen Bedingung, so entspricht diesen Repräsentanten ein Baum B' von C'. Erzeugende der Untergruppe $\mathfrak{U}$ korrespondieren zu Wegen $\alpha'\sigma'\ (\overline{\alpha'\sigma'})^{-1}$. Hier ist σ' eine Strecke von C' - B', α' der eindeutig bestimmte reduzierte Zufahrtsweg in B' zum Anfangspunkt von σ' und $\overline{\alpha'\sigma'}$ der zum Endpunkt von σ'. Die Elemente $as(\overline{as})^{-1}$, wobei a die Schreierschen Restklassenvertreter und s die Erzeugenden von $\mathfrak{F}$ durchläuft, erzeugen die Untergruppe $\mathfrak{U}$. Dabei entspricht $\overline{as}$ dem $\overline{\alpha'\sigma'}$, ist also der Restklassenvertreter von $\mathfrak{U}as$. Ist neben α' auch $\alpha'\sigma'$ Restklassenvertreter, so wird $as(\overline{as})^{-1} = 1$. Die übrigen $as(\overline{as})^{-1}$ werden freie Erzeugende, da dann die über σ stehende Strecke σ' nicht dem Baum angehört.

Satz I.6: Sei $\mathfrak{F}$ eine freie Gruppe mit freien Erzeugenden $s_1, s_2, \ldots$, $\mathfrak{U}$ eine Untergruppe. Bilden $g_1, g_2, \ldots$ ein Schreiersches Repräsentantensystem zu $\mathfrak{U}$ bezüglich der Erzeugenden $s_1, s_2, \ldots$, so erzeugen die Elemente $g_i s_j (\overline{g_i s_j})^{-1}$ die Untergruppe $\mathfrak{U}$, und zwar erzeugen die von 1 verschiedenen Elemente $\mathfrak{U}$ frei. ($\overline{g_i s_j}$ ist der Repräsentant von $\mathfrak{U} g_i s_j$.)

§ I.7 Die Nielsensche Methode [Nielsen 2,3]

Es sei $\mathfrak{F}$ eine freie Gruppe in den Erzeugenden $s_1, s_2, \ldots$. In diesem Abschnitt sind Worte, die Elemente repräsentieren, immer kurz.

Als Länge eines Wortes W in den s_i definieren wir die Anzahl der Symbole in ihm. (Zum Beispiel haben $S_1 S_2 S_2^{-1} S_1^{2}$, $S_1^{3} = S_1 \cdot S_1 \cdot S_1$ die Länge 3.)

Die Länge $\ell(w)$ eines Elementes w aus $\mathfrak{F}$ sei die Länge des Kurzwortes. Sie hängt vom Erzeugendensystem ab.

Es seien $v_1, \ldots, v_n$ Elemente aus $\mathfrak{F}$. Ist für $i \neq j$ $\ell(v_i^{\eta} v_j^{\varepsilon}) < \ell(v_i)$, $\eta, \varepsilon = \pm 1$, so erzeugen $v_1', \ldots, v_n'$ mit $v_k' = v_k$, $k \neq i$, und $v_i' = (v_i^{\eta} v_j^{\varepsilon})^{\eta}$ dieselbe Untergruppe $\mathfrak{U}$ wie $v_1, \ldots, v_n$. Ein solcher Erzeugendenwechsel für $\mathfrak{U}$ heiße Nielsenscher Prozeß 1.Art. Offenbar wird dabei $\sum_{k=1}^{n} \ell(v_k)$

verringert. Die neuen Elemente bezeichnen wir ebenfalls mit $v_1,\dots,v_n$.

Nach endlich vielen solcher Prozesse finden wir Erzeugende $v_1,\dots,v_n$, für die stets

(I.7) $\ell(v_i^{\pm 1} v_j^{\pm 1}) \geq \ell(v_i)$. $(i \neq j)$

ist. Diese Ungleichung besagt, daß bei Multiplikation mit $v_i^{\pm 1}$ von rechts oder links kein $v_j^{\pm 1}$ über die Hälfte hinweg gekürzt wird.

Nehmen wir an, bei der Multiplikation mit v_k^{ε} von links und mit v_j^{η} von rechts ($\varepsilon, \eta = \pm 1$) werde v_i, $i \neq j,k$, ganz gekürzt, d.h. v_k^{ε} kürzt die linke Hälfte von v_i und v_j^{η} die rechte Hälfte. (Mehr können sie wegen (I.7) nicht wegkürzen.) Dann hat v_i gerade Länge 2m. Da die Anzahl der v_i endlich ist, gibt es nur endlich viele Erzeugende s_j, die in den v_i auftreten. Wir ordnen die Elemente, die von diesen s_j erzeugt werden, zunächst nach der Länge und danach Elemente gleicher Länge irgendwie, aber fest, und zwar so, daß zueinander inverse Elemente in der Ordnung nicht unterschieden werden. Indem wir notfalls v_i gerader Länge durch ihr Inverses ersetzen, können wir stets erreichen, daß $v_i = uw^{-1}$ ist, u und w gleiche Länge haben und u vor w in der Ordnung liegt. (Dabei ende u nicht mit dem Endzeichen von w.) Vor jedem Element liegen in der Ordnung nur endlich viele.

Im folgenden greifen wir jedesmal, wenn (I.7) verletzt wird, auf den ersten Nielsenschen Prozeß zurück und beginnen dann mit dem <u>Nielsenschen Prozeß 2.Art</u>, den wir jetzt beschreiben, von neuem.

Es sei $v_{i_1} = u\,w^{-1}$ das erste Element unter den v_i gerader Länge. Hat ein v_j die Form $v_j = w\,z$ oder $v_j = z\,w^{-1}$, so ersetzen wir es durch $v_j' = u\,z$ bzw. $v_j' = z\,u^{-1}$. Wir bezeichnen dieses als Abändern bezüglich v_{i_1}. Nach solchen Abänderungen beginnt kein Element $v_j^{\pm 1}$ $(j \neq i_1)$ mehr mit w oder hört mit w^{-1} auf. Die Länge der v_i wird dabei nicht verändert, da sonst ein Nielsenscher Prozeß 1.Art möglich gewesen wäre. Diese Abänderungen führen wir dann nacheinander bezüglich der Elemente v_i durch, die die gleiche Länge wie v_{i_1} haben. Da diese v_i eine Hälfte größter Ordnung besitzen und wir Hälften nur durch frühere Hälften ersetzen, hört dieser Prozeß nach endlich vielen Schritten auf. Dann führen wir die Abänderung bezüglich der nächstlängeren Elemente v_i gerader Längen durch.

Dabei wird kein Element v_i kürzerer Länge mehr geändert oder wir könnten den ersten Prozeß durchführen. Da jeder Prozeß entweder die Länge oder die Ordnung verringert, erhalten wir nach endlich vielen Schritten ein Erzeugendensystem $w_1, w_2, \dots, w_n$ für $\mathfrak{U}$, auf welches die beiden Nielsenschen Prozesse nicht mehr anwendbar sind. Es können dabei auch Untergruppenerzeugende auftreten, welche gleich 1 sind. Dies seien $w_{m+1}, \dots, w_n$.

Die Elemente $w_1, \dots, w_m$ haben dann die folgenden Nielsenschen Eigenschaften:

(I.8) Sie erzeugen $\mathfrak{U}$.

(I.9) $\ell(w_j^{\pm 1} w_i^{\pm 1}) \geq \ell(w_i) \qquad i \neq j$

(I.10) $\ell(w_k^{\pm 1} w_i w_j^{\pm 1}) > \ell(w_k) + \ell(w_j) - \ell(w_i), \quad i \neq j,k.$

Sei nun $z = \prod_{i=1}^{k} w_{\alpha_i}^{\varepsilon_i}$ ein Kurzwort in den w_i, $i = 1, \dots, m$.

Aus den Nielsenschen Eigenschaften folgt:

$$\ell(z) \geq k + \tfrac{1}{2}\ell(w_{\alpha_1}) + \tfrac{1}{2}\ell(w_{\alpha_k}) - 2, \quad \ell(z) \geq \ell(w_{\alpha_i}) + k - 2;$$

denn kein w_i wird ganz weggekürzt und vom Anfangs- und Endelement bleibt mindestens die Hälfte übrig. Für $k \geq 1$ folgt $\ell(z) > 0$.

Ist also $z = 1$, so muß z auch das leere Wort in den w_i sein, also erzeugen $w_1, \dots, w_m$ $\mathfrak{U}$ frei. Unsere Betrachtungen geben auch einen weiteren Beweis dafür, daß die endlich erzeugten Untergruppen freier Gruppen frei sind und damit, daß alle frei sind, da eine Relation nur endlich viele Erzeugende betreffen würde.

Satz I.7: Zwei freie Gruppen sind genau dann isomorph, wenn sie denselben Rang haben.

Beweis: Es ist trivial, daß die Bedingung hinreichend ist.

Seien $v_1,\dots,v_m$ Erzeugende einer freien Gruppe $\mathfrak{F}$, die von $s_1,\dots,s_n$ frei erzeugt wird. Aus den $v_1,\dots,v_m$ erhalten wir durch die Nielsenschen Prozesse Elemente $w_1,\dots,w_s,1,\dots,1$ $(s \leq m)$; dabei erzeugen die w_i $\mathfrak{F}$ frei. Wir können also

$$s_i = \prod_{j=1}^{r} w_{i_j}^{\varepsilon_j}$$

schreiben.

Aus $\ell(w_i) = 1$ folgt $r = 1$ und $s_1 = w_{i_1}^{\varepsilon_1}$. Deswegen ist $m \geq n$ und aus Symmetriegründen $m = n$. Weiter folgt sofort, daß eine freie Gruppe unendlichen Ranges sich nicht durch endlich viele Elemente erzeugen läßt. ▮

Der Satz gilt auch, wenn für den Rang die Abzählbarkeit nicht gefordert wird.

Bemerkung: Haben die Erzeugenden $v_1,\dots,v_m$ von $\mathfrak{U}$ die Nielsensche Eigenschaft, so sind sie die kürzesten Erzeugenden, die es gibt, d.h. sind $w_1,\dots,w_m$ weitere freie Erzeugende von $\mathfrak{U}$ und sind $v_1,\dots,v_m$ ebenso wie $w_1,\dots,w_m$ nach wachsender Länge geordnet, so gilt $\ell(w_i) \geq \ell(v_i), i = 1,\dots,m$.

§ I.8 Geometrische Interpretation der Nielsenschen Eigenschaft [Reidemeister-Brandis]

Sei $\mathfrak{F}$ die Wegegruppe eines Graphen C, der nur einen Punkt P hat, U sei der Überlagerungskomplex zur Untergruppe $\mathfrak{U}$. Für $\mathfrak{F}$ nehmen wir die zu C gehörigen freien Erzeugenden. Unter einem minimalen Baum bezüglich P' von U verstehen wir einen aufspannenden Baum, der zu jedem Punkt Q' von U einen der kürzesten Verbindungswege von P' nach Q' enthält. Wie wir im Beweis von Satz I.1 gesehen haben, besitzt jeder Graph einen minimalen Baum. Der Beweis von Satz I.2 zeigt, wie wir freie Erzeugende für $\mathfrak{U}$ in U finden. Geht man bei der Bestimmung der Erzeugenden von einem minimalen Baum aus, so haben diese die Nielsensche Eigenschaft bezüglich der gewählten Erzeugenden. Umgekehrt gilt

Satz I.8: Hat ein endliches System von Erzeugenden der Untergruppe $\mathfrak{U}$ von $\mathfrak{F}$ die Nielsensche Eigenschaft, so kommt es von einem minimalen Baum.

Beweis: Sei U der Überlagerungsgraph zu $\mathfrak{U}$ und P' der zugehörige Aufpunkt für die Wegegruppe von U. Sei $v_1,\dots,v_m$ ein Nielsensches Erzeugendensystem und seien $v_1,\dots,v_r$ die Erzeugenden ungerader Länge. Zu vorgegebenem Anfangspunkt in U legt jede Erzeugende von $\mathfrak{F}$ eine Strecke von U fest und jedes v_i $i = 1,\dots,m$ bestimmt deshalb einen reduzierten geschlossenen Weg in U. Nehmen wir alle Wege, die den $v_1,\dots,v_r$ entsprechen, und entfernen wir die Mittelstrecke, so erhalten wir einen Baum B_1 von U. Nehmen wir nämlich an, es gäbe in B_1 einen geschlossenen reduzierten Weg $\neq 1$, dann existieren Anfangs- oder Endteilworte v_i', v_j' von v_i bzw. v_j oder deren Inversen, so daß $v_i'v_j'$ ein geschlossener Weg ist. $v_i'v_j'$ ist ein Wort in den Nielsenschen Erzeugenden, aber wegen Eigenschaft (I.10) ist $v_i'v_j'$ selbst keine Nielsensche Erzeugende, da durch geeignetes Heranmultiplizieren von $v_i^{\pm 1}$ und $v_j^{\pm 1}$ ganz $v_i'v_j'$ weggekürzt wird.

So ist $v_i'v_j'$ ein Produkt $v_{\alpha_1}^{\varepsilon_1} v_{\alpha_2}^{\varepsilon_2} \dots v_{\alpha_r}^{\varepsilon_r}$. Sei $v_{\alpha_1}^{\varepsilon_1} = w_1 w_1'$, $v_{\alpha_2}^{\varepsilon_2} = w_1'^{-1} w_2$ und $w_1 w_2$ kurz. Ist w_1 nicht nur Anfangsteilwort von $v_i'v_j'$, sondern sogar von v_i', so wird $v_{\alpha_1}^{\varepsilon_1}$ beim Heranmultiplizieren von v_i oder v_i^{-1} von links und $v_{\alpha_2}^{\varepsilon_2}$ von rechts ganz weggekürzt, was (I.10) widerspricht. Reicht w_1 bis in v_j' hinein, so erhalten wir für $v_{\alpha_r}^{\varepsilon_r}$ dasselbe Argument.

B_1 muß also ein Baum sein, den wir nun erweitern wollen. Wegen (I.9) und (I.10) ist höchstens eine Hälfte der Erzeugenden $v_{r+1},\dots,v_m$ gerader Länge in B_1 enthalten. Ist eine Hälfte ganz enthalten, so fügen wir von der anderen Hälfte alles hinzu bis auf die letzte Strecke, die an die Hälfte, die schon ganz in B_1 lag, anstößt. Dies tun wir der Reihe nach für alle Erzeugende v_i, $i > r$, von denen eine ganze Hälfte in dem vorher konstruierten Baum liegt.

Liegt danach von einer der Erzeugenden keine der beiden Hälften ganz in dem bis dahin konstruierten Baum, so fügen wir ihm eine Hälfte zu und verfahren wie vorher. Wie oben vergewissert man sich, daß bei jedem dieser Schritte wieder ein Baum entsteht, so daß wir schließlich bei einem aufspannenden Baum B anlangen, der alle v_i, $i = 1,\ldots,m$, bis auf eine Strecke enthält. Das Erzeugendensystem bezüglich B für die Wegegruppe von U mit Aufpunkt P' korrespondiert zu den Nielsenschen Erzeugenden $v_1,\ldots,v_m$ und B ist ein minimaler Baum. ∎

Geht man von einem minimalen Baum aus, nimmt Erzeugende und konstruiert wieder einen minimalen Baum, so erhält man eventuell einen anderen Baum.

§ I.9 Automorphismen einer freien Gruppe endlichen Ranges

Sei $\mathfrak{F}$ eine freie Gruppe endlichen Ranges mit freien Erzeugenden $s_1,s_2,\ldots,s_n$. Ist α ein Automorphismus von $\mathfrak{F}$, dann ist $\alpha s_1,\ldots,\alpha s_n$ wiederum ein Erzeugendensystem von $\mathfrak{F}$. Ist umgekehrt $v_1,\ldots,v_n$ ein Erzeugendensystem von $\mathfrak{F}$, dann definiert $s_i \to v_i$ einen Automorphismus. Nun können wir durch Nielsensche Prozesse die s_i in die v_i überführen:

Satz I.9: Jeder Automorphismus einer freien Gruppe $\mathfrak{F}$ mit freien Erzeugenden $s_1,s_2,\ldots,s_n$ ist ein Produkt der folgenden Automorphismen [Nielsen 2,3] :

(I.11) $s_1 \to s_1 s_2$, $s_i \to s_i$ $i > 1$

(I.12) $s_1 \to s_1^{-1}$, $s_i \to s_i$ $i > 1$

(I.13) Umordnen der Erzeugenden.

J.H.C.Whitehead hat ein konstruktives Verfahren zur Lösung folgender Frage gegeben: Gibt es zu gegebenen Elementen $w_1,w_2 \in \mathfrak{F}$ einen Automorphismus von $\mathfrak{F}$, der w_1 auf w_2 abbildet? J.H.C.Whitehead benutzt das folgende System von Automorphismen:

$$\text{(I.14)}\quad \begin{array}{lll} s_{\alpha_j} \longrightarrow s_{\alpha_j} & & 1 \leq j \leq n_1 \\ s_{\alpha_j} \longrightarrow s_{\alpha_j} s_{\alpha_1}^{-\varepsilon} & & n_1 < j \leq n_2 \\ s_{\alpha_j} \longrightarrow s_{\alpha_1}^{\varepsilon} s_{\alpha_j} & & n_2 < j \leq n_3 \\ s_{\alpha_j} \longrightarrow s_{\alpha_1}^{\varepsilon} s_{\alpha_j} s_{\alpha_1}^{-\varepsilon} & & n_3 < j \leq n , \end{array}$$

wobei $\begin{pmatrix} 1 \ldots n \\ \alpha_1 \ldots \alpha_n \end{pmatrix}$ eine Permutation und $\varepsilon = \pm 1$ ist und $1 \leq n_1 \leq n_2 \leq n_3$ natürliche Zahlen sind.

Die Ergebnisse sind [Whitehead 1,2], [Rapaport 1], [Higgins-Lyndon]:
Gibt es zu w_1 ein äquivalentes Wort kleinerer Länge, so gibt es einen der Automorphismen (I.14), unter dem w_1 auf ein Element niedrigerer Länge abgebildet wird. - Haben w_1 und w_2 beide minimale Länge und sind sie äquivalent, dann gibt es eine Kette $A_1,\ldots,A_r$ von Automorphismen (I.14), so daß $A_r\ldots A_1(w_1) = w_2$ und $\ell(A_j\ldots A_1 w_1) = \ell(w)$ ist. Da es nur endlich viele Automorphismen (I.14) und endlich viele Worte einer Länge gibt, ist das Verfahren endlich. (Zwei Elemente heißen hier äquivalent, wenn sie durch einen Automorphismus ineinander überführt werden können.)

Aufgabe I.4: Haben Elemente $x_1,\ldots,x_n$ einer freien Gruppe die Nielsenschen Eigenschaften und liegt $w \neq 1$ in der von ihnen erzeugten Untergruppe, so ist $\ell(wx_i^{\varepsilon}) < \ell(w)$ für ein x_i^{ε}.

Aufgabe I.5a) Für einen beliebigen Automorphismus α der freien Gruppe $\mathfrak{F}$ mit zwei freien Erzeugenden S,T gilt $\alpha(STS^{-1}T^{-1}) = L(STS^{-1}T^{-1})^{\pm 1}L^{-1}$, wobei L ein geeignetes Element aus $\mathfrak{F}$ ist.

b) Erfüllt ein Endomorphismus β zu $\mathfrak{F}$ die Gleichung $\beta(STS^{-1}T^{-1}) = STS^{-1}T^{-1}$, so ist β Automorphismus [Nielsen 1], [Chang 1], [Mal'zev 1]

Aufgabe I.6a) Ist $\mathfrak{F}$ wie oben und $(a,b) = 1$ $|a|, |b| \geq 2$, so ist ein Endomorphismus β mit $\beta\, S^aT^b = S^aT^b$ ein Automorphismus.

b) Gilt für einen Automorphismus $\alpha(S^a T^b) = S^{a'} T^{b'}$, so ist $a' = \pm a$, $b' = \pm b$ oder $a' = \pm b$, $b' = \pm a$.

(Diese Aufgabe ist schwierig. Man vergleiche [Lyndon 1], [Zieschang 1]).

<u>Aufgabe I.7:</u> Kommutieren zwei Elemente einer freien Gruppe, so sind sie Potenzen eines Elementes. Außer 1 hat kein Element endliche Ordnung.

Weitere Literatur: (a) Lehrbücher der Gruppentheorie, insbesondere [Magnus, Karras, Solitar]

(b) [Reidemeister 1]
[Hurewicz 1]
[Cohen-Lyndon]
[Nielsen 4]

II. Kombinatorische Beschreibung von Gruppen und Flächenkomplexe

§ II.1 Tietzescher Satz

$S_1, S_2, \ldots$ seien höchstens abzählbar viele Symbole und $R_1(S)$, $R_2(S), \ldots$ Worte in den S_i und S_i^{-1}. Wir sagen, eine Gruppe $\mathfrak{G}$ habe die (kombinatorische) Beschreibung

$$\{S_1, S_2, \ldots ; R_1(S), R_2(S), \ldots\}$$, wenn

(II.1) es zu den S_i Elemente $s_i \in \mathfrak{G}$ gibt, die $\mathfrak{G}$ erzeugen,

(II.2) für alle i die Relationen $R_i(s) = 1$ in $\mathfrak{G}$ erfüllt sind

und

(II.3) für jede Gruppe $\mathfrak{H}$, die von Elementen $v_1, v_2, \ldots$ mit $R_i(v) = 1$ erzeugt wird, durch $s_i \to v_i$ ein Homomorphismus $\mathfrak{G} \to \mathfrak{H}$ erklärt wird.

Wir schreiben dann $\mathfrak{G} = \{S_1, S_2, \ldots ; R_1(S), R_2(S), \ldots\}$ und sagen, $\mathfrak{G}$ sei gegeben durch die Erzeugenden $S_1, S_2, \ldots$ und die definierenden Relationen $R_1, R_2, \ldots$. Diese Sprechweise ist zwar nicht korrekt, da $S_1, S_2, \ldots$ keine Elemente von $\mathfrak{G}$ sind, aber es ist oft angenehm, nicht andauernd die Bezeichnungen wechseln zu müssen, wenn man von Symbolen, Worten oder Gruppenelementen spricht. Es wird jedesmal aus dem Zusammenhang hervorgehen, was gemeint ist. Wir werden später auch $\mathfrak{G} = \{s_1, s_2, \ldots ; R_1(s), R_2(s) \ldots\}$ o.ä. schreiben, wobei die s_i Elemente von $\mathfrak{G}$ bezeichnen. - Offenbar gilt der Eindeutigkeitssatz: Zwei Gruppen, die dieselbe Beschreibung haben, sind isomorph.

Es sei $\mathfrak{F}$ die freie Gruppe in den Erzeugenden $\bar{s}_1, \bar{s}_2, \ldots$ und $\mathfrak{R}$ der kleinste Normalteiler von $\mathfrak{F}$, der die Elemente $R_1(\bar{s}), R_2(\bar{s}), \ldots$ enthält. Die Gruppe $\mathfrak{F}/\mathfrak{R}$ wird dann von den Elementen $s_i = \mathfrak{R} \cdot \bar{s}_i$ erzeugt, und es gilt $R_i(s) = 1$ für alle i.

Ist $\mathfrak{H}$ eine Gruppe, die von $v_1, v_2, \ldots$ erzeugt wird, so daß $R_i(v) = 1$ für alle i gilt, dann definiert $\bar{s}_i \to v_i$ einen

Homomorphismus $\bar{\alpha}$ von $\mathfrak{F}$ auf $\mathfrak{G}$, der $\mathfrak{R}$ auf die 1 von $\mathfrak{G}$ abbildet. Somit induziert $\bar{\alpha}$ einen Homomorphismus $\alpha: \mathfrak{F}/_{\mathfrak{R}} \to \mathfrak{G}$, der $s_i = \mathfrak{R}\,\bar{s}_i$ auf v_i abbildet:

<u>Existenzsatz: Zu jedem System $\{S_1,S_2,\ldots;\ R_1(S),R_2(S),\ldots\}$ gibt es eine Gruppe $\mathfrak{G} = \{S_1,S_2,\ldots;\ R_1(S),R_2(S),\ldots\}$</u>

<u>Bemerkung:</u> Wir sehen, daß jede weitere Relation von $\mathfrak{G}$, als Element $R(\bar{s})$ von $\mathfrak{F}$ betrachtet, in $\mathfrak{R}$ liegt. Wir nennen alle Worte, die zu Elementen von $\mathfrak{R}$ gehören, <u>Folgerelationen</u> der $R_i(S)$. Sie sind Produkte in den Konjugierten der $R_i(S)$ und ihrer Inversen.

Es ist klar, daß eine Gruppe $\mathfrak{G}$ verschiedene Beschreibungen haben kann. Wir geben nun Prozesse (II.4) - (II.7) an, mit denen man aus einer Beschreibung alle anderen gewinnen kann. Sei $\mathfrak{G} = \{S_1,S_2,\ldots;\ R_1(S),\ R_2(S),\ldots\}$

(II.4) Hinzufügen höchstens abzählbar vieler neuer Erzeugender U_i und ebenso vieler neuer Relationen $R_{u_i}(S,U_i) = U_i W_i^{-1}$, wobei W_i ein Wort in den S_j ist.

(II.5) Die zu (II.4) inverse Operation.

(II.6) Zufügen von Folgerelationen. Darunter zählen wir auch Zufügen trivialer Relationen, d.h. von Worten, die in der freien Gruppe gleich 1 wären.

(II.7) Die zu (II.6) inverse Operation.

Diese Operationen werden nach Tietze benannt, von dem auch bewiesen wurde

<u>Satz II.1:</u> Zwei Beschreibungen $\{S1,\ldots;R_1(S),\ldots\}$ und $\{T_1,\ldots;P_1(T),\ldots\}$ gehören genau dann zu derselben Gruppe $\mathfrak{G}$, wenn sich die Beschreibung $\{S_1,\ldots;R_1(S),\ldots\}$ durch endlich viele Tietze-Transformationen in $\{T_1,\ldots;P_1(T),\ldots\}$ überführen läßt.

<u>Beweis:</u> Es bleibt nur zu zeigen, daß die Bedingung notwendig ist. Sei $\mathfrak{F}$ die Freie Gruppe in den Erzeugenden $\bar{s}_1,\bar{s}_2,\ldots$ und $\mathfrak{T}$ die freie Gruppe in den Erzeugenden $t_1,t_2,\ldots$. Nach Vor-

aussetzung gibt es einen Homomorphismus $\Phi : \mathcal{F} \to \mathcal{G}$ von $\mathcal{F}$ auf $\mathcal{G}$ mit Kern $\mathcal{R}$, so daß $\mathcal{F}/\mathcal{R} \cong \mathcal{G}$, und einen Homomorphismus $\Psi : \mathcal{T} \to \mathcal{G}$ von $\mathcal{T}$ auf $\mathcal{G}$ mit Kern $\mathcal{P}$, so daß $\mathcal{T}/\mathcal{P} \cong \mathcal{G}$. Seien $X_1, X_2, \ldots$ Worte zu den Elementen $x_1, x_2, \ldots$ von $\mathcal{T}$ mit $\Psi(x_i) = \Phi(\bar{s}_i)$, $Y_1, Y_2, \ldots$ Worte zu den Elementen $y_1, y_2, \ldots$ von $\mathcal{F}$ mit $\Phi(y_i) = \Psi(\bar{t}_i)$. Dann führt die Operation (II.4) $\{S_1, \ldots; R_1(S), \ldots\}$ über in $\{S_1, S_2, \ldots, T_1, T_2, \ldots; R_1(S), R_2(S), \ldots, T_1Y_1^{-1}, T_2Y_2^{-1}, \ldots\}$.

Durch (II.6) erhalten wir

$$\{S_1, S_2, \ldots, T_1, T_2, \ldots; R_1(S), R_2(S), \ldots, P_1(T), P_2(T), \ldots, T_1Y_1^{-1}, \ldots, S_1X_1^{-1}, \ldots\},$$

durch (II.7)

$$\{S_1, \ldots, T_1, \ldots; P_1(T), \ldots, S_1X_1^{-1}, \ldots\}$$

und schließlich durch (II.5)

$$\{T_1, T_2, \ldots; P_1(T), P_2(T), \ldots\}. \quad ▯$$

Beschränken wir uns auf Beschreibungen, die nur endlich viele Erzeugende enthalten, so kann man (II.4) ersetzen durch

(II.4') Hinzufügen einer neuen Erzeugenden U und einer Relation $R_u(S,U) = U\,W^{-1}$, wobei W ein Wort in den S_i ist.

Offensichtlich gilt Satz II.1 für Beschreibungen von Gruppen, in denen nur endlich viele Erzeugende und definierende Relationen vorkommen, für die Operationen (II.4'), (II.5), (II.6) und (II.7).

§ II.2 Das Reidemeister-Schreier-Verfahren [Schreier 1], [Reidemeister 1,2].

Sei $\mathcal{U}$ eine Untergruppe von $\mathcal{G} = \{S_1, S_2, \ldots; R_1(S), R_2(S), \ldots\}$ und $\mathcal{F}$ die freie Gruppe mit den freien Erzeugenden $S_1, S_2, \ldots$; Φ sei der kanonische Epimorphismus von $\mathcal{F}$ auf $\mathcal{G}$ und $\mathcal{U}'$ das Urbild $\Phi^{-1}\mathcal{U}$.

Sind $G_1, G_2, \ldots$ ein Schreiersches Repräsentantensystem für die Linksrestklassen von $\mathfrak{F}$ nach $\mathfrak{U}'$, so erzeugen die $G_i S_j \overline{G_i S_j}^{-1}$ die Untergruppe $\mathfrak{U}'$ frei, wenn wir die Erzeugenden weglassen, für die $G_i S_j = \overline{G_i S_j}^{+1}$ ist (siehe § I.6). X_{ij} sei ein System von Symbolen, das eineindeutig den nichttrivialen (freien) Erzeugenden $G_i S_j \overline{G_i S_j}^{-1}$ von $\mathfrak{U}'$ entspreche. Der von $R_1(S), R_2(S), \ldots$ erzeugte Normalteiler $\mathfrak{R}$ von $\mathfrak{F}$ ist in $\mathfrak{U}'$ enthalten, und $\mathfrak{U}'/\mathfrak{R}$ ist isomorph zu $\mathfrak{U}$. $\mathfrak{R}$ wird als Untergruppe von $XR_i(S)X^{-1}$, $X \in \mathfrak{F}$, $i = 1,2,\ldots$, also von $U\, G_k R_i(S) G_k^{-1} U^{-1}$, $U \in \mathfrak{U}'$, $k,i = 1,2,\ldots$, erzeugt. Somit ist $\mathfrak{R}$ der von $G_k R_i(S) G_k^{-1}$ erzeugte Normalteiler von $\mathfrak{U}'$. Schreibt man deshalb $G_k R_\ell(S) G_k^{-1}$ als Worte $R_{k,\ell}(X_{ij})$ in den X_{ij}, so ist $\{X_{ij}; R_{k,\ell}(X_{ij})\}$ eine Beschreibung von $\mathfrak{U}$.

<u>Satz II.2:</u> $\mathfrak{U}$ sei eine Untergruppe von $\mathfrak{G} = \{S_1, S_2, \ldots; R_1(S), R_2(S), \ldots\}$ und die Elemente $g_1, g_2, \ldots$, geschrieben als Worte in den S_i, mögen ein Schreiersches Repräsentantensystem für die Linksrestklassen nach $\mathfrak{U}$ sein. Dann erzeugen die Elemente $g_i s_j \cdot \overline{g_i s_j}^{-1}$ die Untergruppe $\mathfrak{U}$. Lassen wir triviale Erzeugende $g_i s_j \overline{g_i s_j}^{-1}$ weg, so werden die $g_k R_\ell(s) g_k^{-1}$, geschrieben in den nichttrivialen Erzeugenden, die definierenden Relationen.

<u>Beispiel:</u> Es sei $\mathfrak{G} = \{v_1, \ldots, v_n;\ v_1^2 \ldots v_n^2\}$, $\alpha: \mathfrak{G} \to \mathbb{Z}_2$ der Homomorphismus, der alle v_i auf (-1) abbildet. Wir suchen den Kern von α.

Repräsentanten seien 1, v_n, Erzeugende sind dann die Elemente

$$x_i = 1 \cdot v_i (\bar{v}_i)^{-1} = v_i v_n^{-1}, \quad i = 1,\ldots,n-1,$$

$$y_i = v_n\ v_i (\overline{v_n\ v_i})^{-1} = v_n v_i, \quad i = 1,\ldots,n-1 \quad \text{und}$$

$$z = v_n^2.$$

Wir haben zwei Relationen $v_1^2 \ldots v_n^2 = 1$ und $v_n v_1^2 \ldots v_n^2 v_n^{-1} = 1$. Die erste läßt sich in der Form $v_1 v_n^{-1} v_n v_1\ v_2 v_n^{-1} v_n v^2 \ldots v_n v_n^{-1} v_n v_n = 1$ schreiben, ist also gleich $x_1 y_1\ x_2 y_2 \ldots x_{n-1} y_{n-1} z = 1$. Wegen der Tietze-Operation (5) können wir die Erzeugende z durch $(x_1 y_1 \ldots x_{n-1} y_{n-1})^{-1}$ ersetzen. Die zweite Relation läßt sich in der Form

$v_n v_1 \; v_1 v_n^{-1} \; v_n v_2 \; v_2 v_n^{-1} \; v_n v_3 \; \dots \; v_n v_{n-1} \; v_{n-1} v_n^{-1} \; v_n^{2} = 1$
schreiben, ist also gleich $y_1 x_1 \; y_2 x_2 \dots y_{n-1} x_{n-1} z = 1$
und wird nach Ersetzen von z zu

$$y_1 x_1 \; y_2 x_2 \; \dots \; y_{n-1} x_{n-1} \; y_{n-1}^{-1} \; x_{n-1}^{-1} \; \dots \; y_1^{-1} x_1^{-1} = 1.$$

Also hat der Kern von α die Beschreibung

$$\{X_1,\dots,X_{n-1},Y_1,\dots,Y_{n-1};\; Y_1 X_1 Y_2 X_2 \dots Y_{n-1} X_{n-1} Y_{n-1}^{-1} X_{n-1}^{-1} \dots Y_1^{-1} X_1^{-1}\}$$

Diese Beschreibung läßt sich durch Tietze-Operationen überführen in

$$\{A_1,B_1,\dots,A_{n-1},B_{n-1};A_1B_1A_1^{-1}B_1^{-1}\dots A_{n-1}B_{n-1}A_{n-1}^{-1}B_{n-1}^{-1}\}.$$

§ II.3 Freie Produkte mit Amalgam

Gegeben seien die Gruppen $\mathfrak{G} = \{S_1,S_2,\dots;\; R_1(S),R_2(S),\dots\}$ und $\mathfrak{H} = \{T_1,T_2,\dots;\; U_1(T),U_2(T),\dots\}$. Dann heißt die Gruppe $\mathfrak{G} * \mathfrak{H} = \{S_1,\dots,T_1,\dots;\; R_1(S),\dots,\; U_1(T),\dots\}$ das freie Produkt von $\mathfrak{G}$ und $\mathfrak{H}$. Diese Gruppe ist bis auf Isomorphie bestimmt. Sind $\{X_1,X_2,\dots;\; P_1(X),P_2(X),\dots\}$ und $\{Y_1,\dots;Q_1(Y),\dots\}$ zwei weitere Beschreibungen von $\mathfrak{G}$ bzw. $\mathfrak{H}$, dann gibt es endlich viele Tietze-Operationen $\mathfrak{T}_1,\mathfrak{T}_2,\dots,\mathfrak{T}_n$, die $\{X_1,\dots;\; P_1,\dots\}$ in $\{S_1,\dots;\; R_1,\dots\}$ überführen und ebenso Tietze-Operationen $\mathfrak{T}_1',\dots,\mathfrak{T}_m'$, die die zweite Beschreibung von $\mathfrak{H}$ in die erste überführen.

Dann überführen $\mathfrak{T}_1,\mathfrak{T}_2,\dots,\mathfrak{T}_n,\; \mathfrak{T}_1',\dots,\mathfrak{T}_m'$ $\{X_1,\dots,Y_1,\dots;P_1,\dots,Q_1,\dots\}$ in $\{S_1,\dots,T_1,\dots;R_1,\dots,U_1\dots\}$ da die $\mathfrak{T}_i$ weder die T_j noch die U_k und die $\mathfrak{T}_i'$ weder die S_j noch die R_ℓ betreffen.
Seien $\mathfrak{U}$ und $\mathfrak{V}$ Untergruppen von $\mathfrak{G}$ bzw. $\mathfrak{H}$ und $\varphi: \mathfrak{U} \to \mathfrak{V}$ ein Isomorphismus. Ferner sei $\{v_i\}$ ein Erzeugendensystem von $\mathfrak{U}$, V_i das zu v_i korrespondierende Wort in den S_i, $\varphi(V_i)$ ein zu $\varphi(v_i)$ korrespondierendes Wort in den T_i.

Dann definieren wir

$$\mathfrak{G} * \mathfrak{H}_{\mathfrak{U}-\mathfrak{V}} = \{S_1,\dots,T_1,\dots;R_1(S),\dots,\; U_1(T),\dots,\; V_1\varphi(V_1)^{-1}\dots\}$$

Die letzten Relationen $V_i\varphi(V_i)^{-1}$ legen es nahe, $\mathfrak{G}*\mathfrak{H}_{\mathfrak{U}=\mathfrak{V}}$ als das freie Produkt von $\mathfrak{G}$ und $\mathfrak{H}$ mit vereinigter Untergruppe $\mathfrak{U}$ und $\mathfrak{V}$ aufzufassen. Diese Identifizierung können wir auch von vornherein vornehmen, so daß $\mathfrak{A} = \mathfrak{G} \cap \mathfrak{H} \cong \mathfrak{U}$ ist. Man schreibt dann $\mathfrak{G} *_{\mathfrak{A}} \mathfrak{H}$ und nennt es das <u>freie Produkt von $\mathfrak{G}$ und $\mathfrak{H}$ mit Amalgam $\mathfrak{A}$</u>.

Diese Definition kann man offenbar auf mehrere Faktoren verallgemeinern. Dabei ist immer über dieselbe Untergruppe zu vereinigen.

Zur Lösung des Wortproblems in freien Produkten mit Amalgam geben wir eine Normalform für die Gruppenelemente an. Wir fassen das Amalgam $\mathfrak{A}$ als Untergruppe von $\mathfrak{G}$ und $\mathfrak{H}$ auf und wählen Repräsentanten $g_1, g_2, \dots$ der Linksrestklassen von $\mathfrak{G}$ bezüglich $\mathfrak{A}$ und $h_1, h_2, \dots$ der Linksrestklassen von $\mathfrak{H}$ bezüglich $\mathfrak{A}$. Dabei soll die Restklasse $\mathfrak{A}$ jeweils von 1 vertreten werden.

Jedes Element $w \in \mathfrak{G} *_{\mathfrak{A}} \mathfrak{H}$ läßt sich als Produkt

$$w = x_1 y_1 x_2 y_2 \dots x_n y_n$$

schreiben, wobei die $x_i \in \mathfrak{G}$ und $y_i \in \mathfrak{H}$ sind. Zunächst überführen wir das Produkt $x_1 y_1 \dots x_n y_n$ in eines, in dem keines der x_i, y_i ausgenommen x_1 oder y_n in $\mathfrak{A}$ liegt. Ist $y_n \in \mathfrak{A}$, so soll es gleich 1 sein. Offenbar gibt es ein eindeutiges Verfahren, von hinten beginnend, um ein beliebiges Produkt $x_1 y_1 \dots x_n y_n$ in diese Form zu bringen.

Es sei $y_n = a_1 \overline{y}_n$ mit $a_1 \in \mathfrak{A}$ und dem Restklassenvertreter $\overline{y}_n$ von $\mathfrak{A} y_n$, $x_n a_1 = a_2 \overline{x_n a}_1$ usw. Sukzessive fortfahrend erhält w die Form

$$w = a\, g_{i_1} h_{j_1} g_{i_2} h_{j_2} \dots g_{i_\ell} h_{j_\ell} \quad \text{, wobei } a \in \mathfrak{A} \text{ ist}$$

und höchstens g_{i_1} oder h_{j_ℓ} gleich 1 sein kann. Diese Form nennen wir die <u>Normalform</u> von w. Wir haben soeben ein eindeutiges Verfahren beschrieben, um von einer Darstellung $w = x_1 y_1 \dots x_n y_n$ auf die Normalform zu kommen.

<u>Die Normalform eines Elementes ist eindeutig bestimmt</u>. Im Beweis folgen wir [van der Waerden 1] .

Es sei ϑ die Menge der Normalformen und $z \in \mathfrak{G}$ oder $\mathfrak{H}$.

Für $ax_1y_1\ldots x_ny_n \in \vartheta$ sei $(ax_1y_1\ldots x_ny_n)\Pi_z$ die Normalform, die man erhält, wenn man auf $ax_1y_1\ldots x_ny_nz$ den oben angegebenen Reduktionsprozeß anwendet. Das definiert eine Abbildung $\Pi_z\colon \vartheta \to \vartheta$. Sind z und z' beide aus $\mathcal{G}$ oder $\mathcal{H}$, so gilt $\Pi_{zz'} = \Pi_z \Pi_{z'}$. Der Beweis dieser Behauptung ist nicht schwer, ist aber langwierig und enthält viele Fallunterscheidungen.

Π_1 ist die Identität, also ist $\Pi_{z^{-1}}\Pi_z = \Pi_z \Pi_{z^{-1}} = \mathrm{id}$. Damit können wir Π_z als Elemente der Gruppe $\mathcal{P}_\vartheta$ aller Permutationen der Elemente von ϑ auffassen und $z \to \Pi_z$ definiert einen Homomorphismus α von $\mathcal{G}$ (oder β von $\mathcal{H}$) in $\mathcal{P}_\vartheta$. Sei $\mathfrak{L}$ die kleinste Untergruppe von $\mathcal{P}_\vartheta$, die $\alpha(\mathcal{G})$ und $\beta(\mathcal{H})$ enthält. Dann erfüllt $\mathfrak{L}$ die Bedingungen (II.1) und (II.2) bezüglich der Beschreibung von $\mathcal{G} *_{\mathcal{a}} \mathcal{H}$, also existiert ein Homomorphismus

$$\Pi\colon \mathcal{G} *_{\mathcal{a}} \mathcal{H} \to \mathfrak{L} \quad \text{mit}$$

$$(1)\quad \Pi_{ax_1y_1\ldots x_ny_n} = ax_1y_1\ldots x_ny_n$$

Π ist also Monomorphismus und verschiedene Normalformen werden auf verschiedene Permutationen abgebildet. Insbesondere gehören verschiedene Normalformen zu verschiedenen Elementen.

Aus dieser Tatsache lassen sich folgende Eigenschaften leicht ableiten:

(II.8) $\mathcal{G}$ und $\mathcal{H}$ können wir als Untergruppen von $\mathcal{G} *_{\mathcal{a}} \mathcal{H}$ auffassen.

(II.9) Sind $\varphi\colon \mathcal{G} \to \mathcal{X}$ und $\psi\colon \mathcal{H} \to \mathcal{X}$ Homomorphismen mit $\varphi(a) = \psi(a)$ für alle $a \in \mathcal{a}$, so existiert ein Homomorphismus $\Phi\colon \mathcal{G} *_{\mathcal{a}} \mathcal{H} \to \mathcal{X}$, der auf $\mathcal{G}$ mit φ und auf $\mathcal{H}$ mit ψ übereinstimmt.

Aus (II.9) folgt auch die Eindeutigkeit von $\mathcal{G} *_{\mathcal{a}} \mathcal{H}$ bis auf Isomorphie.

(II.10) Ein Element z gehört genau dann zum Zentrum von $\mathcal{G} *_{\mathcal{a}} \mathcal{H}$, wenn z in $\mathcal{a}$ und in den Zentren von $\mathcal{G}$ und $\mathcal{H}$ liegt.

Beweis: Die Bedingung ist natürlich hinreichend. Wäre umgekehrt z aus dem Zentrum von $\mathcal{G} *_{\mathcal{a}} \mathcal{H}$ mit der Normalform

$$z = a\, x_1 y_1 \ldots x_n y_n \quad , \; y_n \neq 1 \quad ,$$

so hätten zx und xz verschiedene Normalformen für $x \in \mathfrak{G}$, $x \notin \mathfrak{A}$. Analog für $y_n = 1$ und $x_n \neq 1$. Also muß $z \in \mathfrak{A}$ sein und im Zentrum von $\mathfrak{G}$ und $\mathfrak{H}$ liegen.

(II.11) Ein Element endlicher Ordnung ist konjugiert zu einem Element aus $\mathfrak{G}$ oder $\mathfrak{H}$.

Beweis: Es sei $z \in \mathfrak{G} \ast_{\mathfrak{A}} \mathfrak{H}$ und $z^m = 1$, $z = a\, x_1 y_1 \ldots x_n y_n$. Ist $n = 1$ und x_1 oder y_n gleich 1, so haben wir nichts zu zeigen. Ist $x_1 = 1$, so hat $y_n z y_n^{-1}$ eine kürzere Normalform als z, ebenso $x_n z x_n^{-1}$ für $y_n = 1$. Diese Kürzungen sind nur für $x_1 \neq 1$ und $y_n \neq 1$ nicht möglich. Schreiben wir dann aber $a x_1 y_1 \ldots x_n y_n$ m-mal hintereinander und überführen in Normalform, so fallen keine Faktoren weg, z^m kann also nicht in $\mathfrak{A}$ liegen, erst recht nicht gleich 1 sein.

Analog zum Satz über Untergruppen freier Gruppen gilt für freie Produkte

Satz II.3 (A.G.Kurosch): Untergruppen freier Produkte sind freie Produkte. - Genauer: $\mathfrak{U} \subset \mathfrak{G} \ast \mathfrak{H}$ läßt sich als freies Produkt

$$\mathfrak{U} = \prod^{\ast} \mathfrak{U}_i \ast \mathfrak{F}$$

schreiben, wobei $\mathfrak{F}$ eine freie Gruppe ist und die $\mathfrak{U}_i$ zu Untergruppen von $\mathfrak{G}$ oder $\mathfrak{H}$ konjugiert sind.

Den Beweis dieses Satzes führen wir im übernächsten Paragraph durch. Einen analogen Satz für freie Produkte mit nicht trivialem Amalgam gibt es nicht.

§ II.4 Flächenkomplexe

Ein Flächenkomplex F ist ein System von Punkten, gerichteten Strecken und orientierten Flächenstücken mit folgenden Eigenschaften:

(II.12) Punkte und gerichtete Strecken bilden einen Graphen C.

(II.13) Zu jedem orientierten Flächenstück φ gibt es einen geschlossenen Weg ω in C. Die Menge der Wege ω', die durch zyklisches Vertauschen aus ω hervorgehen, heißt die Klasse der positiven Randwege von φ. ω^{-1} umläuft φ negativ.

(II.14) Zu jedem orientierten Flächenstück φ gibt es ein entgegengesetzt orientiertes Flächenstück φ^{-1}, dessen positiver Randweg negativer Randweg von φ ist.

Zwei Wege im Streckenkomplex von F heißen <u>äquivalent</u>, wenn sie durch endlich viele der folgenden Abänderungen ineinander überführt werden können:

(II.15) Streichen oder Zufügen von Stacheln (die alte Äquivalenz in C).

(II.16) Es sei $\omega = \omega_1\omega_2\omega_3$ und es sei $\omega_2^{-1}\omega_2'$ der Randweg eines Flächenstücks; dann ändern wir ω zu $\bar{\omega} = \omega_1\omega_2'\omega_3$ ab

Wie früher bilden die Äquivalenzklassen geschlossener Wege mit festem Anfangspunkt P eine Gruppe, die <u>Wegegruppe</u> von F bezüglich P.

Der Einfachheit halber sei C zusammenhängend. Eine Beschreibung der Wegegruppe $\mathfrak{W}$ von F erhalten wir in folgender Weise: es sei B ein aufspannender Baum von C. Erzeugende von $\mathfrak{W}$ korrespondieren wie in § I.4 zu den Strecken, die nicht in C liegen. Relationen, und zwar "definierend viele", erhalten wir, wenn wir Flächenstücke umlaufen, d.h. in Worten, die zu Wegen der Form $\xi\,\partial\varphi\,\xi^{-1}$ gehören. ($\partial\varphi$ bezeichnet einen positiven Randweg von φ). Da man Relationen durch Konjugieren immer abändern kann, ohne die Gruppe zu ändern, können wir ξ stets in B wählen, so daß in den Relationen die Zufahrtswege nicht mehr erscheinen.

Wir nennen zwei Flächenkomplexe <u>verwandt</u>, wenn sie sich durch endlich viele der folgenden drei Prozesse ineinander überführen lassen.

(II.20) Es sei σ eine Strecke, die von P_1 nach P_2 führt. Der abgeänderte Komplex bestehe aus allen Stücken des alten Komplexes bis auf σ und σ^{-1}, einem neuen Punkt P' und den neuen Strecken σ_1, σ_2 und deren Inversen, wobei σ_1 von P_1 nach P' und σ_2 von P' nach P_2 führt. In den Randwegen der betroffenen Flächenstücke ersetzt man σ durch $\sigma_1\sigma_2$.

Dieser Prozeß heißt Aufspalten einer Strecke.

(II.21) Sei φ ein Flächenstück des Komplexes und $\partial\varphi = \omega_1\omega_2$. Der neue Komplex bestehe aus allen Teilen des alten bis auf φ und φ^{-1}. Weiterhin enthält er eine neue Strecke σ, die vom Anfangspunkt von ω_1^{-1} zum Endpunkt von ω_1^{-1} läuft, und deren Inverse σ^{-1}, die Flächenstücke φ_1 und φ_2 mit $\partial\varphi_1 = \omega_1\sigma$ und $\partial\varphi_2 = \omega_2\sigma^{-1}$ samt derer Inversen.
(Aufspalten eines Flächenstücks)

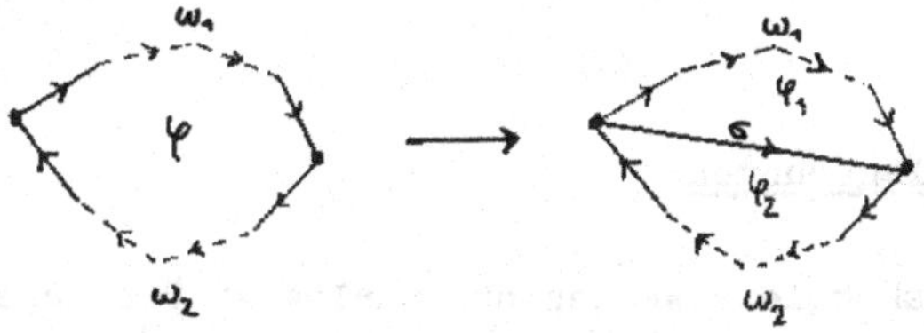

(II.22) Die zu (II.20,21) inversen Prozesse, sofern sie möglich sind.

Zu beachten ist, daß man nicht ohne weiteres Streckenpaare aus dem Komplex entfernen kann.

Z.B.

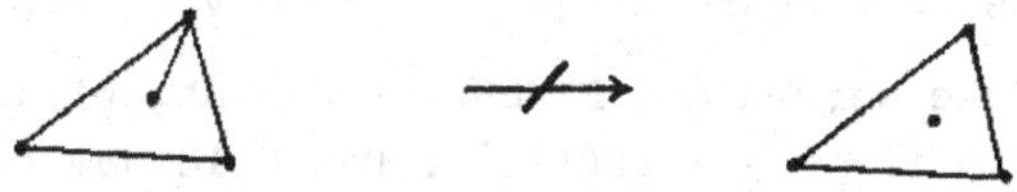

oder

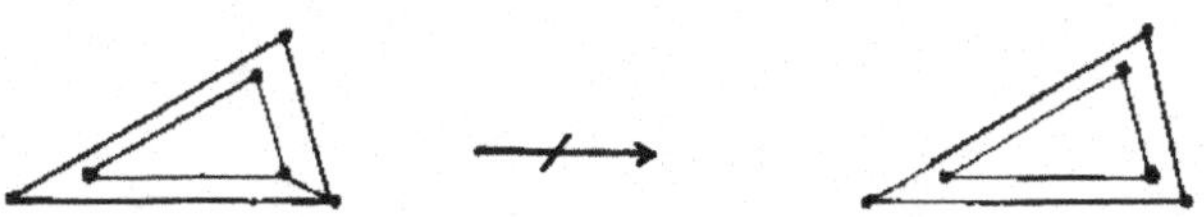

Ebenso muß man bei Punkten vorsichtig sein, denn

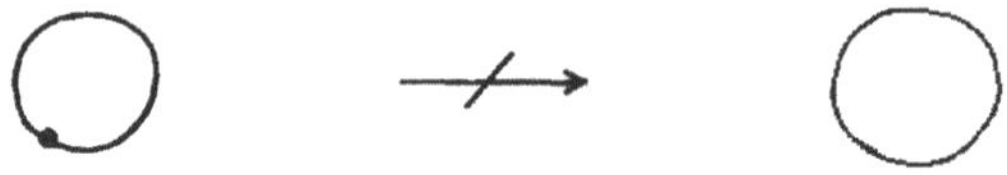

Bei diesen Prozessen bleibt die Zahl

$$\alpha_0 - \alpha_1 + \alpha_2$$

invariant, wobei α_0 und α_1 wie vorher die Anzahl der Punkte und Streckenpaare, α_2 die Anzahl der Paare zueinander inverser Flächenstücke bezeichnen. Wir nennen $\alpha_0 - \alpha_1 + \alpha_2$ die Eulersche Charakteristik des Flächenkomplexes.

Eine weitere Invariante ist die Wegegruppe. Führen wir zum Beispiel den ersten Prozess durch und liegt σ im Baum, haben wir nichts zu zeigen, liegt σ nicht im Baum, so müssen wir σ_1 oder σ_2 zum alten Baum zufügen, um wieder einen aufspannenden Baum zu erhalten, die andere Strecke gibt die Erzeugende zu σ. Im zweiten Prozeß fügen wir eine neue Erzeugende s zu und eine neue Relation s w_1, wobei w_1 ein Wort in den alten Erzeugenden ist. Dies ist die Tietze-Operation (II.4').

§ II.5 Überlagerungen

Überlagerungskomplexe werden nun analog zu Überlagerungen von Graphen erklärt. Der Einfachheit halber soll jeder Randweg eines Flächenstücks nur dieses beranden.

Eine Abbildung $f: F' \to F$ heißt Überlagerung, wenn (II.17), (II.18) und (II.19) gelten.

(II.17) Die Einschränkung von f auf die Streckenkomplexe ergibt eine Überlagerung $f|C': C' \to C$ von Graphen.

(II.18) Flächenstücke werden auf Flächenstücke abgebildet und es gelte $f(\varphi^{-1}) = (f(\varphi))^{-1}$. Das Bild des positiven Randweges eines Flächenstückes φ ist der (einmal durchlaufene) positive Randweg von $f(\varphi)$.

(II.19) Jeder Weg, der auf den Randweg eines Flächenstückes abgebildet wird, ist Randweg eines Flächenstücks von F'.

Sei $f: F' \to F$ eine Überlagerung, F zusammenhängend und P' ein Punkt, der über $P \in F$ liegt. Wie bei Überlagerungen von Graphen sieht man, daß f einen Monomorphismus der Wegegruppe $\mathfrak{U}$ von F' bezüglich P' in die Wegegruppe $\mathfrak{W}$ von F induziert. Bedingung (II.19) sagt ja gerade, daß jeder Weg, der auf einen zum konstanten Weg äquivalenten abgebildet wird, selbst zum konstanten äquivalent ist.

Umgekehrt gehört zu einer Untergruppe $\mathfrak{U}$ von $\mathfrak{W}$ eine Überlagerung:

Sei C der Graph von F und $\mathfrak{W}^*$ die Wegegruppe von C zum Aufpunkt P, berechnet mit Hilfe eines Baumes B. Die freie Gruppe $\mathfrak{W}^*$ erhält man, wenn man aus der Beschreibung von $\mathfrak{W}$ bezüglich des Baumes B sämtliche Relationen wegläßt. Dann gibt es einen kanonischen Homomorphismus $\alpha: \mathfrak{W}^* \to \mathfrak{W}$. Sei $\mathfrak{U}^* = \alpha^{-1}(\mathfrak{U})$ und $f_1: C' \to C$ die Überlagerung, die zu $\mathfrak{U}^*$ gehört. Wir erhalten die gesuchte Überlagerung $f: F' \to F$, indem wir in jeden Weg von C', der auf dem Rand eines Flächenstückes von F abgebildet wird, ein Flächenstück einspannen. Ein solcher Weg ist geschlossen; denn sein Bild ist in F zum konstanten Weg äquivalent, und das heißt, daß er in C einem Element von $\mathfrak{U}^*$ entspricht. f ist die natürliche Erweiterung von f_1 auf F'.

Wir können also Satz I.4 wörtlich übernehmen, wenn wir C und C' als Flächenkomplexe auffassen. (Der Satz bleibt auch für Komplexe beliebiger Dimension richtig.)

Ein <u>Isomorphismus</u> h zwischen zwei Flächenkomplexen F_1 und F_2 ist eine Zuordnung, die umkehrbar eindeutig die Flächenstücke, die Strecken und Punkte von F_1 auf die Flächenstücke bzw. Strecken bzw. Punkte von F_2 abbildet, so daß zueinander inverse auf inverse Stücke abgebildet werden und Berandungsbeziehungen erhalten bleiben. Das letzte besagt: ist $\sigma_1 \dots \sigma_n$ der positive Rand von φ in F_1, so ist $h(\sigma_1)\dots h(\sigma_n)$ der Rand von $h(\varphi)$; ist σ eine Strecke von P_1 nach P_2 in F_1, so ist $h(\sigma)$ eine Strecke von $h(P_1)$nach $h(P_2)$.

Ist $f\colon F' \to F$ eine Überlagerung, so induziert ein Isomorphismus $h\colon F' \to F'$ eine Abbildung von F, wenn Teile von F', die über demselben Teil von F liegen, wieder auf solche Teile abgebildet werden. Ein Isomorphismus h, der dabei die Identität induziert (d.h. $fh = f$), heißt Decktransformation. Unter der Hintereinanderausführung bilden die Decktransformationen eine Gruppe. Diese Gruppe wollen wir bestimmen. Besonders aus der Eigenschaft (I.6) für Überlagerungen folgt

Hilfssatz II.1: Ist P' ein Punkt über P und ω ein in P beginnender Weg in F, so gibt es genau einen über ω liegenden Weg, der in P' beginnt.

Ebenso folgt aus (I.6) zusammen mit (II.18)

Hilfssatz II.2: Eine Decktransformation, die einen Fixpunkt hat oder eine Strecke oder ein Flächenstück auf sich selbst oder das Inverse abbildet, ist die Identität.

Es sei P der Aufpunkt der Wegegruppe $\mathfrak{G}$ von F, $P_1', P_2', \ldots$ die über P liegenden Punkte und $\mathfrak{U}$ die Untergruppe von $\mathfrak{G}$, auf die der von f induzierte Homomorphismus die Wegegruppe von F' zum Aufpunkt P_1' abbildet. Die Repräsentanten $g_1 = 1, g_2, \ldots$ der Restklassen von $\mathfrak{G}$ nach $\mathfrak{U}$ seien so gewählt, daß der Weg mit Anfangspunkt P_1' über einer Kurve, die g_i repräsentiert, in P_i' endet. (Nach Hilfssatz II.1 ist der Weg, der über einer das g_i repräsentierenden Kurve liegt, eindeutig bestimmt, und in § I.5 haben wir gesehen, daß zwei Wege in F' mit Anfangspunkt P_1', die über zwei Kurven liegen, die zwei Elemente derselben Restklasse repräsentieren, zum selben Endpunkt über P laufen. Liegen die zwei Elemente in verschiedenen Restklassen, so sind die Endpunkte verschiedene über P liegende Punkte.)

Eine Decktransformation, die P_i' auf P_j' abbildet, definiert eine eineindeutige Beziehung zwischen in P_i' und in P_j' beginnenden geschlossenen Wegen. Je zwei zusammengehörige Wege liegen über demselben Grundweg. Also bildet der von f induzierte Homomorphismus die Wegegruppe von F' mit Aufpunkt

P_i' und die Wegegruppe von F' mit Aufpunkt P_j' auf dieselbe Untergruppe von $\mathfrak{G}$ ab, d.h. $g_i^{-1}\mathfrak{U}g_i = g_j^{-1}\mathfrak{U}g_j$. Damit haben wir einen Teil des nachfolgenden Satzes bewiesen.

Satz II.4: $\mathfrak{U}, P, P_1', P_2', \ldots, g_1, g_2, \ldots$ seien wie oben. Dann gilt:
Es gibt dann und nur dann eine Decktransformation, die P_i' auf P_j' abbildet, wenn $g_i^{-1}\mathfrak{U}g_i = g_j^{-1}\mathfrak{U}g_j$ ist.

Gilt umgekehrt $g_i^{-1}\mathfrak{U}g_i = g_j^{-1}\mathfrak{U}g_j$, so sind die zwei Wege, die über demselben geschlossenen Weg von F liegen und die in P_i' und P_j' beginnen, entweder beide geschlossen oder beide offen. Deswegen können wir folgende Abbildung definieren:

Ist Q ein Punkt von F', ω' ein Weg von P_i' nach Q, der über ω liegt, und ω'' der eindeutig bestimmte, in P_j' beginnende Weg über ω , so bilde h das Q auf den Endpunkt von ω'' ab. h ist auf den Punkten von F' wohldefiniert. Ist nämlich $\bar{\omega}'$ ein weiterer Weg von P_i' nach Q mit Grundweg $\bar{\omega}$, so ist $\omega'\bar{\omega}'^{-1}$ geschlossen. Dann ist aber auch der über $\omega\bar{\omega}^{-1}$ liegende Weg $\omega''\bar{\omega}''^{-1}$ mit Anfangspunkt P_j' geschlossen, und $\bar{\omega}''$ ist der in P_j beginnende Weg, der über $\bar{\omega}$ liegt. Es ist nun naheliegend, wie h zu einer Decktransformation erweitert werden kann. ▯

Die im Beweis von Satz II.4 konstruierte Decktransformation h überführt im besonderen P_1' in den Punkt P', wenn $\mathfrak{U}g_i^{-1}g_j = g_\ell$ ist. Da eine Decktransformation durch das Bild von P_1' eindeutig bestimmt ist (Hilfssatz II.2), entspricht jedem Vertreter g_j, also jeder Restklasse $\mathfrak{U}g_j$, mit $g_j^{-1}\mathfrak{U}g_j = \mathfrak{U}$ eineindeutig eine Decktransformation. Sind g_i, g_j beide aus $\mathfrak{N} = \{x: x^{-1}\mathfrak{U}x = \mathfrak{U}\}$, dem Normalisator von $\mathfrak{U}$, so ist das Produkt der zu $\mathfrak{U}g_i$ und $\mathfrak{U}g_j$ gehörenden Decktransformationen die zu $\mathfrak{U}g_ig_j$ gehörende Decktransformation. Damit haben wir bewiesen:

Satz II.5: Die Decktransformationsgruppe ist zu $\mathfrak{N}/\mathfrak{U}$ isomorph. Sind $g_{j_1} = g_1 = 1, g_{j_2}, g_{j_3}, \ldots$ die Repräsentanten von Restklassen nach $\mathfrak{U}$, die in $\mathfrak{N}$ liegen, so gibt es zu je zwei Punkten P_{j_k}' und P_{j_ℓ}' eine Deckbewegung, die P_{j_k}' auf P_{j_ℓ}' abbildet.

Ist $\mathfrak{U}$ normal, also $\mathfrak{N} = \mathfrak{G}$, so ist die Decktransformationsgruppe transitiv auf den $P_1', P_2', \ldots$. Ist im besonderen $\mathfrak{U} = 1$, so operiert $\mathfrak{G}$ als Decktransformationsgruppe auf F'.

§ II.6 Beweis des Satzes von Kurosch

Sei F ein Flächenkomplex. Wir ändern zunächst F ab, ohne die Wegegruppe zu ändern. Wir nehmen an, daß in den Randwegen von Flächenstücken keine Stacheln vorkommen und verschiedene Flächenstücke verschiedene Randwege haben.

Der Komplex F sei in verschiedene Teilbereiche, Länder, eingeteilt, so daß mit einem Flächenstück die Strecken des Randes (und ihre Inversen), mit einer Strecke die Endpunkte und mit einer Randstrecke die Flächenstücke, in deren Rändern sie vorkommt, einem Land angehören. Eine Strecke oder ein Flächenstück sollen nur zu einem Land gehören. Wir erlauben auch ein Niemandsland, welches keine Flächenstücke enthält, dessen Strecken keinem Land angehören. Liegt ein Punkt P in einem Land L, aber auch in weiteren, so führen wir einen neuen Punkt Q und eine Strecke τ ein, die von P nach Q führt, lassen alle von P ausgehenden Strecken des Landes L in Q anfangen, alle weiterhin in P beginnen. Der neue Komplex hat eine isomorphe Wegegruppe, da wir die zugefügte Strecke dem alten aufspannenden Baum zufügen können, um einen aufspannenden Baum für den neuen Komplex zu erhalten. Auf den neuen Komplex übertragen wir die alten Länder und rechnen τ zum Niemandsland.

Nach mehreren dieser Schritte erhalten wir einen Flächenkomplex F, in dem kein Punkt verschiedenen Ländern angehört. Wir nehmen an, daß jedes Land zusammenhängend ist, wählen zunächst aufspannende Bäume für die Länder $L_1, L_2, \ldots$ und ergänzen sie zu einem aufspannenden Baum für G. Zur Beschreibung der Wegegruppe von F bekommen wir damit Erzeugende s_{ij}, die von Strecken in L_i herrühren, sowie weitere Erzeugende $s_1, s_2, \ldots$ aus dem Niemandsland. Da der Randweg eines Flächenstückes ganz einem Land angehört, liefert er eine Relation für Erzeugende s_{ij} mit festem i.

Die Wegegruppe von F hat also die Form $\overset{*}{\prod}\mathcal{G}(L_i) * \mathcal{F}$, wo $\mathcal{G}(L_i)$ die Gruppe der Wege im Land L_i mit einem geeigneten Zufahrtsweg versehen und $\mathcal{F}$ die freie Gruppe in den Erzeugenden aus dem Niemandsland ist. Das Produkt werde über alle Länder gebildet.

Seien $\mathcal{G}$ und $\mathcal{H}$ zwei Gruppen und seien zwei Beschreibungen für sie gegeben. Zu diesen konstruieren wir Flächenkomplexe G,H aus je einem Punkt P_1, P_2, Strecken zu den Erzeugenden und Flächenstücke zu den Relationen. Ferner nehmen wir einen Punkt P und zwei Strecken τ_1, τ_2 von P nach P_1 bzw. P_2. Der neue Flächenkomplex F hat die Wegegruppe $\mathcal{G} * \mathcal{H}$, P sei dabei der Basispunkt.

Zu einer Untergruppe $\mathcal{U} \subset \mathcal{G} * \mathcal{H}$ nehmen wir den Überlagerungskomplex F' mit Basispunkt P' über P. In ihm wählen wir einen aufspannenden Baum, der alle Strecken über τ_1 und τ_2 enthält. Ferner definieren wir in F' Länder $L_1, L_2, \ldots$ durch transitive Anwendung von: "Zwei Strecken gehören zu einem Land von F', wenn sie im Rand eines Flächenstückes vorkommen." Die jetzt nicht erfaßten Strecken rechnen wir zum Niemandsland. Jedes Land ist zusammenhängend, und wir wählen zu jedem Land im Baum einen Zufahrtsweg, beginnend in P'. Dann ist die Wegegruppe das freie Produkt $\overset{*}{\prod}\mathcal{G}(L_i) * \mathcal{F}$. Da aber ein Weg in einem L_i ganz über G oder H liegt, sind die Gruppen $\mathcal{G}(L_i)$ konjugiert zu Untergruppen von $\mathcal{G}$ oder $\mathcal{H}$ und der Konjugationsfaktor entspricht dem Zufahrtsweg nach L_i. ∎

Natürlich lassen sich schärfere Aussagen machen, wenn man diese Konstruktion genauer durchführt und betrachtet. Die Konjugationsfaktoren können vorgeschriebene Restklassenvertreter von $\mathcal{G}*\mathcal{H}$ nach $\mathcal{U}$ sein, die der Schreierschen Bedingung genügen, und wir können annehmen, daß jeder Repräsentant höchstens einmal mit einer Untergruppe von $\mathcal{G}$ bzw. $\mathcal{H}$ auftritt. Interessant ist auch der Vergleich mehrerer Produktdarstellungen einer Gruppe (s. [R.Baer und F.Levi]). Andere Beweise des Satzes findet man in [Kuhn 1] , [MacLane 1] , [Weir 1] .

§ II.7 Homologiegruppe

Jedem Flächenstückpaar φ, φ^{-1}, jedem Streckenpaar σ, σ^{-1} und jedem Punkt P eines Flächenkomplexes F ordnen wir ein Paar von Symbolen (f, -f) bzw. (s, -s) bzw. p zu. Die freien abelschen Gruppen $C_0(F)$, $C_1(F)$, $C_2(F)$ in den Erzeugenden p (wobei P alle Punkte von F durchläuft) bzw. s (wobei σ alle Streckenpaare von F durchläuft) bzw. f (wobei φ alle Flächenstückpaare von F durchläuft) heißen die Kettengruppen von F in den Dimensionen 0, 1 bzw. 2. Ein Element einer Kettengruppe heißt Kette. Ist φ ein Flächenstück mit positivem Randweg $\partial\varphi = \sigma_1\sigma_2 \ldots \sigma_n$ und sind f und $s_1+\ldots+s_n$ die zu φ bzw. $\partial\varphi$ gehörenden Ketten, dann definiert die Zuordnung $f \rightarrow s_1+s_2+\ldots+s_n$, wobei φ die Flächenstückpaare durchläuft, einen Homomorphismus ∂_2: $C_2(F) \longrightarrow C_1(F)$, den Randhomomorphismus in der Dimension 2. Analog erhalten wir den Randhomomorphismus ∂_1: $C_1(F) \longrightarrow C_0(F)$ der Dimension 1: hier ist das Bild der Erzeugenden s gleich q-p, wenn die zu s gehörende Strecke σ von P nach Q läuft.

Hilfssatz II.3: $\partial_1\partial_2$ ist der Nullhomomorphismus.

Der Beweis ist einfach. Es genügt zu zeigen, daß $\partial_1\partial_2$ die Erzeugenden von $C_2(F)$ auf 0 abbilden. Das ist aber klar, da der Randweg eines Flächenstückes geschlossen ist.

Als die Homologiegruppen der Dimension 0 bzw. 1 bzw. 2 von F bezeichnen wir

$$H_0(F) = C_0(F)/\text{Bild } \partial_1$$

$$H_1(F) = \text{Kern}\,\partial_1/\text{Bild } \partial_2$$

$$H_2(F) = \text{Kern } \partial_2.$$

Hilfssatz II.3 gewährt die sinnvolle Definition von $H_1(F)$. Zwei Elemente aus $C_0(F)$ bzw. Kern ∂_1 heißen homolog, wenn sie zu derselben Restklasse nach Bild ∂_1 bzw. Bild ∂_2 gehören. Zwei Elemente vom Kern ∂_2 heißen homolog, wenn sie gleich sind Zwei homologe Elemente gehören zu derselben Homologieklasse.

Satz II.6: Die Homologiegruppen sind invariant gegenüber den Prozessen (II.20 - 22) (d.h. verwandte Flächenkomplexe haben isomorphe Homologiegruppen in allen Dimensionen).

Der Beweis ist nicht schwierig, für einige der zu behandelnden Fälle trivial, und wir stellen ihn als Aufgabe II.1.

Unter einer Abbildung eines Flächenkomplexes F' in einen Flächenkomplex F verstehen wir eine Zuordnung $f\colon F' \longrightarrow F$, die Flächenstücke von F' auf Flächenstücke, Strecken oder Punkte von F, Strecken von F' auf Strecken oder Punkte und Punkte schließlich auf Punkte abbildet, wobei Berandungsbeziehungen erhalten bleiben. Genauer bedeutet das:

(II.23) Die Randobjekte von Elementen werden in das Bildelement oder dessen Randobjekte überführt. Inverse Elemente werden auf zueinander inverse abgebildet bzw. beide auf denselben Punkt.

(II.24) Wird das Flächenstück φ' auf φ abgebildet, so ist nach Entfernen von Stacheln das Bild von $\partial\varphi'$ eine positive Potenz von $\partial\varphi$.

(II.25) Ist das Bild von φ' die Strecke σ, so werden den Randstrecken und -punkten von φ' die Strecken σ und σ^{-1} oder deren Endpunkte zugeordnet. Dabei soll $f(\partial\varphi')$ ein geschlossener Weg sein.

(II.26) Werden Flächenstücke oder Strecken auf einen Punkt abgebildet, so auch all ihre Randobjekte.

Als Beispiel für eine Abbildung zwischen Flächenkomplexen erwähnen wir die in § II.5 definierten Überlagerungen. Eine Abbildung $g\colon F' \longrightarrow F$ induziert Homomorphismen

$$g_i\colon C_i(F') \longrightarrow C_i(F)\ , \quad i = 0,1,2$$

in folgender Weise:

Bildet g das zu einer Erzeugenden a_i' von $C_i(F\ )$, $i = 0,1$, gehörige Stück α_i' von F' auf α_i ab, so sei $g_i(a_i') = a_i$, wenn die zu α gehörige Kette zum i-ten Kettenkomplex gehört; sonst sei $g_i(a_i') = 0$. g_i wird linear auf ganz $C_i(F')$ erweitert.

Ist das Bild eines Flächenstückes φ' ein Flächenstück φ und gilt für die Randketten $g_1(\partial_2' f') = n\,\partial_2 f$, so sei $g_2 f' = nf$. Hat das Bild von φ' niedrigere Dimension, so sei $g_2 f' = 0$. Dann bekommt man:

Eine Abbildung zwischen Flächenkomplexen F' und F induziert Homomorphismen $g_{i*}\colon H_i(F') \longrightarrow H_i(F)$ auf folgende Weise: ist $\sum x_i a_i'$ eine Kette aus $C_i(F')$ mit $\partial_i(\sum x_i a_i') = 0$ und bezeichnet $[\sum x_i a_i']$ die zu $\sum x_i a_i'$ gehörige Homologieklasse, so sei

$$g_{i*}[\sum x_i a_i'] = [g_i(\sum x_i a_i')] = [\sum x_i g_i(a_i')] .$$

(Beweis als <u>Aufgabe II.2</u>)

Satz II.7: F sei ein zusammenhängender Flächenkomplex. Dann ist $H_1(F)$ isomorph der abelsch gemachten Wegegruppe $\mathcal{G}$ von F (zu beliebigem Aufpunkt).

Beweis: Wir konstruieren einen Epimorphismus $\mathcal{G} \longrightarrow H_1(F)$, dessen Kern die Kommutatoruntergruppe von $\mathcal{G}$ ist. Repräsentiert der Weg ω das Element $\{\omega\} \in \mathcal{G}$ und $w \in C_1(F)$ die zu ω gehörende Kette, so ist $\partial_1 w = 0$, da ω geschlossen ist. Somit repräsentiert w eine Homologieklasse $[w]$ von $H_1(F)$. Man sieht sofort, daß $\{\omega\} \longrightarrow [w]$ einen Homomorphismus $\Phi\colon \mathcal{G} \longrightarrow H_1(F)$ definiert. Ist nun $[u]$ ein beliebiges Element von $H_1(F)$, so läßt sich wegen $\partial_1 u = 0$ das u in eine Summe $w_1 + w_2 + \ldots + w_n$ zerlegen, so daß die entsprechenden Wege $\omega_1, \ldots, \omega_n$ geschlossen sind. Durch Zufügen von Stacheln können wir jedes ω_i mit dem Aufpunkt der Wegegruppe verbinden. Da Stacheln bei Φ auf $0 \in H_1(F)$ abgebildet werden, ergibt das Produkt der ω_i zusammen mit den Zufahrtswegen eine geschlossene Kurve ω mit $\Phi\{\omega\} = [u]$. Also ist Φ ein Epimorphismus. Da $H_1(F)$ abelsch ist, enthält der Kern von Φ die Kommutatoruntergruppe von $\mathcal{G}$. Ist andererseits $\{\omega\}$ aus dem Kern von Φ und w die zu ω gehörende Kette aus $C_1(F)$, so gibt es eine Kette $f = \sum a_i f_i$ aus $C_2(F)$ mit $\partial_2 f = \sum a_i \partial_2 f_i = w$. Die f_i entsprechen dabei Flächenstücken von F. Da die $\partial_2 f_i$ Ketten zu Randwegen von Flächenstücken sind, wird aus ω nach kommutativem Rechnen mit den Strecken ein Produkt aus Randwegen von Flächenstücken. ω ist also bis auf einen Weg aus Kommutatoren nullhomotop. ∎

§ II.8 x) Erste Homotopiegruppe (Fundamentalgruppe) und Wegegruppe. Der Van Kampen Satz. Zusammenkleben.

In diesem Paragraph seien Komplexe die üblichen Zellkomplexe oder auch CW-Komplexe beliebiger Dimension. Die Eigenschaften der 1.Homotopiegruppe π_1, insbesondere was Überlagerungen anlangt, werden als bekannt vorausgesetzt.

Bezeichnet K^i das i-dimensionale Gerüst eines Komplexes K, so definieren wir die Wegegruppe $\mathcal{G}$ von K als die Wegegruppe des Flächenkomplexes K^2.

K sei ein Komplex mit zusammenhängendem K^1, und der Basispunkt $*$ für $\pi_1(K)$ sei ein Punkt aus K^o. Dann läßt sich jeder von $*$ ausgehende geschlossene Weg unter Festhalten des Anfangspunktes nach K^1 und jede Fläche nach K^2 stetig deformieren. Somit ist $\pi_1(K) = \pi_1(K^2)$. Jedem geschlossenen Weg in K^2 in unserem Sinne mit Aufpunkt $*$ entspricht eine stetige Abbildung $S^1,* \longrightarrow K^2,*$ (S^1 die 1-Sphäre mit Basispunkt $*$), somit ein Repräsentant eines Elementes von $\pi_1(K)$. Trivialerweise sind kombinatorisch äquivalente Wege homotop, und wir erhalten so einen Homomorphismus $\Psi: \mathcal{G} \longrightarrow \pi_1(K^2)$. Da man einen geschlossenen Weg von K^2 mit Anfangspunkt $*$ in einen Weg deformieren kann, der ganz in K^1 liegt und jede Strecke, die er betritt, ganz durchläuft, ist Ψ ein Epimorphismus. Andererseits operiert $\mathcal{G}$ fixpunktfrei auf einer Überlagerung $\tilde{K}^2$ von K^2 als Deckbewegungsgruppe (oder auch auf einer Überlagerung $\tilde{K}$ von K). Die in § II.5 definierten Überlagerungen können wir aber auch topologisch als Überlagerungen auffassen. Nun gehören zu zwei verschiedenen Elementen von $\mathcal{G}$ verschiedene Decktransformationen. Deswegen ist Ψ auch ein Monomorphismus.

Aussage: Wegegruppe und 1.Homotopiegruppe eines Komplexes stimmen überein.

x) Dieser Paragraph ist zum Verständnis des restlichen Textes nicht nötig.

Der folgende Satz gibt ein Verfahren an, die Wegegruppe eines Komplexes $K = K_1 \cup K_2$ aus den Wegegruppen von K_1 und K_2 zu berechnen.

Van Kampen Satz: Sei K ein zusammenhängender Komplex beliebiger Dimension, K_1, K_2 seien zusammenhängende Teilkomplexe mit zusammenhängendem Durchschnitt $K_1 \cap K_2$. Für alle Wegegruppen wählen wir denselben Aufpunkt im Durchschnitt. Die Wegegruppe von K_i habe die Beschreibung $\{S_1^{(i)}, S_2^{(i)}, \ldots ; R_1^{(i)}(S^{(i)}), \ldots\}$, und die von $K_1 \cap K_2$ habe Erzeugende $V_1, V_2, \ldots$. $V_j^{(i)}$ bezeichne das zu V_j gehörige Element der Wegegruppe von K_i . Dann hat K offenbar die Beschreibung

$$\{S_1^{(1)}, S_2^{(1)}, \ldots S_1^{(2)}, S_2^{(2)}, \ldots ; R_1^{(1)}(S^{(1)}), \ldots, R_1^{(2)}(S^{(2)}), \ldots, V_1^{(1)} V_1^{(2)-1}, \ldots\}$$

In diesem Abschnitt berechnen wir die Wegegruppe eines Komplexes, der aus einem Komplex durch Zusammenkleben zweier isomorpher Teilkomplexe entsteht. - Sei K ein zusammenhängender Komplex, L_1, L_2 zusammenhängende Teilkomplexe mit leerem Durchschnitt. Den Basispunkt $*$ für die Wegegruppen wählen wir außerhalb $L_1 \cup L_2$. Sei $\iota : L_1 \longrightarrow L_2$ ein Isomorphismus und K^ι der Komplex der aus K hervorgeht, indem man L_1 und L_2 vermöge ι identifiziert. Seien P und $\iota(P)$ Punkte aus L_1 bzw. L_2, σ_1, σ_2 Wege von $*$ zu P bzw. $\iota(P)$, τ bezeichne den Weg $\sigma_1 \sigma_2^{-1}$ und t seine Homotopieklasse. Dann erhält man eine Beschreibung von K^ι aus der von K, indem man die Erzeugende t und die Relationen $\{\sigma_1 \lambda \sigma_1^{-1}\} = \{\tau \sigma_2 \iota(\lambda) \sigma_2^{-1} \tau^{-1}\}$ dazufügt, wo λ die erzeugenden Wege der Wegegruppe von L_1 durchläuft.

§ II.9 Freiheitssatz.

Ein wichtiger Satz, den wir zwar später nicht benötigen, der aber in dieses Kapitel gehört, ist der Freiheitssatz von Magnus [Magnus 1] : In einer Gruppe $\{A_1, \ldots, A_n, X; R(A_1, \ldots, A_n, X)\}$ mit einer definierenden Relation gelte eine Relation $S(a_1, \ldots, a_n) = 1$, die nicht schon in der freien Gruppe in den Erzeugenden $A_1,\dots,A_n$ erfüllt ist. Dann hat R die Form $W\,T\,W^{-1}$, wobei W ein Wort in allen Erzeugenden sein kann, T jedoch nur ein Wort in $A_1,\dots,A_n$ ist.

Dies besagt umgekehrt: Enthält R nach zyklischem Kürzen das X, dann ist die von $a_1,\dots,a_n$ erzeugte Untergruppe frei.

<u>Aufgabe II.3:</u> Durch Zusammenkleben berechne man die Wegegruppe des Kreisringes

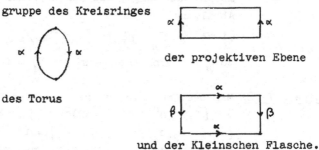

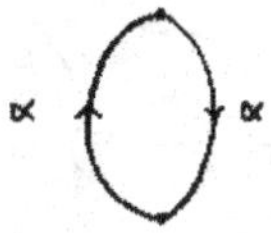

der projektiven Ebene

des Torus

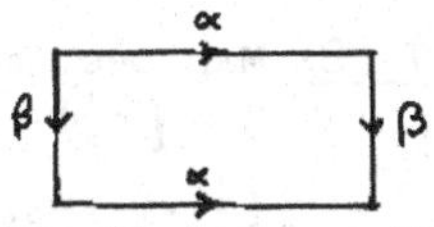

und der Kleinschen Flasche.

<u>Aufgabe II.4:</u> Man berechne die Wegegruppe der Brezelfläche vom Geschlecht 2

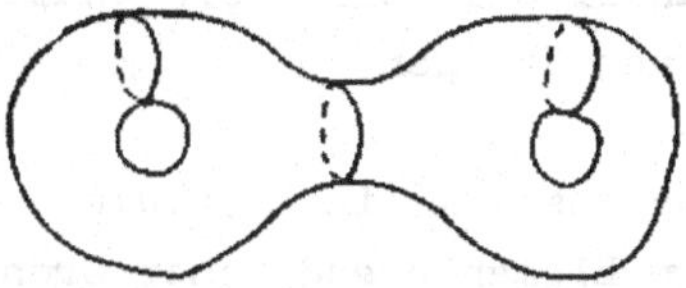

aus der Wegegruppe des Torus mit einem Rand

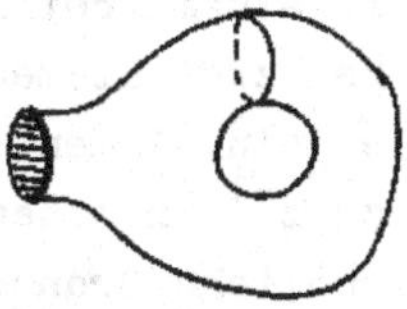

(mit Hilfe des Van Kampen Satzes)

<u>Aufgabe II.5:</u> Jeder endlich erzeugte nicht-triviale Normalteiler einer freien Gruppe ist von endlichem Index.
(Hinweis: Für den geometrischen Beweis nutze man die Eigenschaften der Decktransformationsgruppe)

<u>Aufgabe II.6:</u> Klassifiziere die Gruppen $\{S,T;S^aT^{-b} = 1\}$ gegen Isomorphie [Schreier 2].

<u>Aufgabe II.7:</u> Es sei $\mathcal{G} = \{S,T;\ S^aT^b = 1\}$, $(a,b) = 1$. In dieser Gruppe ist die Faktorgruppe nach der Kommutatoruntergruppe $\mathcal{G}/[\mathcal{G},\mathcal{G}]$ zu $'Z$ isomorph. Man zeige, daß der Kern der kanonischen Abbildung

$$\mathcal{G} \to \mathcal{G}/[\mathcal{G},\mathcal{G}] = 'Z \longrightarrow 'Z/_{s'Z} = 'Z_s$$

zu $\mathcal{G}$ isomorph ist, wenn $(s,ab) = 1$ ist.

<u>Aufgabe II.8:</u> Man bestimme die Untergruppen vom Index 8 von $\{S,T;\ S^8 = T^2 = (ST)^8 = 1\}$, die zu $\{a_1,b_1,a_2,b_2;\ [a_1,b_1]\cdot[a_2,b_2] = 1\}$ isomorph sind, und zeige, daß unter ihnen genau ein Normalteiler vorkommt [Sanatani 1]

<u>Aufgabe II.9:</u> Man klassifiziere die endlich erzeugten abelschen Gruppen.

<u>Aufgabe II.10:</u> Man bestimme in $\{s,t,u;s^n = s\ [t,u] = 1\}$, $n \geq 2$, die Elemente endlicher Ordnung.

<u>Aufgabe II.11:</u> In einem freien Produkt mit Amalgam kommutieren zwei Elemente x,y höchstens dann, wenn es ein Element z gibt, so daß $z x z^{-1}$ und $z y z^{-1}$ in einem Faktor liegen. Ein Element hat endliche Ordnung höchstens dann, wenn es zu einem Element eines Faktors konjugiert ist. (Vergl.Aufgabe I.7)

Weitere Literatur:
Lehrbücher der Gruppentheorie und Topologie. Insbesondere [Magnus,Karras,Solitar], [Reidemeister 1], [Seifert-Threlfall].
Ferner [v.Dyck 1] [Lyndon 2] [Neumann 1].

III. Flächen

§ III.1 Definitionen

Es sei C ein Flächenkomplex mit den Eigenschaften:

(III.1) C ist zusammenhängend.

(III.2) Jede gerichtete Strecke σ kommt in mindestens einem Randweg vor.

(III.3) Insgesamt tritt jede gerichtete Strecke in allen Randwegen höchstens zweimal auf. (Dabei kann sie auch zweimal in demselben Randweg erscheinen.)

Eine Strecke σ heißt Randstrecke, wenn sie nur einmal in Randwegen vorkommt. Die gerichtete Strecke σ' heiße Nachbar der g e r i c h t e t e n Strecke σ, wenn der Weg $\sigma\sigma'$ in einem Randweg auftritt. Eine Randstrecke hat nur einen Nachbarn. Umgekehrt ist eine Strecke, die nur einen Nachbar hat, Randstrecke und eine Strecke mit zwei Nachbarn liegt nicht auf dem Rand.

Ein Stern ist eine Folge $\sigma_{\alpha_1},\ldots,\sigma_{\alpha_n}$ von gerichteten Strecken mit gemeinsamem Anfangspunkt, in der $\sigma_{\alpha_i}^{-1}$ $(1 < i < n)$ die Strecken $\sigma_{\alpha_{i-1}}$ und $\sigma_{\alpha_{i+1}}$ zu Nachbarn hat und wobei $\sigma_{\alpha_{i-1}} \neq \sigma_{\alpha_{i+1}}$ ist. Also können höchstens σ_{α_1} und σ_{α_n} Randstrecken sein.

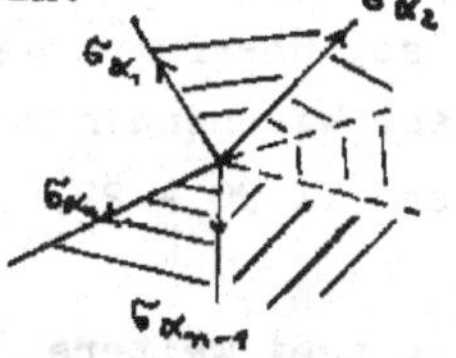

Ein Stern heißt geschlossen, wenn $\sigma_{\alpha_1}^{-1}$ das σ_{α_n} zum Nachbarn hat, er heißt einfach, wenn keine gerichtete Strecke zweimal vorkommt.

Zu einer gerichteten Strecke σ konstruieren wir nun einen Stern, der sie enthält. Wir fügen zuerst die Nachbarn σ_{-1},σ_1 von σ^{-1} hinzu und erhalten $\sigma_{-1}\sigma\sigma_1$. Dann fügen wir links den zweiten Nachbarn von σ_{-1}^{-1} und rechts den zweiten Nachbarn von σ_1^{-1} hinzu und setzen dieses Verfahren fort, solange wir benachbarte Strecken finden. Gehen von dem Anfangspunkt von σ nur endlich viele Strecken aus, so erhalten wir einen eindeutig bestimmten maximalen einfachen Stern. Jede gerichtete Strecke gehört eindeutig einem einfachen geschlossenen oder maximalen offenen Stern an. Der Stern ist dabei bis auf den Durchlaufungssinn und zyklisches Vertauschen eindeutig bestimmt.

Eine <u>Fläche</u> ist ein Flächenkomplex, der (III.1), (III.2), (III.3) und die folgende Bedingung (III.4) erfüllt:

(III.4) Zu zwei Strecken σ_1 und σ_2 mit dem Anfangspunkt P gibt es einen Stern $\sigma_1 = \sigma_{\alpha_1}, \dots, \sigma_{\alpha_n} = \sigma_2$ um P.

(III.4) hat zur Folge, daß es um einen Punkt P der Fläche entweder keinen geschlossenen Stern oder einen (bis auf Umlaufsinn und zyklisches Vertauschen) eindeutig bestimmten geschlossenen Stern gibt. Punkte mit geschlossenem Stern heißen innere Punkte, die anderen Randpunkte.

Bemerkung: Ist $\omega\sigma\sigma^{-1}\omega'$ der Randweg eines Flächenstückes und P der Endpunkt von σ, dann macht σ^{-1} den ganzen Stern um P aus. Aus (III.4) folgt dann, daß P nicht auch der Anfangspunkt von σ sein kann. Aus demselben Grund kann in keinem Randweg ein Teilweg $\sigma\kappa_1 \dots \kappa_n\sigma^{-1}$ auftreten, in dem $\kappa_i = \sigma_{i1}\sigma_{i2}\sigma_{i1}^{-1}\sigma_{i2}^{-1}$ ist und die Strecken σ und σ_{ij} denselben Anfangs- und Endpunkt haben.

Die Prozesse (II.20) und (II.21) überführen Flächen in Flächen, ebenso, falls er möglich ist, überführt der inverse Prozeß (II.22) Flächen in Flächen. Wir nennen zwei Flächen <u>verwandt</u>, wenn sie durch Prozesse (II.20 - 22) ineinander überführt werden können.

Wir verwenden im folgenden häufig zwei weitere Prozesse, die sich aus den Prozessen (II.20 - 22) gewinnen lassen. Wir setzen voraus, daß von jedem Punkt nur endlich viele Strecken ausgehen.

(III.5) Sei P ein Punkt der Fläche F mit dem Stern $\sigma_1, \dots, \sigma_n$. Dann sei F' die Fläche, die außer den alten Stücken einen weiteren Punkt Q und eine weitere Strecke σ enthält, wobei die Strecken $\sigma_j, \dots, \sigma_k$ $(j \leq k)$

in Q, die übrigen σ_i in P beginnen und σ von P nach Q führt. Die Sterne in P und Q lauten dann $\sigma_1,\dots,\sigma_{j-1},\sigma,\sigma_{k+1},\dots,\sigma_n$ bzw. $\sigma^{-1},\sigma_j,\dots,\sigma_k$. In den Randwegen werden nur die Stellen $(\sigma_{j-1}^{-1}\sigma_j)^{\varepsilon}$ oder $(\sigma_k^{-1}\sigma_{k+1})^{\varepsilon}$ durch $(\sigma_{j-1}^{-1}\sigma\sigma_j)^{\varepsilon}$ bzw. $(\sigma_k^{-1}\sigma^{-1}\sigma_{k+1})^{\varepsilon}$ ($\varepsilon = \pm 1$) abgeändert.

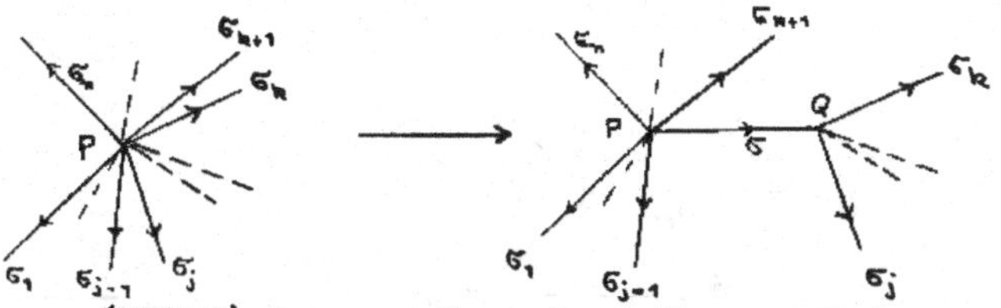

(III.6) Der zu (III.5) inverse Prozeß, falls er wieder eine Fläche liefert.

Wir nennen (III.6) Zusammenziehen von Punkten. Falls (III.6) möglich ist, überführt er Flächen in Flächen, solange die fortgelassene Strecke σ nicht zwei Randpunkte verbindet, dabei aber selbst im Innern liegt. Verbindet σ zwei Randpunkte, so verletzt der Komplex F', der aus F durch Zusammenziehen von Punkten entsteht, die Bedingung (III.4) für Flächen:

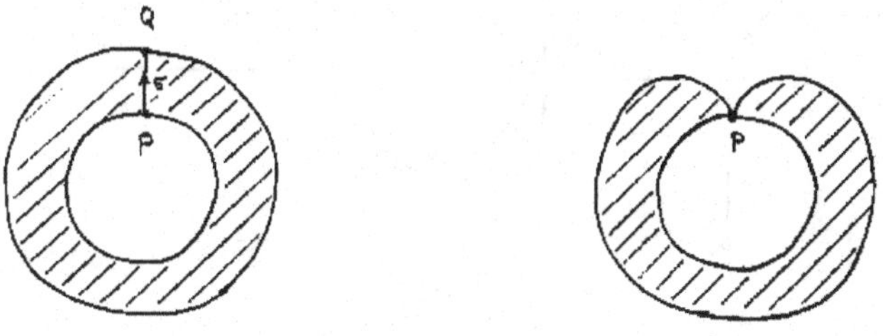

(III.6) läßt sich aus den anderen Prozessen gewinnen, wie man dem folgenden Bild entnimmt:

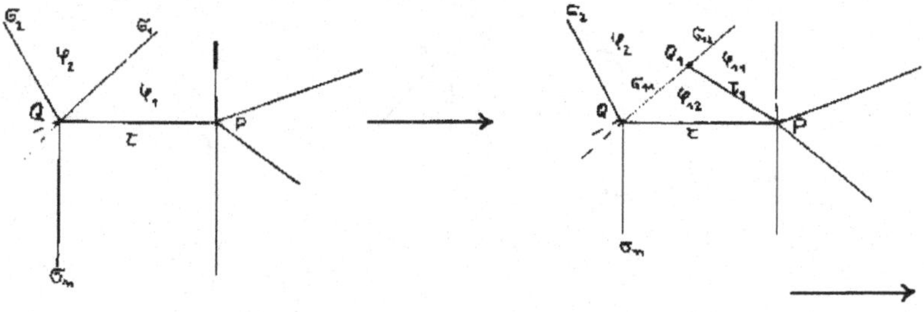

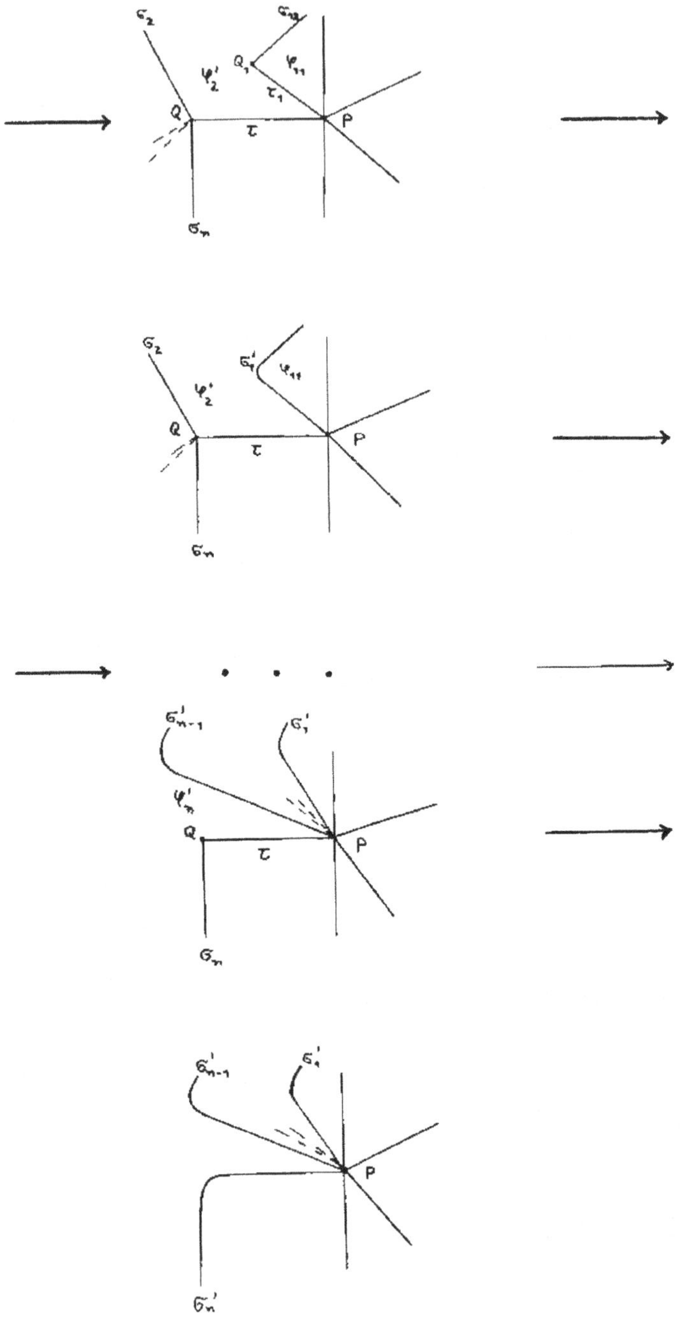
σ_2
φ_2'
Q_1
φ_{11}
τ_1
Q
τ
P
σ_n
σ_1'
σ_{n-1}'
φ_n'
σ_n'

§ III.2 Klassifikation endlicher Flächen

Sei F eine zusammenhängende Fläche, die nur endlich viele Teile enthält. Wir zeigen zuerst, daß der Rand von F in endlich viele einfach geschlossene Wege zerfällt. Ist nämlich τ eine Randstrecke und geschlossen, so stößt wegen (III.4) keine weitere Randstrecke an; sind der Anfangs- und Endpunkt P bzw. Q von τ verschieden, so hat der Stern um Q die erste Strecke τ^{-1} und eine letzte Strecke τ_1, die wiederum Randstrecke ist. Ist der Endpunkt Q_1 von τ_1 gleich P, so sind wir fertig, sonst fahren wir fort. Da wegen (III.4) höchstens zwei Randstrecken von einem Randpunkt ausgehen und F endlich ist, bricht das Verfahren ab und wir erhalten eine einfach geschlossene Kurve, die mit dem restlichen Rand von F keinen Punkt gemeinsam hat.

Indem wir, so oft wir können, Flächenstücke zusammenfassen (Prozeß II.22) erhalten wir schließlich eine Fläche, bei der Flächenstücke höchstens entlang ihres gesamten Randweges zusammenstoßen. Da F zusammenhängend ist, besitzt F also entweder zwei Flächenstücke, die entlang ihres Randes zusammenstoßen (diese "Kugelfläche" ist bis auf Verwandtschaft eindeutig bestimmt), oder ein Flächenstück. Falls F nicht die Kugelfläche ist, erreichen wir durch elementare Transformation, daß es genau einen inneren Punkt, von ihm aus zu jeder Randkomponente eine Zufahrtsstrecke, auf jeder Randkomponente einen Punkt und eine Strecke gibt und daß alle anderen Strecken im inneren Punkt beginnen und enden. Dann sagen wir, die Fläche ist in Normalform. F besteht also aus einem Flächenstück mit einem Randweg, der Teilwege der Form $\sigma\varrho\sigma^{-1}$ enthält, wobei ϱ eine Randkurve und σ der Zufahrtsweg zur Randkurve ist. Wegen der Bedingungen (III.2) und (III.3) kommt - abgesehen vom Vorzeichen - jede innere Strecke genau zweimal in dem Randweg vor und der Randweg bestimmt F eindeutig. Das heißt, daß wir anstelle von F ein Flächenstück φ betrachten können, dessen Randstrecken der Reihe nach mit den Symbolen des Randweges von F bezeichnet werden. Indem wir Strecken mit dem gleichen Symbol identifizieren, erhalten wir wiederum F. Anschaulich gesprochen entsteht φ aus F, indem man F entlang der inneren

Strecken aufschneidet.

Der folgende Prozeß überführt Normalformen in Normalformen und ändert F nicht ab. Wir erklären ihn an dem Flächenstück φ.

σ sei eine Kurve im Innern, d.h. außer σ tritt nochmals σ oder σ^{-1} im Rand von φ auf, ω sei ein Teilweg von $\partial\varphi$, der an σ anschließt, aber das andere σ oder σ^{-1} nicht enthält. Dann schneiden wir einen Teil von φ entlang einer neuen Strecke σ' vom Anfangspunkt von σ nach dem Endpunkt von ω ab und kleben sie entlang σ (oder σ^{-1}) wieder an.

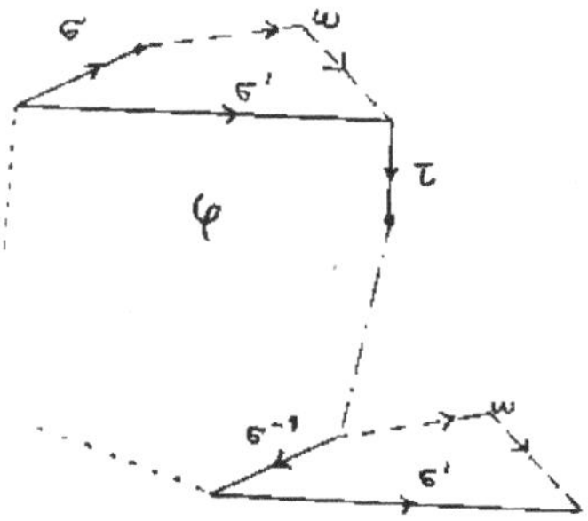

In F bedeutet das eine Unterteilung des Flächenstückes durch σ' und ein Zusammenfassen der neuen Flächenstücke, indem man σ wegläßt. Dabei geht der Randweg von $\ldots\sigma\omega\tau\ldots\sigma^{-1}\ldots$ über in $\ldots\sigma'\tau\ldots\omega\sigma'^{-1}\ldots$, wenn beim zweiten Mal σ^{-1} auftritt, oder $\ldots\sigma'\tau\ldots\sigma'\omega^{-1},\ldots$, wenn in dem Rand σ^{+1} auch beim zweiten Mal auftritt. Anstatt $\sigma\omega$ durch σ' zu ersetzen, können wir analog $\omega'\sigma$ durch σ' ersetzen. Ist σ zum Beispiel ein Zufahrtsweg zu einer Randkurve ϱ, so geht $\ldots\omega'\sigma\varrho\sigma^{-1}\ldots$ über in $\ldots\sigma'\varrho\sigma'^{-1}\omega'\ldots$.

Wir nennen diese Prozesse <u>Zweiteilungen</u> und schreiben z.B. $(\omega\underline{\sigma})$ anstelle von: man ersetze $\omega\sigma$ durch σ' und lasse σ weg. $(\omega\underline{\sigma})$ bezeichnet also den Rand des umzuklebenden Flächenstücks.

Es sei $\omega = \partial\varphi$. Da $\ldots\omega_1\sigma\varrho\sigma^{-1}\ldots$ in $\ldots(\omega_1\underline{\sigma})\varrho(\omega_1\underline{\sigma})^{-1}\omega_1$ übergeht, können wir sämtliche Teile von ω, die zu Randkurven gehören, nach vorne bringen. M.a.W. bekommt ω die Form $\omega = \sigma_1\varrho_1\sigma_1^{-1}\ldots\sigma_r\varrho_r\sigma_r^{-1}\omega'$ und in ω' tritt keine Randkurve mehr auf.

Gibt es in ω' eine Strecke σ, die zweimal mit gleichen Exponenten auftritt, so machen wir zunächst folgende Zweiteilungen: $\omega' = \ldots\omega_1\sigma\omega_2\sigma\ldots \longrightarrow \ldots(\omega_1\underline{\sigma})\omega_2\omega_1^{-1}(\omega_1\underline{\sigma})\ldots \longrightarrow$
$\longrightarrow \ldots(\underline{(\omega_1\underline{\sigma})}\omega_2\omega_1^{-1})(\underline{(\omega_1\underline{\sigma})}\omega_2\omega_1^{-1})\omega_1\omega_2^{-1}\ldots$.

Wir können also annehmen, daß alle Strecken, die zweimal

auftreten, es in Form von Quadraten tun und diese Quadrate am Anfang des Weges stehen, der aus ω' durch solche Zweiteilungen entsteht. Wir können also ω' durch einen Rand $\nu_1{}^2 \dots \nu_k{}^2 \omega''$ ersetzen, wobei in ω'' jede Strecke mit dem Exponenten +1 und -1 auftritt.

Gibt es in ω'' eine Stelle $\dots \mu_1 \sigma \mu_2 \tau \mu_3 \sigma^{-1} \mu_4 \tau^{-1} \dots$, dann erhalten wir durch Bilden von $(\mu_1 \underline{\sigma} \mu_2)$ eine Stelle der Form $\dots \sigma \tau \mu' \sigma^{-1} \mu'' \tau^{-1} \dots$. Bilden wir $(\mu'' \underline{\tau}^{-1})$, so bekommen wir $\dots \sigma \tau \mu \sigma^{-1} \tau^{-1} \dots$. Durch Bilden von $(\mu \underline{\sigma}^{-1})$ bekommen wir $\dots \sigma \mu \tau \sigma^{-1} \tau^{-1} \dots$ und daraus durch Bilden von $(\mu \underline{\tau})$ schließlich die Form $\sigma \tau \sigma^{-1} \tau^{-1} \mu \dots$ ω bekommt schließlich die Form $\prod_{i=1}^{r} \sigma_i \varrho_i \sigma_i{}^{-1} \prod_{i=1}^{k} \nu_i{}^2 \prod_{i=1}^{\ell} [\tau_i, \mu_i] \omega'''$, wobei es in ω''' keine Stelle $\sigma \mu_1 \tau \mu_2 \sigma^{-1} \mu_3 \tau^{-1}$ mehr gibt.

Wäre ω''' nicht leer, so gäbe es in ω''' eine Stelle $\sigma \sigma^{-1}$, was der Sternbedingung (III.4) widersprechen würde, da schon σ einen geschlossenen Stern ausmachen würde und geschlossen ist (s.Bemerkung S.III.2).

Also hat ω die Form $\omega = \prod_{i=1}^{r} \sigma_i \varrho_i \sigma_i{}^{-1} \prod_{i=1}^{k} \nu_i{}^2 \prod_{i=1}^{\ell} [\tau_i, \mu_i]$.

Sind ℓ und k beide größer 0, dann haben wir eine Stelle $\nu^2 \tau \mu \tau^{-1} \mu^{-1}$ und das gibt Anlaß zu den folgenden Zweiteilungen

$$\nu^2 \tau \mu \tau^{-1} \mu^{-1} \longrightarrow$$

$$\nu(\nu \underline{\tau}) \mu (\underline{\tau}^{-1} \nu^{-1}) \nu \mu^{-1} \longrightarrow (\underline{\nu} \mu^{-1}) \mu (\nu \underline{\tau}) \mu (\underline{\tau}^{-1} \nu^{-1}) (\underline{\nu} \mu^{-1}) \longrightarrow$$

$$\longrightarrow (\underline{\nu} \mu^{-1}) (\underline{\mu} (\nu \underline{\tau})) (\underline{\mu} (\nu \underline{\tau})) (\nu \underline{\tau})^{-1} (\nu \underline{\tau})^{-1} (\underline{\nu} \mu^{-1}),$$

hat also die Form $\nu_1{}' \nu_2{}'^2 \nu_3{}'^2 \nu_1{}'$, das wie oben in $\nu_1{}''^2 \nu_3{}'^{-2} \nu_2{}'^{-2}$ übergeht. Somit haben wir: Gibt es eine Strecke σ, die in ω' zweimal vorkommt, so kann ω durch Zweiteilungen in

$$\text{(III.7)} \quad \omega = \prod_{i=1}^{r} \sigma_i \varrho_i \sigma_i{}^{-1} \prod_{i=1}^{k} \nu_i{}^2, \quad k > 0,$$

überführt werden. Kommt in ω' jede Strecke mit dem Zeichen +1 und -1 vor, so wird ω auf die Form

$$\text{(III.8)} \quad \omega = \prod_{i=1}^{r} \sigma_i \varrho_i \sigma_i{}^{-1} \prod_{i=1}^{g} [\tau_i, \mu_i], \quad g \geq 0,$$

gebracht. Die Zerlegungen (III.7) und (III.8) von Flächen heißen <u>kanonische Normalformen</u>.

Wir wollen nun zeigen, daß Flächen vom Typ (III.7) und

(III.8) nicht verwandt sind und r und g bzw. k Invarianten sind. - Wir wissen schon, daß die Wegegruppe eine Invariante ist. Als Baum von F nehmen wir den Punkt im Innern und die Zufahrtswege zu den Rändern. Damit erhalten wir Erzeugende $s_1,\dots,s_r$, die den Rändern entsprechen, Erzeugende $v_1,\dots,v_k$ im Falle (III.7), $t_1,u_1,\dots,t_g,u_g$ im Falle (III.8). (III.7) ergibt die definierende Relation $\prod s_i \prod v_i^2$ und (III.8) die definierende Relation $\prod s_i \prod [t_i,u_i]$, so daß wir als Wegegruppe

$$\text{(III.7')}\quad \mathfrak{W} = \{s_1,\dots,s_r,\ v_1,\dots,v_k;\ \prod_{i=1}^{r} s_i \prod_{i=1}^{k} v_i^2\}\ ,\ k > 0\ ,$$

bzw.

$$\text{(III.8')}\quad \mathfrak{W} = \{s_1,\dots,s_r,\ t_1,u_1,\dots,t_g,u_g;\ \prod_{i=1}^{r} s_i \prod_{i=1}^{g} [t_i,u_i]\}$$

haben. Ist r = 0, so sieht man durch Abelschmachen, daß Gruppen vom Typ (III.7') und (III.8') nicht zueinander isomorph sind und daß g und k Invarianten sind. Gibt es Ränder, so sind (III.7') und (III.8') beide freie Gruppen, so daß hier dies so einfach nicht geht.

Um Flächen mit Rändern vom Typ (III.7) und (III.8) zu unterscheiden, führen wir den Begriff der <u>Orientierbarkeit</u> ein. Eine Fläche heißt <u>orientierbar</u>, wenn man aus jedem Flächenstückpaar φ, φ^{-1} eines als "positiv" so auswählen kann, daß jede gerichtete Strecke des Innern genau einmal in den "positiven" Randwegen vorkommt. Man sieht leicht, daß Orientierbarkeit gegen (II.20 - 22) invariant ist. Da eine Fläche in Normalform nur ein Flächenstück hat und in (III.7) mindestens eine Strecke im Randweg mit demselben Vorzeichen zweimal auftritt, sind Flächen vom Typ (III.7) nicht orientierbar; im Fall (III.8) kommt jede Strecke des Innern von F im Randweg mit verschiedenen Vorzeichen vor, die Flächen von diesem Typ sind also orientierbar.

Da die Anzahl der Ränder trivialerweise eine Invariante ist, müssen wir nur noch zeigen, daß auch k bzw. g Invarianten sind. Die Eulersche Charakteristik (s.S.II.11) $\alpha_0 - \alpha_1 + \alpha_2$ ist im Falle (III.7) gleich (1+r) - (r+r+k) + 1, da wir einen Punkt im Innern, einen Punkt auf jedem Rand, zu jedem Rand einen Zufahrtsweg, auf jedem Rand eine Kurve und k Kurven im Innern haben. Also ist die Charakteristik im

Falle (III.7) gleich 2 - k - r. Im Falle (III.8) ist die Charakteristik (r + 1) - (r + r + 2g) + 1 = 2 - 2g - r. Wir sehen also, daß g bzw. k Invarianten sind, sie heißen <u>Geschlecht</u> der Fläche.

<u>Satz III.1:</u> Orientierbarkeit, Anzahl der Randkurven und Geschlecht bilden ein vollständiges Invariantensystem für (endliche) Flächen.

Die Wegegruppe einer orientierbaren Fläche vom Geschlecht g mit r Rändern hat die Form

(III.8') $\{s_1,\dots,s_r,t_1,u_1,\dots,t_g,u_g;\ s_1s_2\dots s_r\prod_{i=1}^{g}[t_i,u_i]\}$,

einer nicht-orientierbaren Fläche vom Geschlecht k die Form

(III.7') $\{s_1,\dots,s_r,v_1,\dots,v_k;s_1s_2\dots s_rv_1{}^2\dots v_k{}^2\}$.

Man kann den ersten Teil auch an der Gruppe entscheiden. Da Randkurven in Flächen ausgezeichnet sind und wir höchstens die Reihenfolge, Richtung und Zufahrtswege wählen können, sind die Erzeugenden $s_1,\dots,s_r$ in (III.7') und (III.8') bis auf Permutation, Inversenbildung und Konjugation bestimmt. Deswegen ist der kleinste Normalteiler, der alle Randelemente enthält, eindeutig bestimmt und ist beim Abelschmachen ein wohlbestimmtes direktes Produkt unendlich zyklischer Untergruppen. Die Summe der Erzeugenden dieser Untergruppe ist im Falle (III.7') nie 0, während bei geeigneter Wahl des Vorzeichens der Erzeugenden im Falle (III.8') deren Summe 0 ist.

Eine endliche Fläche ohne Rand heißt geschlossen.

<u>Korollar III.1</u> Es sei F eine zusammenhängende Fläche. Dann ist

$H_0(F) = {}'Z$ $\quad (H_0(F) = {}'Z^n$, falls n Komponenten vorliegen)

$$H_1(F) = \begin{cases} {}'Z^{2g+r-1}, & \text{wenn F orientierbar vom Geschlecht g mit r Rändern ist} \\ {}'Z^{k-1+r}, & \text{wenn F nicht-orientierbar vom Geschlecht k mit } r > 0 \text{ Rändern ist} \\ {}'Z_2 + {}'Z^{k-1}, & \text{wenn F nicht-orientierbar vom Geschlecht k und geschlossen ist.} \end{cases}$$

$$H_2(F) = \begin{cases} {}'Z & \text{falls F geschlossen und orientierbar ist} \\ 0 & \text{sonst} \end{cases}$$

§ III.3 Die Knesersche Formel

In diesem Abschnitt lassen wir zu, daß Flächen nicht zusammenhängend sind. Das erleichtert etwas den Beweis von Satz III.2

Für eine Flächenabbildung $f: F' \longrightarrow F$ (siehe § II.6) können wir durch Unterteilungen von Flächenstücken aus F' erreichen, daß im Fall (II.24) $f(\partial\varphi')$ den Rand von $\partial\varphi$ genau einmal, eventuell noch mit Stacheln, durchläuft, und nehmen dies in Zukunft an. Die in § II.4 eingeführten Überlagerungen sind dimensionserhaltende Flächenabbildungen, die von vornherein die eben angeführte Bedingung erfüllen. Außerdem durchlaufen die Bilder der Sterne aus F' die Sterne in F genau einmal.

Eine <u>verzweigte Überlagerung</u> ist eine dimensionserhaltende Flächenabbildung mit der Eigenschaft, daß zwei Randwege von F', die auf denselben Randweg in F abgebildet werden, keine Strecke gemeinsam haben. Sterne in F' können aber Sterne von F mehrfach überdecken. Die Vielfachheit der Überdeckung heißt Verzweigungszahl des Punktes.

Es seien F und F' geschlossene orientierbare Flächen mit fest gewählter Orientierung; es sei F zusammenhängend. Die Differenz der Anzahl der positiven Flächenstücke von F' und der negativen Flächenstücke, die durch f auf ein positives Flächenstück von F abgebildet werden, hängt von der Auswahl des Flächenstückes in F nicht ab (der Beweis als <u>Aufgabe 1</u>, s.Ende des Kapitels) und heißt Abbildungsgrad von f. In [Kneser 1] beweist H.Kneser:

<u>Satz III.2:</u> Sind F und F' geschlossene orientierbare Flächen vom Geschlecht g bzw. g' ($g' \geq 1$) und ist f eine Flächenabbildung von F' nach F vom Abbildungsgrad c, dann gilt
$(g' - 1) \geq |c| \cdot (g-1)$.

In unserem Beweis folgen wir H.Seifert [Seifert 1]. Wegen $g' \geq 1$ können wir auch $g \geq 1$ annehmen, da sonst die Aussage trivial ist. Also sind weder F noch F' Kugeln und wir dürfen weiterhin annehmen, daß F' keine Kugeln enthält. Seien n' und n die Charakteristiken von F' bzw. F, dann ist die Behauptung des Satzes $n' \leq |c| \cdot n$.

Der folgende Hilfssatz, den wir nicht mit unseren Mitteln beweisen wollen, berechtigt zu der Annahme, daß F' keine Kugeln enthält.

<u>Hilfssatz:</u> Eine Abbildung der Kugelfläche auf eine Fläche höheren Geschlechts hat den Grad 0. [1]

Unter den Flächenstücken verstehen wir in diesem Abschnitt die Paare von inversen Flächenstücken. Zunächst zeigen wir die Behauptung für zwei Beispiele. Ist $f: F' \longrightarrow F$ eine Überlagerung (unverzweigt), so liegen über jedem Flächenstück, jeder Strecke und jedem Punkt von F genau c Flächenstücke, Strecken und Punkte, so daß $n' = |c| \cdot n$ ist. Ist f verzweigt, so liegen zwar wiederum $|c|$ Flächenstücke und Strecken über Flächenstücken und Strecken von F, aber höchstens $|c|$ Punkte, so daß $n' \leq |c| \cdot n$ gilt. Für den Beweis des Satzes unterscheiden wir nun mehrere Fälle.

(III.9) f erniedrige nie die Dimension.

Durch Unterteilung können wir zunächst erreichen, daß alle Flächenstücke von F Dreiecke, keine Kanten im Rand eines Dreicks doppelt auftreten noch Kanten geschlossen sind, und diese Unterteilung heben wir nach F'. (f ist dann eine simpliziale Abbildung.) Eine Strecke σ aus F' heißt <u>Falte</u>, wenn die beiden Dreiecke von F', in deren Randweg σ auftritt, auf dasselbe Dreieck von F abgebildet werden.

Wenn Falten vorhanden sind, werden wir F' so abändern, daß der Abbildungsgrad erhalten bleibt, aber die Charakteristik steigt oder die Zahl der Flächenstücke abnimmt. Nach endlich vielen dieser Prozesse werden deshalb alle Falten ver-

---

1) Beweis des Hilfssatzes: Die universelle Überlagerung der Fläche F ist die Ebene und somit zusammenziehbar. Deshalb ist ${}_2(F) = 0$ und jedes Bild der S^2 zusammenziehbar. Bei Deformationen bleibt der Abbildungsgrad erhalten. Der Abbildungsgrad der konstanten Abbildung ist 0 und der Hilfssatz folgt.

schwinden und es wird eine (verzweigte) Überlagerung vorliegen. Damit ist der Satz für diesen Fall gezeigt.

Es gibt drei Typen von Falten.

(a) Die beiden Dreiecke, die auf das gleiche abgebildet werden, haben nur eine Kante PQ gemeinsam

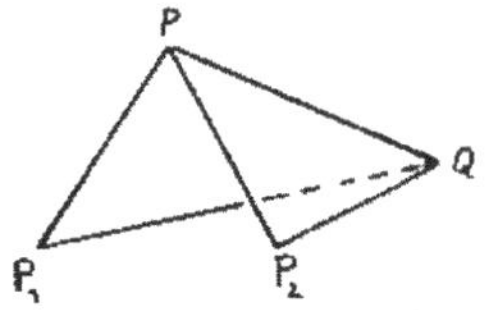

Wir schneiden dann aus F^* die beiden Dreiecke längs des geschlossenen Weges $P_1QP_2PP_1$ heraus und verheften in der Restfläche PP_1 mit PP_2 und QP_1 mit QP_2. Da die beiden Dreiecke mit verschiedener Orientierung abgebildet werden, bleibt der Abbildungsgrad erhalten. Die Charakteristik ändert sich nicht und der neue Komplex ist wieder eine Fläche.

(b) Die beiden Dreiecke haben zwei Kanten gemeinsam

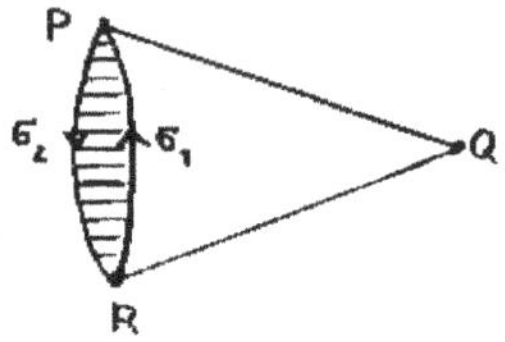

Wir schneiden die Tüte längs $\sigma_1\sigma_2$ ab und heften im Restkomplex σ_1 und σ_2^{-1} zusammen. Wiederum ändern sich weder Charakteristik noch Abbildungsgrad und der neue Komplex bleibt eine Fläche.

(c) Die beiden Dreiecke haben eine Kante und den gegenüberliegenden Punkt gemeinsam. (Mehr Fälle gibt es nicht; haben nämlich die beiden Dreiecke alle Kanten gemeinsam, so bilden sie eine Kugelfläche.)

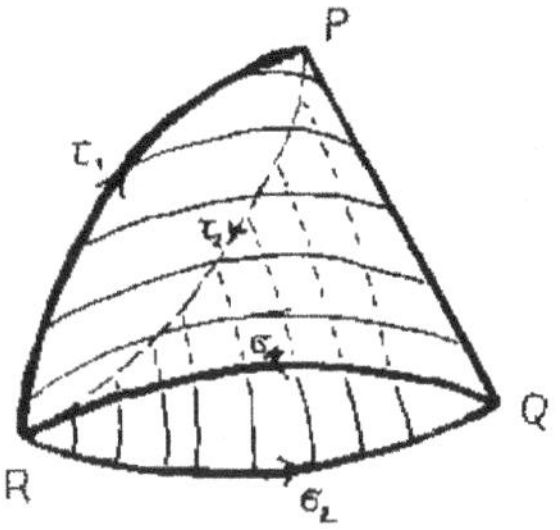

Wir schneiden dann F' längs $\sigma_1\sigma_2$ auf und verheften σ_1 mit σ_2^{-1}. Dabei erhöht sich die Charakteristik um 2 und der Abbildungsgrad bleibt erhalten. Zerlegt $\sigma_1\sigma_2$ die Fläche F', so können nicht beide neue Zusammenhangskomponenten Kugeln sein, da sonst schon die Komponente, die die Dreiecke enthielt, eine Kugel wäre. Wir erhalten so aus F' ein neues System von Flächen F, aus dem wir eine eventuell auftretende Kugel entfernen, was eine Erniedrigung der Charakteristik um 2 bedeuten würde. Insgesamt wird die Charakteristik, wenn geändert, dann erhöht.

(III.10) Es sei σ' eine Strecke aus F', die auf einen Punkt abgebildet wird. Hat σ' zwei verschiedene Endpunkte, so ziehen wir sie zusammen (Prozeß (III.6)). Sind beide Endpunkte gleich, so schneiden wir längs σ' auf und ziehen die beiden so entstehenden Randkurven zu einem Punkt zusammen. Das erhöht die Charakteristik um 2. Zerlegt σ' die Fläche F', so können auch jetzt nicht beide neu entstehenden Komponenten Kugeln sein. Ist eine der neuen Komponenten eine Kugel, so lassen wir sie weg. Dieser Prozeß verringert die Charakteristik also nicht und erhält den Abbildungsgrad.

Wird ein Flächenstück auf einen Punkt abgebildet, so werden seine Randstrecken auf einen Punkt abgebildet; es läßt sich also (III.10) anwenden. Schließlich bleibt nur noch der Fall zu behandeln, daß ein Flächenstück φ' auf eine Strecke σ, aber keine Strecke auf einen Punkt abgebildet wird. Sei $\partial\varphi' = \sigma'_1 \dots \sigma'_n$. Dann wird σ'_i auf $\sigma^{\pm 1}$ abgebildet und es gibt einen Teilweg $\sigma'_i\sigma'_{i+1}$ von $\partial\varphi'$ mit dem Bild $\sigma^{\varepsilon}\sigma^{-\varepsilon}$ ($\varepsilon = \pm 1$). Dann wird φ' bezgl. $\sigma'_i\sigma'_{i+1}$ unterteilt

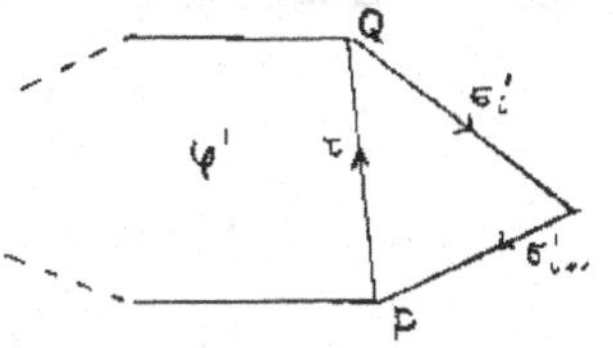

und es werden Anfangspunkt von σ'_i und Endpunkt von σ'_{i+1} zusammengezogen. Nach endlich vielen solchen Schritten haben alle Flächenstücke, die auf eine Strecke abgebildet werden, genau zwei Randstrecken, die auf die Strecke und deren Inverse abgebildet werden. Wir schneiden dann F' entlang der beiden Strecken auf, lassen das Flächenstück fort und verheften wieder. Da dieser Prozeß wiederum die Charakteristik unverändert läßt und kein Flächenstück, das zur Berechnung des Abbildungsgrades beiträgt, betroffen ist, können wir annehmen, daß f die Dimension nicht erniedrigt und der Satz folgt aus (III.9). χ

<u>Aufgabe III.1:</u> Eine Flächenabbildung $f: F' \longrightarrow F$ induziert Homomorphismen $f_i : H_i(F') \longrightarrow H_i(F)$. Dabei ist das Bild der Erzeugenden von $H_2(F') = {}'Z$ ein Element aus ${}'Z = H_2(F)$ und ist bis auf das Vorzeichen der Abbildungsgrad.

<u>Aufgabe III.2:</u> Jede orientierbare Fläche vom Geschlecht $g \geq 2$ überlagert die Brezelfläche (orientierbare Fläche vom Geschlecht 2) mit endlicher Ordnung.

<u>Aufgabe III.3:</u> Jede orientierbare geschlossene Fläche überlagert die Kugelfläche verzweigt.

<u>Aufgabe III.4:</u> Jede nicht-orientierbare Fläche besitzt eine eindeutig bestimmte zweifache orientierbare Überlagerung (vergl. Beispiel § II.2)

<u>Aufgabe III.5:</u> Eine geschlossene Fläche der Charakteristik N hat eine (symmetrische) Normalform mit dem Randweg $\sigma_1 \ldots \sigma_{-N+2} \sigma_1^{-1} \ldots \sigma_{-N+1}^{-1} \sigma_{-N+2}^{\varepsilon}$. Dabei ist $\varepsilon = -1$, wenn die Fläche nichtorientierbar ist; sonst ist $\varepsilon = 1$.

Weitere Literatur: Lehrbücher der Topologie und Funktionentheorie

IV. Ebene diskontinuierliche Gruppen

§ IV.1 Ebene Netze

Es sei F eine Fläche. Wir sagen, zwei Flächenstücke φ, φ' lassen sich durch Flächenstücke verbinden, wenn es eine Folge $\varphi_1 = \varphi, \varphi_2, \ldots, \varphi_n = \varphi'$ von Flächenstücken gibt, in der φ_i und φ_{i+1} mindestens eine Randstrecke gemeinsam haben.
Eine Kurve ω heißt zerlegend, wenn sich zwei Flächenstücke φ, φ' von F nicht durch eine Kette von Flächenstücken verbinden lassen, in der aufeinanderfolgende Glieder eine nicht auf ω liegende Randstrecke gemeinsam haben.

Hilfssatz IV.1: F sei eine Fläche und ω eine nullhomologe, einfach-geschlossene Kurve im Innern von F. Dann wird F von ω zerlegt.

Beweis: Sei $\omega = \sigma_1 \ldots \sigma_n$, $w = s_1 + \ldots + s_n$ die zu ω gehörige Kette aus C_1 (s.§ II.6). Da ω einfach-geschlossen und nullhomolog ist, sind alle s_i paarweise verschieden und es gibt eine Kette $f \in C_2$ mit $\partial_2 f = w$. Es sei $f = \sum a_i f_i$, wobei die f_i Flächenstücken φ_i von F entsprechen. Natürlich sind die a_i bis auf endlich viele gleich 0. Haben zwei Flächenstücke φ_i, φ_j eine gemeinsame Kante, die nicht in ω vorkommt, so gilt wegen $\partial f = \partial(\sum a_i f_i) = w$ die Gleichung $a_i = -\varepsilon a_j$, wenn die gemeinsame Kante im Rand von φ_i mit dem Exponenten + 1 und im Rand von φ_j mit dem Exponenten ε auftritt. Zerlegt ω nicht, so kann man je zwei Flächenstücke verbinden, ohne ω zu "überqueren". Das bedeutet aber, daß alle Koeffizienten a_i bis auf das Vorzeichen übereinstimmen, so daß die Koeffizienten der s_i in w durch 2 teilbar sind. Dies aber widerspricht der Tatsache, daß $w = s_1 + \ldots + s_n$ ist und die s_i paarweise verschieden sind. ▯

Unter einer Geraden verstehen wir einen zusammenhängenden unendlichen Graphen, in dem von jedem Punkt zwei Strecken ausgehen. Eine Fläche verwandt zu einem Flächenkomplex aus einem Flächenstückpaar $\varphi^{\pm 1}$, einem Randstreckenpaar $\sigma^{\pm 1}$ und einem Punkt heißt Scheibe. Ein ebenes Netz ist eine zusammenhängende Fläche E mit den folgenden Eigenschaften:

(IV.1) E ist offen, d.h. E hat unendlich viele Flächenstücke und keinen Rand.

(IV.2) Jeder Punkt hat einen endlichen Stern.

(IV.3) Jeder einfach-geschlossene Weg berandet eine Scheibe.

Aus Eigenschaft (IV.3) folgt sofort, daß $\pi_1(E) = 1$ und $H_1(E) = 0$ ist. Die Umkehrung gilt auch:

Hilfssatz IV.2: E sei eine zusammenhängende offene Fläche mit endlichen Sternen. Ist $H_1(E) = 0$, so ist E ein ebenes Netz.

Beweis: Sei ω eine einfach-geschlossene Kurve, w das entsprechende Element aus C_1. Dann gibt es endlich viele Flächenstücke φ_i, so daß für die zugehörigen $f_i \in C_2$ $\partial(\Sigma a_i f_i) = w$ mit $a_i \neq 0$ ist. Da E unendlich und ω einfach ist, sind die $a_i = \pm 1$. Die φ_i bilden eine zusammenhängende Fläche mit der einen Randkurve ω. Man überlegt sich leicht, daß die Homologie dieses Komplexes in der Dimension 1 trivial ist. Nach Korollar III.1 bilden sie also eine Fläche vom Geschlecht 0 mit der Randkurve ω. Diese ist aber eine Scheibe. ▯

Hilfssatz IV.3: Eine Gerade in einem ebenen Netz zerlegt es.

Beweis: Andernfalls nehmen wir zu einer Strecke σ der Geraden die anstoßenden Flächenstücke und in deren Rand - eventuell nach Unterteilen - zwei Punkte P_1, P_2, die nicht auf der Geraden liegen. Wir verbinden sie durch eine einfache Kurve ω, welche die Gerade nicht trifft. Ferner, nach Unterteilen der Flächenstücke durch zwei Strecken σ_1, σ_2, so daß σ_1 neben P_1 einen Punkt Q auf der Geraden als Endpunkt besitzt, σ_2 neben Q P_2 als Endpunkt hat, fügen wir σ_1 und σ_2 zu ω hinzu. $\sigma_1 \omega \sigma_2$ berandet dann eine (endliche!) Scheibe, in die eine (unendliche!) Hälfte der Geraden hineinläuft. ▯

Hilfssatz IV.4: Ist E ebenes Netz und E' verwandt zu E, dann ist E' ebenes Netz.

Da E' zu E verwandt ist, ist E' offen und die Sterne von E' sind endlich. Außerdem ist $H_1(E') = 0$ und der Hilfssatz folgt aus Hilfssatz IV.2. ∎

Wir erinnern daran, daß zwei Netze E und E' isomorph heißen, wenn es eine Abbildung $f: E \rightarrow E'$ gibt, die eineindeutig Flächenstücke auf Flächenstücke, Strecken auf Strecken und Punkte auf Punkte abbildet, so daß Berandungsbeziehungen erhalten bleiben und jeder Teil von E' ein Urbild hat.

Satz IV.1: Zwei ebene Netze sind bis auf Isomorphie verwandt.

Beweis: E sei ein ebenes Netz. Durch Aufspalten von Strecken überführe man E in ein verwandtes Netz, in dem keine Strecke geschlossen ist. Es sei wieder mit E bezeichnet. Es sei φ_0 ein Flächenstück von E mit Rand ω_0. Der Flächenkomplex K, der alle Flächenstücke und deren Ränder enthält, die mit φ_0 eine Strecke oder einen Punkt gemeinsam haben, ist ein endlicher Komplex, da an jedem Punkt höchstens endlich viele Flächenstücke anstoßen. Wir betrachten sämtliche einfach-geschlossenen Kurven auf dem Rande. Jede berandet eine Scheibe. Füllen wir alle Scheiben, die im Innern kein Flächenstück des Komplexes K enthalten, ein, so bleibt nur noch eine einfach-geschlossene Randkurve ω_1, da φ_0 mit jedem Flächenstück des neuen Komplexes verbunden werden kann, ohne daß man über eine Randkurve dieses Komplexes gehen muß. Die von ω_1 berandete Scheibe sei φ_1. Indem wir dieses Verfahren mit φ_1 wiederholen und weiter fortsetzen, erhalten wir ein System von Scheiben $\varphi_0 \subset \varphi_1 \subset \ldots$, deren i-te alle vorhergehenden Scheiben im Innern sowie alle von φ_{i-1} ausgehenden Strecken enthält. Da E zusammenhängend ist, ist klar, daß $\bigcup_{i=1}^{\infty} \varphi_i$ alle Strecken enthält, also gleich E ist. Weiterhin haben wir ein System von einfach-geschlossenen Wegen $\omega_0, \omega_1, \omega_2, \ldots$, die sich gegenseitig nicht treffen und deren i-te alle vorhergehenden im Innern ihrer Scheibe enthält. φ_i ist verwandt zu einer Scheibe; entfernt man also aus φ_{i+1} die Scheibe φ_i, so ist $\varphi_{i+1} - \varphi_i$ verwandt zu einer Fläche vom Geschlecht 0 mit zwei Rändern. Wir können also durch elementare Transformationen $\varphi_{i+1} - \varphi_i$ in einen Komplex wie in Figur R überführen und E induktiv die Gestalt wie in Figur B geben.

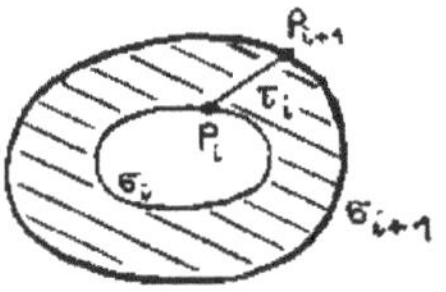

Figur A

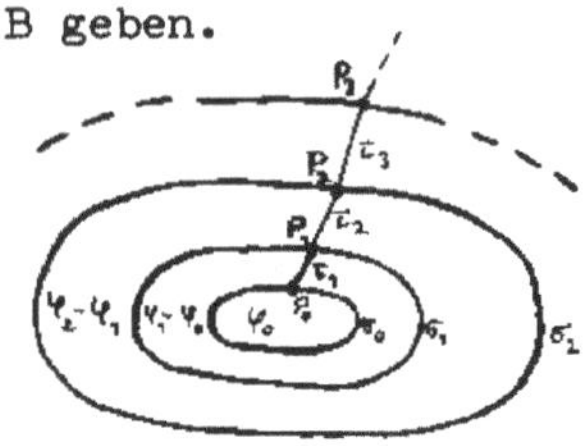

Figur B

Das Analoge machen wir mit E' und erhalten Flächenstücke $\varphi'_0,\varphi'_1,\ldots$ mit Rändern $\sigma'_0,\sigma'_1,\ldots,$ Verbindungsstrecken $\tau'_0,\tau'_1,\ldots$ und Punkte $P'_0,P'_1,\ldots$. Die Abbildung, die ungestrichene auf gestrichene Elemente abbildet, ist ein Isomorphismus zwischen ebenen Netzen. ∎

Unter einem Teilkomplex eines ebenen Netzes verstehen wir eine Menge von Flächenstückpaaren zusammen mit Randkurven und -punkten. Er heißt im folgenden zusammenhängend, wenn je zwei Flächenstücke durch Flächenstücke mit gemeinsamer Kante verbindbar sind. (Diese Definition unterscheidet sich von der alten Definition, die besagte, daß ein Flächenkomplex zusammenhängend ist, wenn der zugehörige Graph zusammenhängend ist.) Der Teilkomplex heißt einfach-zusammenhängend, wenn er zusammenhängend ist und jede einfach-geschlossene Kurve eine Scheibe berandet.

Hilfssatz IV.5: Ein einfach-zusammenhängender nichtleerer Teilkomplex K eines ebenen Netzes E ist entweder E selbst, eine Scheibe, oder er hat mehrere einfache offene "unendlich lange" Randkurven, die sich nicht schneiden.

Beweis als Aufgabe IV.1.

§ IV.2 Automorphismen eines ebenen Netzes.

Ein Automorphismus eines ebenen Netzes E ist ein Isomorphismus von E auf sich selbst.

Wie wir im Beweis von Satz IV.1 gesehen haben, ist ein ebenes Netz verwandt zu einer aufsteigenden Folge von Scheiben. Aus dieser Konstruktion sieht man sofort, daß jedes ebene Netz orientierbar ist. Wir zeichnen eine Orientierung aus. Durch die Orientierung ist für jedes Flächenstückpaar ein und für alle mal ein positiver Randweg (und ein positives Flächenstück) ausgezeichnet.

Bildet ein Automorphismus e i n e n positiven Randweg auf einen positiven Randweg ab, so wird j e d e r positive Randweg auf einen positiven abgebildet, und wir nennen den Automorphismus <u>orientierungserhaltend</u>. Andernfalls nennen wir ihn <u>orientierungsändernd</u>.

<u>Hilfssatz IV.6:</u> Ein orientierungserhaltender Automorphismus, der eine Strecke festhält, ist die Identität.

<u>Beweis:</u> x sei ein orientierungserhaltender Automorphismus mit Fixstrecke σ. φ_1 und φ_2 seien die beiden Flächenstücke, die σ in ihrem Randweg haben. Da Berandungsrelationen erhalten bleiben, kann φ_1 nur auf φ_1 oder φ_2 abgebildet werden. Die zweite Möglichkeit scheidet aus, da x die Orientierung erhält. Also sind φ_1 und φ_2 Fixflächenstücke. x könnte damit höchstens die Randwege von φ_1 bzw. φ_2 je in sich zyklisch vertauschen; das geht aber nicht, da σ festbleibt. Die Randstrecken von φ_1 und φ_2 bleiben also alle fest und durch Fortsetzen des Verfahrens auf das ganze Netz folgt der Satz. ▯

<u>Hilfssatz IV.7:</u> Ein Automorphismus unendlicher Ordnung besitzt weder Fixpunkte noch Fixflächenstücke.

<u>Beweis:</u> Angenommen, x halte den Punkt P fest und σ sei eine Strecke des Sterns von P. Da jeder Stern endlich ist, gibt es eine Potenz n von x, die σ auf sich abbildet. x^{2n} ist dann ein orientierungserhaltender Automorphismus mit Fixstrecke σ, also die Identität. Hält x das Flächenstück φ fest, so hat eine Potenz von x eine Randstrecke von φ zur Fixstrecke, ist also die Identität. ▯

Satz IV.2: Ein orientierungserhaltender Automorphismus endlicher Ordnung (ungleich der Identität) besitzt genau einen Fixpunkt oder ein Fixflächenstück. (Wir können solche Automorphismen als Drehungen auffassen.)

Beweis: a) x sei ein Automorphismus mit den Fixpunkten P und Q. Wir verbinden P und Q durch einen Weg ω kürzester Länge. Dann ist jeder Schnittpunkt von ω und ωx ein Fixpunkt von x. Wir können also annehmen, daß es zwei Fixpunkte P und Q von x gibt, die sich so durch einen Weg ω verbinden lassen, daß $\omega(\omega x)^{-1}$ ein einfach-geschlossener Weg ist. Dieser berandet eine Scheibe x und die Bilder der Scheibe unter allen Potenzen von x bilden einen endlichen (!) Teilkomplex ohne Rand, was Hilfssatz IV.5 widerspricht.
Indem wir Fixflächenstücke durch Verbinden des Mittelpunktes mit Eckpunkten unterteilen und auf natürliche Weise den Automorphismus x auf dem neuen Netz erklären, sehen wir, daß jedem Fixflächenstück ein Fixpunkt des neuen Netzes entspricht. Damit ist die Eindeutigkeit des Fixelementes gezeigt. Daraus folgt weiter, daß ein Fixpunkt bzw. -flächenstück für eine nicht-triviale Potenz von x auch bei x fest bleibt. Deshalb dürfen wir im Existenzbeweis zu Potenzen von x übergehen und werden dieses nicht besonders erwähnen.

b) Es sei n die Ordnung von x, P ein Punkt und ω ein möglichst kurzer Weg von P nach Px. Der Weg $\omega(\omega x)(\omega x^2)\ldots(\omega x^{n-1})$ ist geschlossen. Ist der Weg $\omega(\omega x)(\omega x^2)\ldots(\omega x^{n-1})$ nicht einfach-geschlossen und Q Schnittpunkt von ω und ωx^j $(0 < j < n)$ (ausgenommen sind für $j = 1$ und $n-1$ die Punkte Px und P), dann betrachten wir anstelle von x das Element x^j, anstelle von P den Punkt Q und für ω nehmen wir den Teil auf ωx^j, der von Q nach Qx^j läuft. Dieser Weg ist kürzer als ω oder wir hätten schon einen Fixpunkt für eine x-Potenz. Nach endlich vielen Schritten finden wir entweder einen Fixpunkt oder einen einfach-geschlossenen Weg $\omega' \cdot \omega' x^{i} \cdot \omega' x^{2i} \cdot \ldots$, welcher eine Scheibe S berandet.
Im zweiten Fall sei P_1 ein Punkt im Innern von S und ω_1 ein Weg minimaler Länge von P_1 nach P_1x im Innern von S. Wie oben finden wir einen Weg ω_1' und eine Potenz x^{ij} $(ij \not\equiv 0 \mod n)$,

so daß $\omega_1'(\omega_1' x^{1j})(\omega_1' x^{21j})\ldots$ der Rand einer Scheibe S_1 ist. Diese liegt ganz im Innern von S und wird durch x^{1j} auf sich selbst abgebildet. Dieses Verfahren bricht ab, wenn eine der Scheiben keinen Punkt im Innern enthält, also ein Fixflächenstück ist, oder wir zu einem Fixpunkt gelangt sind. ▯

Hilfssatz IV.8: Ein orientierungsändernder Automorphismus endlicher Ordnung hat die Ordnung 2.

Beweis: Ist x ein orientierungsändernder Automorphismus endlicher Ordnung, so ist x^2 orientierungserhaltend von endlicher Ordnung, hat also bestimmt einen Fixpunkt P. Wäre x^2 nicht wie behauptet gleich 1, so wäre wegen $(Px)x^2 = (Px^2)x = Px$ und Satz IV.2 P auch Fixpunkt von x. x bildete den Stern um P in sich ab unter Änderung des Umlaufungssinns. Bildete also x die Strecke σ im Stern von P auf σx ab, so würde der rechte Nachbar von σ auf den linken von σx abgebildet. Indem wir zum nächsten rechten Nachbarn übergehen und fortfahren, fänden wir schließlich entweder zwei im Stern von P aufeinanderfolgende Strecken, die bei x vertauscht würden, oder wir hätten eine Fixstrecke. Jedenfalls hätte x^2 eine Fixstrecke, wäre also nach Hilfssatz IV.6 die Identität. ▯

Wir wollen nun noch zeigen, daß ein orientierungsändernder Automorphismus x der Ordnung 2 eine "Spiegelung" ist. Es sei P ein Punkt des Netzes und ω ein Weg von P nach Px. Wegen $Px^2 = P$ verbindet ωx Px mit P. Indem wir P durch Schnittpunkte von ω und ωx ersetzen, können wir erreichen, daß entweder $\omega\,\omega x$ ein einfach-geschlossener Weg oder P Fixpunkt oder ω eine Strecke mit $\omega x = \omega^{-1}$ ist. Der erste Fall kann nicht auftreten. φ sei nämlich ein Flächenstück der Scheibe mit dem Rand $\omega \cdot \omega x$ und stoße an diesen an. Dann läge φx außerhalb der Scheibe, da x die Orientierung umkehrt. Also bildete die Scheibe vereinigt mit ihrem Bild einen endlichen geschlossenen Teilkomplex des ebenen Netzes, was es nicht gibt.

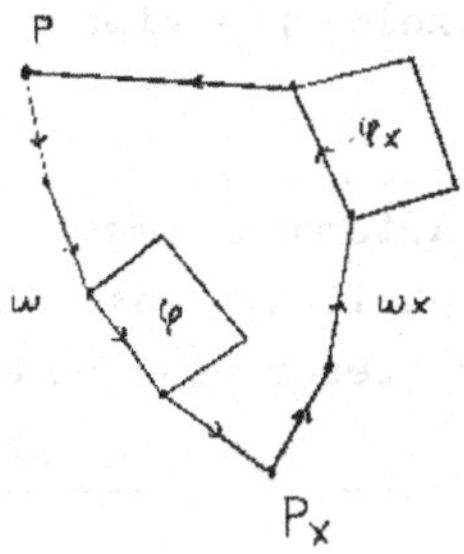

Jeder orientierungsändernde Automorphismus der Ordnung 2 läßt also entweder einen Punkt fest oder überführt eine Strecke in ihre Inverse. Durch Aufspalten der Strecke können wir erreichen, daß x einen Fixpunkt Q hat. In dem Stern von Q gibt es entweder zwei Fixstrecken oder eine Fixstrecke und ein Paar aufeinanderfolgender Strecken, die x miteinander vertauscht, oder zwei solche Paare. Sei σ_1, σ_2 ein Paar, das durch x vertauscht wird. Dann ist $\sigma_1^{-1}\sigma_2$ im Rand eines Flächenstücks, das auf sich abgebildet wird. In seinem Rand gibt es dann entweder ein zweites Paar, was vertauscht wird, oder eine Strecke, die in ihre Inverse abgebildet wird. Jedenfalls finden wir, notfalls durch Aufspalten einer Strecke, einen weiteren Fixpunkt Q_1 in dem Rand. Wir unterteilen das Flächenstück durch eine Fixstrecke von Q nach Q_1. Wir können also annehmen, daß im Stern von Q mindestens zwei Fixstrecken, aber keine zwei aufeinanderfolgende Strecken liegen, die vertauscht werden. Es seien σ_1 und σ_2 zwei Fixstrecken. Da ein an σ_i anstoßendes Flächenstück auf das zweite an σ_i anstoßende abgebildet wird, wird jede Strecke des Sterns von Q, die zwischen σ_1 und σ_2 liegt, auf eine Strecke zwischen σ_2 und σ_1 abgebildet. Im Stern von Q bleiben deshalb nur σ_1, Q und σ_2 fest.

Die Endpunkte von $\sigma_1\sigma_2$ bleiben ebenfalls fest und, indem wir notfalls weitere Unterteilungen vornehmen, erhalten wir zwei weitere Fixstrecken. Dieses Verfahren setzen wir fort und erhalten eine Kurve. Diese hat keine Doppelpunkte, da von einem Punkt höchstens zwei Fixstrecken ausgehen, sie berandet keine Scheibe, weil sonst das "endliche Innere" auf das "unendliche Äußere" abgebildet würde. Sie ist also eine Fixgerade, zerlegt deshalb das ebene Netz, und es werden die beiden Teile vertauscht. Weitere Fixelemente gibt es deshalb nicht.

Satz IV.3: Jeder orientierungsändernde Automorphismus x endlicher Ordnung hat nach geeigneter Unterteilung genau eine Fixgerade. Man kann x als Spiegelung an dieser Geraden auffassen.

§ IV.3 Automorphismengruppen ebener Netze

Sei E ein ebenes Netz, $\mathcal{G}$ eine Gruppe von Automorphismen auf E. Zwei Punkte, Strecken bzw. Flächenstücke aus E heißen <u>äquivalent</u>, wenn es einen Automorphismus aus $\mathcal{G}$ gibt, der das eine Objekt in das andere überführt. Wir wollen annehmen, daß <u>kein Flächenstück unter einem von 1 verschiedenen Automorphismus auf sich oder sein Inverses abgebildet und daß keine Strecke in ihre Inverse überführt wird</u>. Zu einer Drehung aus $\mathcal{G}$ gehört dann ein Drehpunkt aus E, zu einer Spiegelung eine volle Spiegelachse. Durch geeignete Unterteilung läßt sich das stets erreichen. Eine Erweiterung (Unterteilen einer Strecke durch Punkte bzw. von Flächenstücken durch Strecken) werde nun an allen unter $\mathcal{G}$ äquivalente Stellen gleichzeitig durchgeführt; auf das neue Netz E' wird $\mathcal{G}$ übertragen. Reduktionen erklären wir als die umgekehrten Prozesse, vorausgesetzt, daß das erreichte Paar $(E',\mathcal{G}')$ kein Fixflächenstück etc. bekommt. Zwei Paare $(E,\mathcal{G})$, $(E',\mathcal{G}')$ heißen äquivalent, wenn man das eine in das andere durch eine Kette von Erweiterungen und Reduktionen überführen kann. Drehpunkte und Spiegelgeraden bleiben dabei immer erhalten. Eine Klasse verwandter Paare heiße <u>ebene diskontinuierliche Gruppe</u>. Diesen Ausdruck gebrauchen wir aber auch für den einzelnen Repräsentanten.

Identifizieren wir nun äquivalente Punkte, Strecken bzw. Flächenstücke und übertragen die Berandungsbeziehungen, so bekommen wir ein System $E/\mathcal{G}$ aus Punkten, Strecken und Flächenstücken.

<u>Satz IV.4:</u> $E/\mathcal{G}$ ist eine Fläche.

<u>Beweis:</u> Eine Klasse äquivalenter Punkte, Strecken oder Flächenstücke bezeichnen wir mit $P\mathcal{G}, \sigma\mathcal{G}$ o.ä. Sind nun zwei Strecken äquivalent, so auch ihre Anfangs- und Endpunkte. Ferner sind $\sigma\mathcal{G}$ und $\sigma^{-1}\mathcal{G}$ für eine Strecke σ verschieden, und wir fassen $\sigma^{-1}\mathcal{G}$ als $(\sigma\mathcal{G})^{-1}$ auf. Aus dem Graphen C von E erhalten wir somit einen Graphen $C/\mathcal{G}$. Da es keine Fixflächenstücke unter $\mathcal{G}$ gibt, sind $\varphi\mathcal{G}$ und $\varphi^{-1}\mathcal{G}$ für jedes Flächenstück φ verschieden, und kein $\sigma\mathcal{G}$ kommt in den Rändern von Flächenstücken $\varphi\mathcal{G}$ mehr als zweimal vor.

Die Sternbedingung ist ebenfalls erfüllt. Sei P ein Punkt aus E und $\sigma_1,\ldots,\sigma_n,\sigma_1$ der Stern um P. Liegt P auf Spiegelgeraden, so gibt es einen Teilstern $\sigma_j,\sigma_{j+1},\ldots,\sigma_k$ aus nichtäquivalenten Strecken, von denen σ_j und σ_k auf Spiegelgeraden liegen (alle übrigen natürlich nicht). $\sigma_j\mathcal{G},\ldots,\sigma_k\mathcal{G}$ ist dann der Stern um P . Liegt P nicht auf einer Spiegelgeraden, dann gibt es einen Teilstern $\sigma_1,\ldots,\sigma_j$, wo σ_1 und σ_j äquivalent sind, alle übrigen untereinander und zu ihnen nicht und $\sigma_1\mathcal{G},\ldots,\sigma_j\mathcal{G}$ ist der Stern um P . ▮

Offenbar bekommen wir eine Abbildung $E \longrightarrow {}^E/_{\mathcal{G}}$; wir sagen, daß ein Objekt von E "über" seinem Bilde liegt. Der Rand von ${}^E/_{\mathcal{G}}$ besteht aus den Bildern der Strecken auf den Spiegelgeraden. Eine elementare Transformation von ${}^E/_{\mathcal{G}}$ können wir nach E heben, wenn die Bilder von Drehpunkten erhalten bleiben. In ${}^E/_{\mathcal{G}}$ gibt es Bilder von Drehpunkten verschiedener Art, nämlich von solchen, die auf Spiegelgeraden liegen, und solchen, die nicht auf Spiegelgeraden liegen. Die Bilder der ersten Art befinden sich auf dem Rand von ${}^E/_{\mathcal{G}}$, die der anderen Art nicht. (Gehen durch einen Punkt P von E zwei verschiedene Spiegelgeraden, so gibt es zwei Spiegelungen $c_1,c_2 \in \mathcal{G}$, so daß c_1c_2 eine Drehung um P ist.) Bilder von Drehpunkten nennen wir ebenfalls Drehpunkte.

Wir setzen nun voraus, daß es nur endlich viele bei $\mathcal{G}$ nicht äquivalente Flächenstücke in E gibt, und sagen, daß die Gruppe <u>kompakten Fundamentalbereich</u> hat. Dann ist ${}^E/_{\mathcal{G}} = F$ ein endlicher Komplex (eine kompakte Fläche), und wir können unsere Klassifikation auf sie anwenden. Nur müssen wir jetzt das Auftreten von ausgezeichneten Punkten, den Drehpunkten, beachten. Als Punkte von ${}^E/_{\mathcal{G}}$ nehmen wir die Bilder von Drehpunkten sowie auf jeder Randkurve einen weiteren und einen von allen verschiedenen inneren Punkt $\bar{Q}$. Von ihm mögen zu den Drehpunkten, die nicht auf dem Rand liegen, Strecken $\bar{\sigma}_1,\ldots,\bar{\sigma}_m$ gehen. Ferner gehe zu jeder Randkurve eine Strecke $\bar{\eta}_k$, die in dem Punkt endet, der nicht Drehpunkt ist. Die k-te Randkurve wird gleich einem Weg $\bar{\gamma}_{k,1},\ldots,\bar{\gamma}_{k,m_k+1}$ $(m_k \geq 0)$, wobei $\bar{\gamma}_{k,1}$ in dem Endpunkt von $\bar{\eta}_k$ beginnt, $\bar{\gamma}_{k,m+1}$ dort endet. Dabei stimmt für $i = 1,\ldots,m_k$ der Endpunkt von $\bar{\gamma}_{k,i}$ mit dem Anfangspunkt von $\bar{\gamma}_{k,i+1}$ überein und ist ein Drehpunkt (falls $m_k \geq 1$ ist). Die bisher erhaltenen Kurven werden durch weitere in Q beginnende und dort endende Kurven $\bar{\tau}_1, \bar{\mu}_1, \ldots, \bar{\tau}_g, \bar{\mu}_g$ bzw. $\bar{\nu}_1, \ldots, \bar{\nu}_g$ zu einer Zerschneidung von $E/\mathcal{G}$ ergänzt. Wir haben dann nur ein Flächenstück für $E/\mathcal{G}$ und diesem können wir den Rand

$$\prod_{i=1}^{m} \bar{\sigma}_i \bar{\sigma}_i^{-1} \prod_{j=1}^{g} \bar{\tau}_j \bar{\mu}_j^{-1} \bar{\tau}_j^{-1} \bar{\mu}_j \prod_{k=1}^{q} \bar{\eta}_k \bar{\gamma}_{k,1} \cdots \bar{\gamma}_{k,m_k+1} \bar{\eta}_k^{-1} \quad \text{bzw.}$$

$$\prod_{i=1}^{m} \bar{\sigma}_i \bar{\sigma}_i^{-1} \prod_{j=1}^{g} \bar{\nu}_j \bar{\nu}_j \prod_{k=1}^{q} \bar{\eta}_k \bar{\gamma}_{k,1} \cdots \bar{\gamma}_{k,m_k+1} \bar{\eta}_k^{-1}$$

geben. Alle nötigen Prozesse zur Erreichung dieser <u>kanonischen Normalform</u> lassen sich nach E heben und wir erhalten

---

<u>Satz IV.5</u>: Eine ebene diskontinuierliche Gruppe mit kompaktem Fundamentalbereich läßt sich realisieren durch ein Paar $(E,\mathcal{G})$, in dem je zwei Flächenstücke äquivalent sind, nur die identische Abbildung aus $\mathcal{G}$ ein Flächenstück festläßt und der Randweg eines Flächenstückes die folgende Form hat:

$$\prod_{i=1}^{m} \sigma_i' \sigma_i^{-1} \prod_{j=1}^{g} \tau_j' \mu_j^{-1} \tau_j^{-1} \mu_j' \prod_{k=1}^{q} \eta_k' \gamma_{k,1} \cdots \gamma_{k,m_k+1} \eta_k^{-1} \tag{IV.4}$$

bzw.

$$\prod_{i=1}^{m} \sigma_i' \sigma_i^{-1} \prod_{j=1}^{g} \nu_j \nu_j' \prod_{k=1}^{q} \eta_k' \gamma_{k,1} \cdots \gamma_{k,m_k+1} \eta_k^{-1} \tag{IV.5}$$

Dabei seien mit gleichen griechischen Buchstaben bezeichnete Strecken (z.B. σ_i' und σ_i) äquivalent. Der Endpunkt von σ_i' vertritt einen Drehpunkt (seine Ordnung sei $h_i \geq 2$). Ist $m_k > 0$, so sind die Endpunkte von $\gamma_{k,i}$ ($1 \leq i \leq m_k$) ebenfalls Drehpunkte von Ordnungen $h_{k,i}$ (≥ 2). Ist $m_k = 0$, so ist der Anfangspunkt von $\gamma_{k,1}$ kein Drehpunkt. Je zwei dieser Drehpunkte und je zwei der nicht mit gleichem griechischen Buchstaben bezeichneten Strecken sind nicht äquivalent.

Der Weg (IV.4) oder (IV.5) ist einfach-geschlossen.

Die letzte Aussage wird im folgenden nebenbei bewiesen.

§ IV.4 Fundamentalbereich

Einen zusammenhängenden Teilkomplex von E, der aus jeder Äquivalenzklasse von Flächenstücken genau eines und dessen Rand enthält, nennen wir einen <u>Fundamentalbereich</u> von $(E,\mathfrak{G})$.

Satz IV.6: Jedes Paar $(E,\mathfrak{G})$ besitzt einen Fundamentalbereich, und Fundamentalbereiche sind einfach zusammenhängend.

Beweis: a) Es sei φ ein Flächenstück. Indem wir von φ ausgehend nacheinander Flächenstücke hinzunehmen, die mit dem bis dahin konstruierten Komplex K eine Randstrecke gemeinsam haben und zu keinem Flächenstück von K äquivalent sind, erhalten wir einen zusammenhängenden Teilkomplex F. Jedes Flächenstück φ', das nicht zu einem Flächenstück von F äquivalent wäre, könnte nur an Flächenstücke stoßen, die nicht zu Flächenstücken von F äquivalent wären. Da φ und φ' durch Flächenstücke verbindbar sind, kann es also ein solches φ' nicht geben.

b) Sei ω eine einfach-geschlossene Kurve in einem Fundamentalbereich F, die keine ganz in F liegende Scheibe berandet. Dann gehört mindestens ein Flächenstück φ der Scheibe S, die ω in E berandet, nicht zu F. Es sei φ' das zu φ äquivalente Flächenstück in F und x der Automorphismus, der φ' auf φ abbildet. Nun liegt φ in Fx, und Fx ist zusammenhängend. Da F und Fx höchstens Randstrecken gemeinsam haben und an jeder Strecke aus $\omega = \partial S$ ein Flächenstück aus F anstößt, liegt Fx und damit ωx in S, und es ist $Sx \subsetneqq S$. Das widerspricht dem, daß S und Sx gleichviele, und zwar endlich viele Flächenstücke enthalten. ∎

Wie oben folgt, daß zwei Bilder eines Fundamentalbereiches höchstens einen einfachen, nicht geschlossenen (eventuell unendlichen) Weg gemeinsam haben. Ist F endlich, so ist F eine Scheibe. Insbesondere ist sein Rand damit einfach-geschlossen. Aus F erhält man $E/\mathfrak{G}$, indem man äquivalente Randstrecken identifiziert. Der Randweg von F bestimmt $E/\mathfrak{G}$ (als Fläche) eindeutig. Wir versehen den Randweg mit einem Durchlaufungssinn.

Satz IV.7: Im Randweg des Fundamentalbereiches treten aus einer Äquivalenzklasse von Strecken höchstens zwei gerichtete Strecken auf. Ist dies der Fall, so sind sie äquivalent bezüglich eines orientierungsändernden Automorphismus, und aus der Klasse der inversen Strecke tritt kein Element auf. Tritt eine Äquivalenzklasse nur mit einer Strecke σ auf, so gibt es im Randweg eine zu σ^{-1} äquivalente Strecke, oder σ ist Fixstrecke.

Beweis als Aufgabe IV.2.

Durch elementare Transformationen, die wir zugleich in allen Fx für $x \in \mathcal{G}$ durchführen, können wir erreichen, daß F ein Flächenstück mit Randweg (IV.4) oder (IV.5) wird. Unter anderem folgt, daß diese Wege einfach-geschlossen sind.

§ IV.5 Die algebraische Struktur ebener diskontinuierlicher Gruppen

Die algebraische Struktur einer ebenen diskontinuierlichen Gruppe mit kompaktem Fundamentalbereich läßt sich leichter am "dualen Netz" ablesen. Dabei wird zu einer Fläche E die duale Fläche auf folgende Weise definiert:

(IV.6) Jedem Flächenstückpaar $\varphi^{\pm 1}$ von E entspricht ein Punkt φ^* von D.

(IV.7) Jedem Streckenpaar $\sigma^{\pm 1}$ von E entspricht ein Streckenpaar $\sigma^{*\pm 1}$ von D.

(IV.8) Jedem Punkt P von E entspricht ein Flächenstückpaar $P^{*\pm 1}$ von D.

(IV.9) Die Berandungsbeziehungen kehren sich um. Das heißt im einzelnen: Ist P Randpunkt von σ, so ist σ^* Randstrecke des Flächenstücks P^* (ist $\sigma_1, \ldots, \sigma_n, \sigma_1$ der Stern um P in E, so ist $\sigma_1^* \ldots \sigma_n^*$ positiver Randweg eines Flächenstücks des Paares $P^{*\pm 1}$, der umgekehrt umlaufene Stern von P entspricht dem positiven Randweg des umgekehrt orientierten Flächenstücks), ist σ aus dem positiven Randweg von φ, so ist φ^* Anfangspunkt

> von σ^* und Endpunkt von $(\sigma^{-1})^* = \sigma^{*-1}$. Ist P im Rand von φ, so ist φ^* im Rand von P^*.

Der zu einem ebenen Netz E duale Komplex D ist ebenfalls ein ebenes Netz, da er durch elementare Transformation erreicht werden kann [Reidemeister 1] S.133-136 . Auf ihm operiert die Gruppe $\mathcal{G}$, nun aber auf den Punkten einfach-transitiv und Flächenstücke drehend. An jedem Punkt versehen wir die von ihm ausgehenden Strecken mit Zeichen $S_i^{\pm 1}$, $T_j^{\pm 1}$, $U_i^{\pm 1}$, $V_j^{\pm 1}$, $E_k^{\pm 1}$, $C_{k,j}$, und zwar nach der folgenden Vorschrift, wo oben das Symbol aus (IV.4) bzw. (IV.5) steht, unten die Bezeichnung der dualen Strecken

$$\begin{matrix} \sigma_i' & \sigma_i'^{-1} & \tau_j' & \mu_j'^{-1} & \tau_j'^{-1} & \mu_j' & \nu_j & \nu_j' & \eta_k' & \gamma_{k,j} & \eta_k'^{-1} \\ S_i & S_i^{-1} & T_j & U_j^{-1} & T_j^{-1} & U_j & V_j & V_j^{-1} & E_k & C_{k,j} & E_k^{-1} \end{matrix}.$$

Der Stern der von einem Punkt ausgehenden Strecken lautet dann

$$\text{(IV.10)} \quad S_1, S_1^{-1}, \ldots, S_m, S_m^{-1}, T_1, U_1^{-1}, T_1^{-1}, U_1, \ldots, T_g, U_g^{-1}, T_g^{-1}, U_g, \\ E_1, C_{1,1}, \ldots C_{1,m_1+1} E_1^{-1}, \ldots, E_q, C_{q,1}, \ldots, C_{q,m_q+1} E_q^{-1}$$

bzw.

$$\text{(IV.11)} \quad S_1, S_1^{-1}, \ldots, S_m, S_m^{-1}, V_1, V_1^{-1}, \ldots, V_g, V_g^{-1}, E_1, C_{1,1}, \ldots \\ \ldots, C_{1,m_1+1}, E_1^{-1}, \ldots, E_q, C_{q,1} \ldots C_{q,m_q+1}, E_q^{-1}.$$

Im folgenden bezeichnen wir mit X das "allgemeine" Symbol.

Ein Paar invers gerichteter Strecken aus D bekommt entweder inverse Symbole oder aber eine gleiche Bezeichnung $C_{k,j}$; denn $\mathcal{G}$ wirkt einfach transitiv auf den Flächenstücken und hat außer den $\gamma_{k,i}$ keine Fixstrecken. Deshalb sind nur mit gleichem Symbol (einschließlich Exponenten) bezeichnete Strecken äquivalent.

Wir zeichnen nun einen Punkt aus D aus und nennen ihn 1. Jeder andere Punkt bekommt den eindeutig bestimmten Automorphismus aus $\mathcal{G}$ zugeordnet, der ihn in 1 überführt. Wenn die von 1 ausgehende Strecke mit dem Symbol X zum Punkt mit Namen x führt, so ordnen wir dem Symbol X das Element x aus $\mathcal{G}$ zu. Die von 1 ausgehende Strecke mit dem Symbol X^{-1} führt dann von 1 nach x^{-1}, und es wird also dem X^{-1} das inverse Element zugeordnet. Jedem Weg in D entspricht so ein Wort in den Symbolen X, und umgekehrt bestimmt jedes solche Wort W(X) eindeutig einen Weg, wenn der Anfangspunkt vorgegeben ist. Wir sagen, daß dieser Weg erhalten wird, indem wir W(X) von diesem Punkt aus abtragen. Schreiben wir nun statt der Zeichen X die zugeordneten Elemente x, so bekommen wir ein Produkt W(x) von Elementen aus $\mathcal{G}$, also ein Element aus $\mathcal{G}$. Der Endpunkt des in 1 beginnenden Weges zu dem Wort W(X) ist der Punkt W(x); ist nämlich $W(X) = X_1, \ldots, X_n$, so bildet $x_1 \in \mathcal{G}$ den Endpunkt der mit X_1 bezeichneten in 1 beginnenden Strecke nach 1 ab. Dabei wird der in x_1 beginnende Weg zu $X_2 \ldots X_n$ in den in 1 beginnenden Weg zu $X_2 \ldots X_n$ überführt. Daraus folgt, daß die den X zugeordneten Elemente x Erzeugende von $\mathcal{G}$ sind und daß die Relationen den von 1 ausgehenden geschlossenen Wegen entsprechen.

Da nur mit gleichem Symbol X bezeichnete Strecken aus D äquivalent unter $\mathcal{G}$ sind, erhalten wir entweder immer geschlossene Wege oder nie, wenn wir ein Wort W(X) von einem Punkt aus abtragen. Das erleichtert nun das Bestimmen von definierenden Relationen. Ein geschlossener Weg läßt sich nämlich in einfach-geschlossene Teilwege mit eventuell hin- und zurücklaufenden Zufahrtswegen und Stacheln zerlegen. Ein einfach-geschlossener Weg in einem ebenen Netz ist aber das Produkt von Wege, die nur ein Flächenstück umlaufen und einen Zufahrtsweg haben. Stacheln enthalten Teile, die nur eine Strecke hin- und zurücklaufen. Deshalb bekommen wir definierende Relationen für $\mathcal{G}$, indem wir die Randwege der Flächenstücke aus D umlaufen und in den erhaltenen Worten W(X) die Symbole X durch die Erzeugende x ersetzen oder eine Strecke hin- und zurück durchlaufen. Das Vor- und Zurückdurchlaufen einer Strecke bringt natürlich nur etwas ein, wenn die beiden Richtungen nicht mit inversen Symbolen bezeichnet sind, also eine Spiegelung vorliegt. Da $\mathcal{G}$ einfach-transitiv auf den Punkten wirkt, brauchen wir nur die Flächenstücke und Strecken zu beachten, in deren Rand 1 vorkommt. Aber auch nun können einige W(X) (bis auf zyklische Vertauschung) noch mehrfach erscheinen. Wir wollen jetzt nicht daraus ein minimales System definierender Relationen abstrakt kennzeichnen, sondern bestimmen nur die auftretenden Worte W(X).

Wir bezeichnen den Stern (IV.10) bis (IV.11) als positiv bei allen Punkten, die mit einem orientierungserhaltenden Automorphismus bezeichnet sind. An allen anderen Punkten wird der umgekehrt durchlaufene Stern als positiv gerechnet. Wir bekommen dann die Randwege von Flächenstücken, indem wir sukzessive zu einer Strecke den Nachbarn zur inversen Strecke im positiven Stern am Endpunkt nehmen. Außerdem müssen wir natürlich noch die Drehordnungen beachten, deretwegen der Randweg eines Flächenstückes die Form $(R^*(S))^k$ hat.

Wir bekommen aus (IV.10) bzw. (IV.11) die Randwege

$S_i^{-h_i}$, $(C_{k,j+1}C_{k,j})^{h_{k,j}}$ $1 \leq j \leq m_k$, $C_{k,1}\,E_k\,C_{k,m_k+1}E_k^{-1}$

$S_1S_2 \ldots S_mT_1U_1T_1^{-1}U_1^{-1}T_2 \ldots U_g^{-1}E_1\,E_2 \ldots E_q$

bzw. $S_1 \ldots S_mV_1^2V_2^2 \ldots V_g^2E_1E_2 \ldots E_q$.

Ferner haben wir noch die Stacheln $C_{k,j}^2$. Damit haben wir bewiesen

---

<u>Satz IV.8:</u> Eine ebene diskontinuierliche Gruppe hat eine der folgenden Strukturen:

A) Erzeugende:

(IV.12a) $s_1, \ldots, s_m$ $\quad m \geq 0$

(IV.12b) $t_1, u_1, \ldots, t_g, u_g$ $\quad g \geq 0$

(IV.12c) $e_1, \ldots, e_q$ $\quad q \geq 0$

(IV.12d) $c_{1,1}, \ldots, c_{1,m_1+1} \ldots c_{q,m_q+1}$ $\quad m_k \geq 0$

Definierende Relationen:

(IV.13a) $s_i^{-h_i} = 1 \quad i = 1, \ldots, m$

(IV.13b) $c_{i,j}^2 = 1 \quad i = 1, \ldots, q,\ j = 1, \ldots, m_i$

(IV.13c) $(c_{i,j+1}\,c_{i,j})^{h_{i,j}} = 1 \quad i=1, \ldots, q,\ j=1, \ldots, m_i$

$c_{i,1}e_ic_{i,m+1}e_i^{-1} = 1 \quad i = 1, \ldots, q$

(IV.13d) $\prod_{i=1}^{m} s_i \prod_{i=1}^{g} [t_i, u_i] \prod_{i=1}^{q} e_i = 1$

B) Wie in A) nur ohne die Erzeugenden t_i, u_i, dafür

(IV.13b') $v_1, \dots, v_g$ $(g > 0)$

und statt der letzten Relation

(IV.13d') $\prod_{i=1}^{m} s_i \prod_{j=1}^{g} v_j^2 \prod_{k=1}^{q} e_k = 1.$

Unter den Erzeugenden sind nur die $c_{i,j}$ und v_j orientierungsändernd. Kein echtes Teilwort einer definierenden Relation ist eine Relation.

Bemerkung: Die letzte Aussage ist hier keine Aussage über Gruppen, die durch Erzeugende und definierende Relationen wie oben abstrakt gegeben sind, sondern über ebene diskontinuierliche Gruppen.

§ IV.6 Zur Klassifikation ebener diskontinuierlicher Gruppen

Für ebene diskontinuierliche Gruppen bieten sich zwei Äquivalenzen an:

(IV.14) Die Gruppen haben den gleichen algebraischen Typ (algebraische Isomorphie).

(IV.15) Es gibt Realisierungen $(E,\mathcal{G})$, $(E',\mathcal{G}')$ und eine eineindeutige Abbildung $h: E' \to E$, so daß durch $x \to h^{-1} x\, h$ ein Isomorphismus von $\mathcal{G}$ nach $\mathcal{G}'$ definiert wird (geometrische Isomorphie).

Offenbar impliziert die geometrische Isomorphie die algebraische. Es folgt aus dem bisherigen leicht:

Satz IV.9: Für die geometrische Isomorphie zweier ebener diskontinuierlicher Gruppen $(E,\mathcal{G})$ und $(E',\mathcal{G}')$ ist notwendig und hinreichend:

(IV.16) Die Flächen $E/\mathcal{G}$ und $E'/\mathcal{G}'$ sind isomorph, d.h. beide sind orientierbar oder nicht (also $(E,\mathcal{G})$ und $(E',\mathcal{G}')$ beide vom Typ A oder Typ B), haben gleiches Geschlecht (d.i. $g = g'$) und gleiche Ränderzahl (d.i. $q = q'$).

(IV.17) Die Anzahl der Drehpunkte, die nicht auf den Rändern liegen, stimmen überein ($m = m'$) und bis auf die Reihenfolge die Drehordnungen.

(IV.18) Auf jeder Randkurve von $E/\mathcal{G}$ bzw. $E'/\mathcal{G}'$ gibt es einen Zyklus von Drehpunkten und dem zugeordnet einen von Drehordnungen (das sind die Zyklen $h_{i,1},\dots,h_{i,m_i}$) Handelt es sich um Gruppen vom Typ A, so haben $(E,\mathcal{G})$ und $(E',\mathcal{G}')$ dieselben Zyklen oder alle Zyklen von $(E',\mathcal{G}')$ sind invers zu denen von $(E,\mathcal{G})$. Sind die Gruppen vom Typ B, so lassen sich die Zyklen von $(E,\mathcal{G})$ denen von $(E',\mathcal{G}')$ eineindeutig zuordnen, wobei Bild und Urbildzyklus entweder gleich oder entgegengesetzt gerichtet sind.

Die Aussage (IV.18) ergibt sich aus der Klassifikation der Flächen. Die Orientierungen aller Randkurven einer orientierbaren Fläche sind eindeutig durch die Orientierung der Fläche bestimmt, während es für nicht-orientierbare Flächen Automorphismen gibt, die eine Randkurve in ihre Inverse abbilden und alle anderen festlassen. (Beweis dieser Aussage als Aufgabe IV.3).

Ferner gilt:

Satz IV.10: Besteht zwischen zwei ebenen diskontinuierlichen Gruppen ein algebraischer Isomorphismus, so auch ein geometrischer.

Allgemein ist dieses von A.M.Macbeath bewiesen [Macbeath 1]. Dort wird gezeigt, daß sich jeder Isomorphismus geometrisch realisieren läßt. Treten keine Spiegelungen auf, so folgt die Aussage von Satz IV.10 leicht: Die Gruppe hat nun die Form

$$\left\{s_1,\dots,s_m,t_1,u_1,\dots,t_g,u_g;\, s_1^{-h_1}=\dots=s_m^{-h_m}=\prod_{i=1}^{m} s_i \prod_{j=1}^{g}[t_j,u_j]=1\right\}$$

bzw.

$$\left\{s_1,\dots,s_m,v_1,\dots,v_g;\, s_1^{-h_1}=\dots=s_m^{-h_m}=\prod_{i=1}^{m} s_i \prod_{j=1}^{g} v_j^{\,2}=1\right\}.$$

In ihr sind die Elemente endlicher Ordnung konjugiert zu den Potenzen der s_i. Dann sind $h_1,\dots,h_m$ die Ordnungen maximaler endlicher zyklischer Untergruppen von $\mathcal{G}$, welche zueinander nicht konjugiert sind. Kürzen wir die Elemente endlicher Ordnung heraus und machen abelsch, so erhalten wir entweder $'Z^{2g}$ oder $'Z_2 + 'Z^{g-1}$. Das bestimmt den Typ A oder B eindeutig und das Geschlecht g.

Der Beweis für den allgemeinen Fall benutzt aber schwierigere analytische Hilfsmittel und es ist uns kein algebraischer Beweis bekannt. (Vgl.Korollar VI.2.)

§ IV.7 Existenzbeweis

Satz IV.11: Eine Gruppe, welche abstrakt durch Erzeugende und definierende Relationen vom Typ A oder B aus Satz IV.8 gegeben ist und unendliche Ordnung hat, tritt als ebene diskontinuierliche Gruppe mit kompaktem Fundamentalbereich auf.

Die endlichen Gruppen sind:

Gruppen vom Typ A:

(a) $g = 0$, $q = 0$, $m \leq 2$

(b) $g = 0$, $q = 0$, $m = 3$, $\frac{1}{h_1} + \frac{1}{h_2} + \frac{1}{h_3} > 1$

(c) $g = 0$, $q = 1$, $m = 1$, $m_1 = 1$, $\frac{1}{h_1} + \frac{1}{h_1} + \frac{1}{h_{1,1}} > 1$

(d) $g = 0$, $q = 1$, $m = 0$, $m_1 = 3$, $\frac{1}{h_{1,1}} + \frac{1}{h_{1,2}} + \frac{1}{h_{1,3}} > 1$

(e) $g = 0$, $q = 1$, $2m + m_1 \leq 2$

Gruppen vom Typ B:

(f) $g = 1$, $q = 0$, $m \leq 1$.

Die Gruppen (b) für die Drehordnungen (h_1, h_2, h_3) sind die bekannten platonischen Gruppen:

(2,2,n)	Diedergruppe
(2,2,3)	Tetraedergruppe
(2,3,4)	Würfelgruppe
(2,3,5)	Dodekaedergruppe

Beweis: Wir benutzen, daß kein echtes Teilwort einer definierenden Relation selbst Relation ist, und zeigen dieses später (Hilfssatz IV.9). Zunächst ordnen wir den Erzeugenden Symbole $S_i, S_i^{-1}, T_j, T_j^{-1}, U_j, U_j^{-1}, V_j, V_j^{-1}, E_k, E_k^{-1}, C_{k,l}$ zu, ferner jedem Gruppenelement einen Punkt und lassen von ihm gerade so viele Strecken ausgehen wie Symbole vorhanden sind. Dabei führen die Strecken mit dem Zeichen X von dem mit y bezeichneten Punkt zu yx^{-1}, und ihre inverse Strecke sei die in yx^{-1} beginnende Strecke mit dem Zeichen X^{-1}. (Ist $X = C_{k,l}$, so setzen wir $X^{-1} = C_{k,l}$). Der erhaltene Graph sei C. Wir können nun wieder Worte in den X von jedem Punkt aus abtragen und gewinnen dabei Wege. Eine Spiegelrelation $C_{k,j}^2$ bedeutet nun das Hin- und Zurücklaufen einer Strecke. Diese Relationen nehmen wir von den folgenden Betrachtungen aus. Von jedem Punkt aus tragen wir nun die übrigen definierenden Relationen ab. Jedem so erhaltenen Weg ordnen wir ein Flächenstück zu und sagen, daß dieser Weg es positiv berandet. Der umgekehrte Weg soll es negativ beranden und ihm ordnen wir ein Flächenstück zu, welches er positiv berandet und welches zum ersten invers ist. Die so erhaltenen Flächenstücke zu Wegen, die nur durch zyklisches Vertauschen auseinander hervorgehen, identifizieren wir. Der erhaltene Flächenkomplex heiße D.

(a) Jede gerichtete Strecke kommt in den Rändern von genau zwei Flächenstücken vor und wird von diesen je einmal durchlaufen: Das ist klar für Erzeugende, die mit ihrem Inversen in den Relationen nur zweimal vorkommen. Für die Erzeugenden aus den Potenzrelationen (IV.13a), (IV.13c) folgt es aus dem bisher nicht Bewiesenen, daß echte Teilworte der definierenden Relationen keine Relationen sind, denn dann kann dieselbe Strecke von einer Potenzrelation nicht mehrfach durchlaufen werden. Eines der diesen Relationen zugeordneten Flächenstücke hat also eine Strecke höchstens einmal im Rand. Ein Randweg über ein E_k trägt entweder die Bezeichnung

$$\prod_{i=1}^{m} S_i \prod_{j=1}^{g} [T_j, U_j] \prod_{k=1}^{q} E_k \qquad \prod_{i=1}^{m} S_i \prod_{j=1}^{g} V_j \prod_{k=1}^{q} E_k \quad \text{oder}$$

$E_k C_{k,m_k+1} E_k^{-1} C_{k,1}$ bzw. deren inverse $C_{k,1} E_k C_{k,m_k+1} E_k^{-1}$, welche aber durch zyklische Vertauschung auseinander hervorgehen.

<u>(b) Um jeden Punkt bilden die davon ausgehenden Strecken einen Stern:</u> Wir ordnen einem Symbol X die Symbole als Nachbarn zu, die in den Relationen auf X^{-1} folgen, bzw. die Inversen derjenigen Symbole, die in der Relation dem X vorangehen. Das Symbol hat dann zwei Nachbarn. Schreibt man sie neben es, so bekommt man die Zyklen (IV.10) bzw. (IV.11), in denen alle Zeichen X vorkommen.

Also ist der kanonische Komplex D eine Fläche. Da jeder geschlossene Weg eine Relation und diese ein Produkt in Konjugierten der definierenden Relationen ist, ist die Wegegruppe der Fläche D trivial, also muß D ein ebenes Netz oder ein Netz auf der Kugelfläche sein. Auf diesem Netz operiert die Gruppe $\mathcal{G}$ in naheliegender Weise. Damit ist Satz IV.11 bewiesen. ▯

<u>Hilfssatz IV.9:</u> In einer durch die Erzeugenden und definierenden Relationen aus Satz IV.8 beschriebenen unendlichen Gruppe ist kein echtes Teilwort der definierenden Relationen Relation.

Wir zeigen dies zuerst für Gruppen vom Typ A ohne Erzeugende (IV.12c,d) (d.h.ohne Spiegelerzeugende). Sei

$$\mathcal{G} = \{s_1,\dots,s_m,t_1,u_1,\dots,t_g,u_g; s_1^{-h_1} = \dots = s_m^{-h_m} = \prod_{i=1}^{m} s_i \prod_{i=1}^{g} [t_i,u_i] = 1\}$$

und $\mathcal{F}$ die freie Gruppe in den Erzeugenden S_i, T_j, U_j. Der Kern der kanonischen Abbildung $\mathcal{F} \to \mathcal{G}$ besteht aus den Relationen. Wir zerlegen $\mathcal{G}$ in ein freies Produkt mit Amalgam. In der Gruppe $\{s_1,s_2; s_1^{-h_1}, s_2^{-h_2}\} = \{s_1; s_1^{-h_1}\} * \{s_2; s_2^{-h}\}$ hat das Element $s_1 \cdot s_2$ unendliche Ordnung. Ebenso hat in $\{s_3,\dots,s_m,t_1,u_1,\dots,t_g,u_g; s_3^{-h_3},\dots,s_m^{-h_m}\}$ das Element $s_3 \dots s_m \prod_{i=1}^{} [t_i,u_i]$ unendliche Ordnung für $g > 0$ oder $m \geq 4$. $\mathcal{G}$ hat also die Form

$$\{s_1,s_2; s_1^{-h_1}, s_2^{-h_2}\} * \{s_3,\dots,s_m,t_1,u_1,\dots,t_g,u_g; s_3^{-h_3},\dots,s_m^{-h_m}\}$$

$$\{s_1 s_2 = (s_3 \dots s_m \prod_{i=1}^{} [t_i,u_i])^{-1}\}$$

abgesehen von den Fällen

(IV.19) $g = 0$ und $m \leq 3$

(IV.20) $m = 1,\ g > 0$

(IV.21) $m = 0,\ g > 0.$

Gehört $\mathcal{G}$ also nicht zu den Ausnahmefällen, so sieht man an der Darstellung sofort, daß kein echtes Teilwort der definierenden Relationen bei dem kanonischen Homomorphismus auf das Einselement eines Faktors oder des Amalgams abgebildet wird. Ist im Falle (IV.20) $g > 1$, so zerlege man $\mathcal{G}$ in

$$\{s_1, t_1, u_1; s_1^{-h_1}\} \underset{\{s_1 t_1 u_1 t_1^{-1} u_1^{-1} = (\prod_{i=2}^{g} [t_i, u_i])^{-1}\}}{*} \{t_2, u_2, \ldots, t_g, u_g\}$$

und die Aussage folgt wie oben.

Für $g = 1$ fügen wir die Relationen

$$u_1^2 = 1, \quad s_1 = t_1^{-2}$$

dazu und bekommen dann die Gruppe

$$\{t, u;\ t^{2k} = u^2 = t^{-1} u t^{-1} u^{-1} = 1\},$$

also die Diedergruppe mit $4k$ Elementen. Hierin ist kein Teilwort der definierenden Relation die 1, womit wir die Behauptung auch für diesen Fall gezeigt haben.

Die Gültigkeit der Aussage im Fall (IV.21) folgt entweder wieder durch eine geeignete Zerlegung oder ist (für $g = 1$) trivial. Wir haben nur noch (IV.19) zu betrachten. $\mathcal{G}$ hat dann die Form $\{s_1, s_2, s_3; s_1^{k_1}, s_2^{k_2}, s_3^{k_3}, s_1 s_2 s_3\}$.

Je nachdem, ob $\frac{1}{k_1} + \frac{1}{k_2} + \frac{1}{k_3}$ größer, gleich oder kleiner 1 ist, betrachte man ein Dreieck mit den Winkeln $\frac{\pi}{k_1}, \frac{\pi}{k_2}, \frac{\pi}{k_3}$ respektive auf der Kugel, euklidischen oder nicht-euklidischen Ebene. Durch fortgesetztes Spiegeln an den Kanten a,b,c erhalten wir ein Netz auf der Kugel, euklidischen oder nicht-euklidischen Ebene. Die zugehörige Gruppe wird erzeugt durch die Spiegelungen an den Kanten a,b,c,

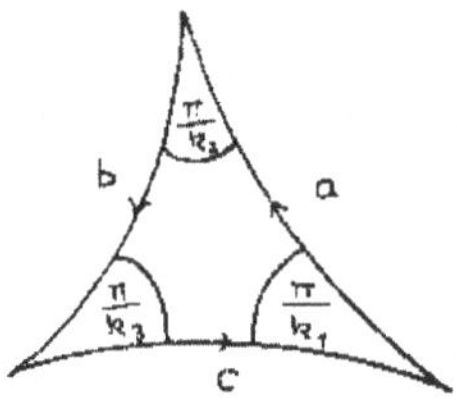

die wir mit A,B,C bezeichnen. CA, AB, BC entsprechen Drehungen um den Winkel $\frac{2\pi}{k_1}$, $\frac{2\pi}{k_2}$, $\frac{2\pi}{k_3}$ respektive, und (CA)(AB)(BC) ist die Identität. Die Abbildung $s_1 \to CA$, $s_2 \to AB$, $s_3 \to BC$ definiert also einen Homomorphismus von $\mathfrak{G}$ in die eben beschriebene Gruppe. Wäre aber ein Teilwort einer Relation selbst Relation, so wäre sein Bild in der neuen Gruppe die Identität. Aus geometrischen Überlegungen folgt aber sofort, daß es ein solches Teilwort nicht gibt.

Für Gruppen mit "orientierungsändernden" Elementen sei der Beweis als Aufgabe IV.4 gestellt.

Zum Beweis betrachte man die Untergruppe der "orientierungserhaltenden" Elemente und zeige, daß sie eine Gruppe vom Typ (A) ohne Spiegelungen ist. "Orientierungsändernde" Erzeugende sind die $c_{i,k}$, v_j.

Aufgabe IV.5: Gebe für die Untergruppe $\mathfrak{G}'$ der "orientierungserhaltenden" Elemente die Zahlen g',m' und die Drehordnungen $h_1', h_2', \ldots, h_m'$ an (für die Definition dieser Zahlen vergl. die Beschreibungen der Gruppen in Satz IV.8) (Beweis etwa mit dem Reidemeister-Schreier-Verfahren § II.2)

§ IV.8 Über die algebraische Struktur ebener Gruppen

Die Elemente endlicher Ordnung sind nach den Sätzen IV.2 und IV.3 und Hilfssatz IV.7 dadurch charakterisiert, daß sie entweder genau einen Fixpunkt (dann handelt es sich um Drehungen) oder genau eine Fixgerade (es handelt sich um Spiegelungen) besitzen. Bleibt der Punkt P bzw. die Strecke σ bei der Transformation $b \in \mathfrak{G}$ fest, so bleibt $P x^{-1}$ bzw. σx^{-1} bei $a = xbx^{-1}$, $x \in \mathfrak{G}$, fest. Bleibt bei b der Punkt P bzw. die Strecke σ und bei a der Punkt Px^{-1} bzw. die Strecke σx^{-1} fest, so haben xbx^{-1} und a denselben Fixpunkt bzw. dieselbe Fixgerade und sind somit Potenzen eines Elementes. Liegt der Drehpunkt einer Drehung a nicht auf einer Spiegelgeraden, so hat xax^{-1} nur dann denselben Drehpunkt wie a, wenn x selbst eine Drehung um diesen Punkt ist, also x und a Potenzen eines Elementes sind und somit kommutieren. Die verschiedenen Potenzen von a sind also nicht zueinander konjugiert. Liegt der Drehpunkt von a auf der Spiegelgeraden zu c, so hat a die Form cc_o, wo c_o eine geeignet gewählte andere Spiegelung ist, und es ist $a^{-1} = c_o c = c(cc_o)c$. Also sind a und a^{-1} zueinander konjugiert. Weitere Konjugationsmöglichkeiten bestehen nicht, da ein evtl. möglicher Konjugationsfaktor sich von c höchstens um eine Drehung unterscheidet. Damit haben wir:

<u>Satz IV.12:</u> a) Ein Element endlicher Ordnung ist konjugiert zu einer Potenz von $s_i, c_{k,j}$ oder $(c_{k,j}c_{k,j+1})$.
b) Unter den verschiedenen Potenzen der s_i und $(c_{k,j}c_{k,j+1})$ sind nur die Elemente $(c_{k,j}c_{k,j+1})^{\alpha}$ und $(c_{k,j}c_{k,j+1})^{-\alpha}$ konjugiert und keine der Drehungen ist zu einer Spiegelung $c_{k,j}$ konjugiert.
c) Kommutiert eine Transformation mit einem Element endlicher Ordnung und sind sie nicht Potenzen eines Elementes, so ist eine von ihnen eine Spiegelung.

<u>Bemerkungen:</u> Ist $h_{k,j} = 2n+1$ ungerade, so sind wegen $(c_{k,j}c_{k,j+1})^n c_{k,j}(c_{k,j+1}c_{k,j})^n c_{k,j+1} = 1$ das $c_{k,j}$ und $c_{k,j+1}$ konjugiert.

Die Aussage c) läßt sich wesentlich verschärfen. Betrachten wir den Fall, daß keine Spiegelungen vorliegen, so kommutieren i.a. zwei beliebige Elemente genau dann, wenn sie Potenzen eines Elementes sind. Ausgenommen sind nur wenige Gruppen wie die Wegegruppe des Torus und der Kleinschen Flasche. Auffinden der Sonderfälle und Beweis als <u>Aufgabe IV.6</u>.

<u>Satz IV.13:</u> Ebene Gruppen aus orientierungserhaltenden Transformationen sind nicht isomorph zu solchen mit orientierungsändernden Elementen.

<u>Beweis:</u> Wir schließen für die erste Betrachtung folgende Gruppen aus

(IV.22) Gruppen, die nur orientierungserhaltende Elemente enthalten, mit $g = 0$.

(IV.23) Gruppen mit Spiegelungen, für die $g = 0$ und $q = 1$ ist.

Kürzen wir die Elemente endlicher Ordnung heraus, so erhalten wir nach Satz IV.12 für ebene Gruppen aus orientierungserhaltenden Transformationen Wegegruppen orientierbarer geschlossener Flächen vom Geschlecht größer als 0, für Gruppen mit orientierungsändernden Abbildungen die Wegegruppen nicht-orientierbarer Flächen oder nicht-triviale freie Gruppen, falls Spiegelungen vorliegen. Da für Gruppen vom Typ (IV.22) und (IV.23) beim Herauskürzen der Elemente endlicher Ordnung die triviale Gruppe herauskommt, brauchen wir nur noch Gruppen dieser beiden Ausnahmefälle zu unterscheiden. Im Fall (IV.22) haben wir

$$\text{(IV.22')} \quad \{s_1, s_2, \ldots, s_m;\ s_1^{-h_1} = \ldots = s_m^{-h_m} = s_1 s_2 \ldots s_m = 1\},$$

und Gruppen des Falles (IV.23) haben die Form

$$\begin{aligned}\text{(IV.23')} \quad \{s_1, \ldots, s_{m'}, c_1, \ldots, c_{r'+1}, e;\ & s^{-h'_1} = \ldots = s_{m'}^{-h'_{m'}} = \\ & = c_1^2 = \ldots = c_{r'+1}^2 = (c_1 c_2)^{h'_{1,1}} = \ldots = \\ & = (c_{r'} c_{r'+1})^{h'_{1,r'}} = c_1 e c_{r'+1} e^{-1} = s_1 \ldots s_{m'} e = 1\}\end{aligned}$$

Ist für (IV.23') $r' > 0$, so gibt es Elemente der Ordnung 2, die nicht Potenzen eines Elementes sind und deren Produkt endliche Ordnung hat. Dergleichen gibt es für Gruppen (IV.22') nur für $m = 3$, wie man an der Zerlegung in ein freies Produkt mit Amalgam (siehe Beweis von Hilfssatz IV.9) sieht.

Ist $r' = 0$, so kommutieren c_1 und e und müßten nach Satz IV.12 Potenzen eines Elementes sein, falls es sich um eine Gruppe der Form (IV.22') handelt. Im Fall $m' \geq 1$ ist e nicht trivial und ungleich c_1, wie man durch Kürzen von c_1 sieht. c_1 ist aber nur Potenz von sich selbst. Sind r' und m' gleich 0, so ist die Gruppe endlich. Es bleiben also nur noch Gruppen (IV.22') mit $m = 3$ und (IV.23') mit $r' > 0$ zu vergleichen.

Die Einteilung der Elemente endlicher Ordnung nach ihrem Fixpunktverhalten (Satz IV.12) können wir auch algebraisch aussprechen. Und zwar mögen zwei Elemente endlicher Ordnung zu derselben "Klasse" gehören, wenn Konjugierte von ihnen Potenzen eines Elementes sind. Die Anzahl solcher Klassen ist für Gruppen (IV.22') gleich m, für Gruppen (IV.23') mindestens $m' + r' + 1$.

Die Anzahl dieser Klassen und die "maximale" Ordnung von Elementen einer Klasse sind algebraische Invarianten. Für die uns interessierenden Fälle ist $m = 3$ und eine eventuell isomorphe Gruppe (IV.23') hat Zahlen m', r' mit $m'+r'+1 \leq 3$, $r' > 0$. Es gibt drei Fälle

1. $m' = 0$, $r' = 1$. Die Gruppe ist endlich ($= {}'Z_2$)

2. $m' = 0$, $r' = 2$. Die Gruppe ist endlich (Diedergruppe)

3. $m' = 1$, $r' = 1$. Die zu vergleichenden Gruppen haben die Form

(IV.22") $\{s_1, s_2, s_3; s_1^{-h_1} = s_2^{-h_2} = s_3^{-h_3} = s_1 s_2 s_3 = 1\}$

(IV.23") $\{s, c_1, c_2, e;\ c_1^2 = c_2^2 = s^{-H_1} = (c_1 c_2)^{-H_2} = c_1 e c_2 e^{-1} = se = 1\}$

Durch Tietze-Transformationen überführen wir sie in

(IV.22''') $\{s_1, s_2;\ s_1^{-h_1} = s_2^{-h_2} = (s_1 s_2)^{-h_3}\}$

(IV.23''') $\{s, c;\ c^2 = s^{-H_1} = (cs^{-1}cs)^{-H_2}\}$

Da wir in jeder Klasse die Maximalordnung der Elemente auszeichnen können und sie für (IV.22''') h_1, h_2, h_3, für (IV.23''') $2, H_1, H_2$ sind, können wir o.B.d.A. annehmen, daß $h_1 = 2$, $h_2 = H_1$ und $h_3 = H_2$ ist. (IV.23''') enthält einen Normalteiler vom Index zwei, nämlich die Untergruppe der orientierungserhaltenden Elemente. Sie hat die Beschreibung

(IV.23U) $\{v, w;\ v^{H_1} = w^{H_1} = (vw)^{H_2}\}$

Eine Untergruppe vom Index 2 für Gruppen vom Typ (IV.22''') ist eindeutig als Kern eines Homomorphismus auf ${}'Z_2$ bestimmt. Solch ein Homomorphismus ist bestimmt durch die Bilder von s_1 und s_2 in ${}'Z_2$. Bei der Abbildung von (IV.23) auf Z_2 wurde ein Element der Ordnung 2 auf -1 abgebildet. Da h_2 und h_3 in (IV.22''') beide größer als 2 sind (sonst bekämen wir eine Diedergruppe), kommen im wesentlichen nur zwei Homomorphismen in Frage. Nämlich $s_1 \to -1$, $s_2 \to +1$ und $s_1 \to -1$, $s_2 \to -1$. Im ersten Fall muß $h_3 = H_2$ gerade sein, im zweiten $h_2 = H_1$. Berechnen wir die Untergruppen, so erhalten wir die Beschreibung

$\{x,y;\ x^{H_1} = y^{H_1} = (xy)^{\frac{1}{2}H_2}\}$ im ersten Fall und
$\{x,y;\ x^{H_2} = y^{H_2} = (xy)^{\frac{1}{2}H_1}\}$ im zweiten.

Keine dieser ist aber zu (IV.23U) isomorph, also unterscheiden sich auch in diesem Fall (IV.22') und (IV.23'). X

§ IV.9 Zum Wort- und Konjugationsproblem

In diesem Abschnitt folgen wir einer Methode, die M.Dehn in [Dehn 1] verwendet.

Satz IV.14: E sei ein ebenes Netz, von dessen Punkten je $p \geq 6$ Strecken ausgehen, und D sei eine Scheibe von E. Dann tritt einer der folgenden Fälle auf

(IV.24) ∂D ist Rand eines Flächenstückes aus E

(IV.25) ∂D enthält als zusammenhängende, disjunkte Teilwege den Randweg eines Flächenstücks bis auf ein Zeichen und den Randweg eines anderen Flächenstücks bis auf höchstens zwei Zeichen.

(IV.26) ∂D enthält als zusammenhängende, disjunkte Teilwege die Randwege von mindestens drei Flächenstücken jeweils bis auf höchstens zwei Zeichen.

Beweis: Es seien $\varphi_1, \ldots, \varphi_g$ die Flächenstückpaare von D, k_i sei die Anzahl der Streckenpaare von $\partial \varphi_i$, die im Innern von D liegen, und ℓ_i die Anzahl derer, die auf ∂D liegen. f bzw. e sei die Anzahl der Streckenpaare bzw. Punkte von D.

Die Charakteristik einer Scheibe ist 1, also ist

(IV.27) $$e - f + g = 1.$$

Die Anzahl der Punkte im Innern von D ist $e - \sum \ell_i$; außerdem gilt

(IV.28) $$f = \frac{1}{2} \sum_{i=1}^{g} k_i + \sum_{i=1}^{g} \ell_i$$

Da von jedem Punkt im Innern p Strecken ausgehen und von jedem Punkt auf den Rand mindestens 2, haben wir

(IV.29) $$f \geq \frac{p}{2}\left(e - \sum_{i=1}^{g} \ell_i\right) + \sum_{i=1}^{g} \ell_i$$ also wegen (IV.28)

$$\frac{p}{2}\left(e - \sum_{i=1}^{g} \ell_i\right) \leq \frac{1}{2}\sum_{i=1}^{g} k_i$$ und wegen (IV.27)

$$\frac{p}{2}\left(1 + f - g - \sum \ell_i\right) \leq \frac{1}{2} \sum k_i \, .$$

Da $f - \sum \ell_i = \frac{1}{2} \sum k_i$ ist, erhalten wir schließlich

$$p\,(g-1) \geq \left(\frac{p}{2} - 1\right) \sum_{i=1}^{g} k_i$$

Ist $g = 1$, so gilt (IV.24). Sonst ist $g > 1$ und $k_i \geq 1$ für alle i. Sind zwei $k_i > 1$, alle anderen $k_j > 2$, so ist

$$2p(g-1) \geq (p-2)\,(3(g-2)) + 4)$$

also $$6g \geq pg + 4$$

Dieselbe Ungleichung erhalten wir, wenn alle k_i bis auf höchstens eines größer als 2 wären. Sie kann aber für $p \geq 6$ nicht gelten. Deswegen gibt es immer zwei $k_i \leq 2$. Sind genau zwei $k_i \leq 2$, so ist eins der beiden gleich 1, oder ist kein k_i gleich 1, so sind mindestens drei $k_i = 2$. Ist also D kein Flächenstück, so enthält ∂D entweder zwei Randwege von Flächenstücken, eines davon bis auf eine Strecke, die andere bis auf höchstens zwei, oder in ∂D sind drei Randwege bis auf höchstens zwei Zeichen enthalten. Höchstens Teilrandwege mit $k_i = 2$ können in ∂D nicht hintereinander durchlaufen werden. In diesem Fall gibt es eine Strecke im Innern von D, die von Rand zu Rand läuft. Diese Strecke zerlegt D in zwei Scheiben. Auf jede Komponente können wir die obige Argumentation wieder anwenden und "große" Teilwege im Rand von Flächenstücken finden, aber nur einer in jeder Komponente enthält die zerlegende Strecke. Durch Induktion folgt, daß wir zusammenhängende Teilrandwege der gewünschten Länge finden können. Sie können disjunkt gewählt werden, da an jede Randstrecke von D nur ein Flächenstück von D anstößt und die Teilrandwege zu verschiedenen Flächenstücken von D gehören. ▯

Für die folgenden Überlegungen setzen wir voraus, daß die

ebene diskontinuierliche Gruppe $\mathcal{G}$ durch mindestens drei kanonische Erzeugende gegeben ist und alle definierenden Relationen mindestens die Länge 5 haben. (Insbesondere treten keine Spiegelungen auf.) Die Erzeugenden von $\mathcal{G}$ seien mit $h_1,\dots,h_n$ bezeichnet, und es sollen $H_1,\dots,H_n$ als freie Erzeugende aufgefaßt werden. Jedes Element $x \in \mathcal{G}$ läßt sich durch ein Wort W(H) repräsentieren (d.h. es gilt $W(h) = x$), und wir dürfen annehmen - wir rechnen die definierenden Relationen als zyklische Worte und erlauben auch den Übergang zum Inversen -

(IV.30) W(H) ist als Wort reduziert.

(IV.31) W(H) enthält von keiner definierenden Relation mehr als die Hälfte.

Analog können wir Konjugationsklassen durch Worte mit den folgenden Eigenschaften repräsentieren:

(IV.32) W(H) ist zyklisch reduziert.

(IV.33) W(H) enthält, als zyklisches Wort betrachtet, keine definierende Relation zu mehr als der Hälfte.

Satz IV.15: $\mathcal{G}$ sei ebene diskontinuierliche Gruppe mit mindestens drei Erzeugenden, und alle Relationen mögen mindestens die Länge 5 haben. u und v seien Elemente in $\mathcal{G}$, geschrieben in Worten U und V. u und v sind genau dann gleich in $\mathcal{G}$, wenn wir aus $U^{-1}V$ durch Ersetzen von Teilrelationen (der definierenden Relationen) durch das kürzere Komplement in der Relation und durch freies Kürzen das leere Wort erhalten.

Beweis: Wie im Beweis von Satz IV.11 konstruieren wir ein ebenes Netz, dessen Punkte den Gruppenelementen, dessen gerichtete Strecken um jeden Punkt den Erzeugenden und ihren Inversen entsprechen und in dem dann die Randwege der Flächenstücke die definierenden Relationen werden. Ein Wort ist genau dann gleich 1, wenn es zu einem geschlossenen Weg des Netzes gehört. Nach Entfernen von Stacheln enthält die Kurve einen einfach-geschlossenen Teilweg (oder ist schon trivial).

Da $\mathcal{G}$ mindestens drei Erzeugende und darunter keine Spiegelung hat, können wir Satz IV.14 anwenden und finden deshalb mindestens einen Teilweg, der eine Relation bis auf zwei Zeichen ausmacht. Da die Länge der Relation größer als 4 ist, ist die Teilrelation länger als ihr Komplement. $\emptyset$

Satz IV.16: $\mathcal{G}$ sei ebene diskontinuierliche Gruppe mit mindestens drei Erzeugenden, und alle definierenden Relationen mögen mindestens die Länge 8 haben. u und v seien konjugierte Elemente von $\mathcal{G}$, geschrieben in Worten U und V, die (IV.32) und (IV.33) erfüllen. Dann ist nach geeignetem zyklischen Vertauschen von U und V schon U(h) = V(h) in $\mathcal{G}$.

Beweis: Es gibt ein Wort W(H) mit $U^{-1}WVW^{-1}(h) = 1$, das (IV.30) und (IV.31) erfüllt. Gilt sogar $U^{-1}WVW^{-1}(H) = 1$ in der freien Gruppe, so gehen ja U und V durch zyklisches Vertauschen auseinander hervor. Sonst finden wir in $U^{-1}WVW^{-1}$ nach Satz IV.14 "große" Teile der definierenden Relationen. Ist W = 1, haben wir nichts zu zeigen.

a) Gibt es unter den "großen" Teilworten eine definierende Relation bis auf höchstens zwei Zeichen, welche von W oder W^{-1} höchstens eines trifft, so haben wir etwa die Situation:

$W = W'X$, $V = YV'$, $(XYA)^{\pm 1}$ ist eine definierende Relation, und es ist $\ell(A) \leq 2$.

Ersetzen wir in W das X durch $A^{-1}Y^{-1}$, so entsteht

$$U^{-1} \cdot W'A^{-1}Y^{-1} \cdot YV' \cdot YAW'^{-1}\ (H) = U^{-1} \cdot W'A^{-1} \cdot V'Y \cdot AW'^{-1}\ (H).$$

Ist $\ell(A) < \ell(X)$, so haben wir nach zyklischen Vertauschen von V einen kürzeren Konjugationsfaktor gefunden. Da $\ell(Y)$ und $\ell(X)$ höchstens $\frac{1}{2}\,\ell(XYA)$ sind, kann $2 \geq \ell(A) \geq \ell(X)$ nur gelten, wenn $\ell(XYA) = 8$, $\ell(Y) = 4$, $\ell(X) = \ell(A) = 2$ ist. Dann ersetze man in V das Y durch $X^{-1}A^{-1}$ und vertausche V danach zyklisch, was W um 2 verkürzt.

Analog kann der konjugierende Faktor verkürzt werden, wenn die "großen" Teilworte zwar nur eines von W oder W^{-1}, aber außer V noch U treffen.

b) Wir wollen zeigen, daß es immer eine Situation der Form a) gibt. Andernfalls trifft jedes Teilwort, welches eine Relation bis auf höchstens zwei Zeichen ausmacht, stets W und W^{-1}. Da in einer definierenden Relation zwischen zwei inversen Zeichen ein Zeichen oder mehr als die Hälfte einer Relation steht, folgt, daß drei "große" Teilworte nicht auftreten können, oder bei zweien U und V höchstens ein Zeichen haben, oder es tritt eine volle Relation auf. Wäre im letzten Fall $U^{-1}WVW^{-1}$ die ganze Relation, so würde U oder V die Bedingung (IV.33) verletzen. Es muß also doch eine zweite "große" Teilrelation geben und dann könnte keine gleichzeitig alle vier Worte treffen. Dann muß W aber eine Relation über die Hälfte enthalten, da mindestens eine der beiden "großen" Teilrelationen eine Relation bis auf ein Zeichen enthält.

Wegen a) und b) ist W(H) = 1. ⌶

§ IV.10 Flächenuntergruppen von endlichem Index

Untergruppen von ebenen diskontinuierlichen Gruppen sind wieder ebene Gruppen. Wir wissen schon, daß ebene Gruppen ohne Elemente endlicher Ordnung Wegegruppen von Flächen sind. Wir wollen in diesem Abschnitt beweisen:

Satz IV.17: Jede ebene diskontinuierliche Gruppe besitzt eine Flächengruppe als Untergruppe von endlichem Index.

Der Satz ist eine Vermutung von Fenchel und wurde in den Arbeiten [Bungaard-Nielsen] , [Fenchel 1] , [Fox 1] bewiesen. Unser Beweis stammt von A.M.Macbeath.

Zum Beweis dieses Satzes benötigen wir einige Tatsachen aus der Theorie endlicher Körper (Galois-Felder) (vergl. z.B. [Van der Waerden 2] , § 40). In einem endlichen Körper GF(q) von q Elementen bilden die ganzen Vielfachen der

Körpereins einen Körper, den Primkörper. Denn die ganzen Vielfachen der 1 bilden ein homomorphes Bild des Ringes $'Z$ der ganzen Zahlen. Also ist der Ring der ganzen Vielfachen der 1 isomorph zu $'Z/_{(p)}$, wenn p die kleinste Zahl aus $'Z$ ist, für die p 1 = 0 in GF(q) gilt. Da der Körper GF(q) keine Nullteiler enthält, ist p prim, also $'Z/_{(p)}$ ein Körper. Demnach ist P isomorph dem Restklassenkörper der ganzen Zahlen modulo p. Ist $\alpha_1,\dots,\alpha_m$ eine Basis von GF(q) über P, dann ist $q = p^m$.

Da die Ordnung der multiplikativen Gruppe q - 1 ist, erfüllt jedes Element $x \in GF(q)$ die Gleichung $x^q - x = 0$. Demnach sind alle Körperelemente Nullstellen des Polynoms $X^q - X = 0$ und wegen der Grade gilt $X^q - X = \prod_{y \in GF(q)} (X - y)$. Es entsteht also GF(q) aus P durch Adjunktion aller Nullstellen des Polynoms $X^q - X$ und somit sind alle endlichen Körper der Ordnung q isomorph.

Die Existenz von $GF(p^m)$ folgt aus der Tatsache, daß die Ableitung von $X^p - X$ gleich $p^m X^{p-1} - 1$, also wegen $p^m \equiv 0(p)$ immer - 1 ist. Adjungieren wir also zu einem Restklassenkörper modulo p alle Nullstellen von $X^{p^m} - X$, so sind diese alle verschieden. Andererseits bilden sie wegen
$(x - y)^{p^m} = x^{p^m} - y^{p^m}$ und $(\frac{x}{y})^{p^m} = \frac{x^{p^m}}{y^{p^m}}$ (für alle x und y mit $x^{p^m} = x$, $y^{p^m} = y$) schon einen Körper.

Zu jeder Primzahlpotenz p^m gibt es also genau einen Körper der Ordnung p^m.

Für alle Elemente x ungleich 0 gilt $x^{q-1} - 1 = 0$. Deshalb können wir die multiplikative Gruppe G in der Form

$$G = 'Z_{d_1} + 'Z_{d_2} + \dots + 'Z_{d_n}$$

schreiben, wobei d_i die Zahlen d_{i+1} und q-1 teilt und wir $1 < d_1$ voraussetzen. Ist $n > 1$, so gibt es in $'Z_{d_1} + 'Z_{d_2}$ d_1^2 Elemente, die $x^{d_1+1} = x$ lösen. Das bedeutet aber, daß $d_1^2 \leq d_1 + 1$ ist, also $d_1 = 1$ ist. G kann also nur zyklische Gruppe, und zwar isomorph zu $'Z_{q-1}$, sein.

Wir setzen von nun an voraus, daß $p > 2$ und prim ist. Die

quadratische Gleichung $X^2 + rY^2 + s = 0$ besitzt Lösungen. Es gibt nämlich in $GF(p^m)$ genau $\frac{p^m+1}{2}$ Elemente der Form x^2. Setzt man alle diese Elemente für X^2 ein, so bekommen wir $\frac{p^m+1}{2}$ Ausdrücke für Y^2. Einer davon muß aber ein Quadrat sein. Also hat $X^2 + r\,Y^2 + s = 0$ immer eine Lösung.

Die Gruppe der linear gebrochenen Transformationen LF(2,q) über GF(q) wird definiert als die Menge der Funktionen $w = \frac{az + b}{cz + d}$, $ad - bc = 1$ und $a,b,c,d \in GF(q)$. Jedes Element werde durch eine Matrix $A = \begin{pmatrix} a & b \\ c & d \end{pmatrix}$ repräsentiert.

Wir interessieren uns für die Ordnungen linear gebrochener Transformationen. Der Eigenwert λ von A genügt der Gleichung $\lambda^2 - (a + d)\lambda + 1 = 0$. Ist $a + d$ verschieden von ± 2, so erhalten wir zwei verschiedene Lösungen λ und $\frac{1}{\lambda}$. Es gibt dann eine Transformation T im allgemeinen aus $LF(2,q^2)$, so daß $T\,AT^{-1} = \begin{pmatrix} \lambda & 0 \\ 0 & \frac{1}{\lambda} \end{pmatrix}$ ist. Die zugehörige Transformation ist $w = \lambda^2 z'$ und die Ordnung der Transformation ist gleich der Ordnung von λ^2. Liegt λ (und damit $\frac{1}{\lambda}$) in $GF(p^m)$, dann teilt die Ordnung von A die Zahl $\frac{p^m - 1}{2}$. Liegt λ nicht in $GF(p^m)$, so liegt es in $GF(p^{2m})$. $GF(p^{2m})$ ist eine Erweiterung von $GF(p^m)$ vom Grade 2. Die Gruppe der Automorphismen von $GF(p^m)$ ist gegeben durch die Abbildungen $x \longrightarrow x^{p^k}$ $k = 0,1,\dots,m-1$. Sie lassen GF(p) elementeweise fest. Der Automorphismus $x \longrightarrow x^{p^m}$ von $GF(p^{2m})$ ist auf $GF(p^m)$ die Identität, auf $GF(p^{2m})$ aber nicht. Wenden wir den Automorphismus auf $\lambda^2 - (a + d)\lambda + 1 = 0$ an, so erhalten wir $(\lambda^{p^m})^2 - (a + d)\,\lambda^{p^m} + 1 = 0$. Also sind λ und λ^{p^m} die verschiedenen Lösungen λ und $\frac{1}{\lambda}$. Wir haben also gezeigt, daß für $a + d \neq \pm 2$ die Ordnung von A entweder $\frac{p^m - 1}{2}$ oder $\frac{p^m + 1}{2}$ teilt.

Sei nun d eine Zahl, die $\frac{1}{2}(p^m - 1)$ oder $\frac{1}{2}(p^m + 1)$ teilt, dann gibt es ein Element aus $LF(2,p^m)$, das die Ordnung d hat. Teilt nämlich d die Zahl $\frac{1}{2}(p^m - 1)$, so gibt es $\lambda \in GF(p^m)$ mit der Ordnung 2d. Dann aber hat $\begin{pmatrix} \lambda+\frac{1}{\lambda} & 1 \\ -1 & 0 \end{pmatrix}$

die vorgeschriebene Ordnung d. Teilt d das $\frac{1}{2}(p^m + 1)$, so nehmen wir ein λ aus $GF(p^{2m})$, das genau die Ordnung 2d hat. Dann aber ist $\lambda^{p^m} = \frac{1}{\lambda}$, also $\lambda + \frac{1}{\lambda} \in GF(p^m)$.
Somit ist $\begin{pmatrix} \lambda+\frac{1}{\lambda} & 1 \\ -1 & 0 \end{pmatrix} \in LF(2,p^m)$ eine Transformation der Ordnung d.

Beweis des Satzes IV.17:

1.Fall: $\mathcal{G}$ sei eine ebene Gruppe der Form $\{t,u,v;\ t^{-\ell} = u^{-m} = v^{-n} = tuv = 1\}$. Wir suchen nun ein geeignetes $q = p^k$, so daß wir einen Homomorphismus $\varphi : \mathcal{G} \longrightarrow LF(2,q)$ bekommen, der t,u,v auf Elemente der Ordnungen ℓ bzw. m bzw. n abbildet. Wir suchen also Elemente $t',u' \in LF(2,q)$ mit $o(t') = \ell$, $o(u') = m$ und $o(t'u') = n$, wobei o(x) die Ordnung von x bezeichnet. Wir wählen p so, daß $(p,\ell,m,n,2) = 1$ ist. Dann suchen wir ein k mit folgenden Eigenschaften: ℓ,m und n teilen $\frac{1}{2}(p^k - 1)$. Wir brauchen nur nach einem k zu suchen, das die Gleichung $(p^k - 1) \equiv 0 \mod 2\ell \cdot m\, n$ erfüllt; p ist relativ prim zu $a = 2\ell m\, n$. Die Restklassen modulo a, die zu a relativ prim sind, bilden eine endliche multiplikative Gruppe. p repräsentiert ein Element dieser Gruppe. Ist die Ordnung dieses Elementes k, so ist $p^k \equiv 1 \mod a$ und die Suche ist beendet.

Wir finden also Elemente λ, μ, ν in $GF(p^k)$ der Ordnung 2ℓ, 2m,2n. Setzen wir $\alpha = \lambda + \frac{1}{\lambda}$, $\beta = \mu + \frac{1}{\mu}$, $\gamma = \nu + \frac{1}{\nu}$, so wissen wir, daß Elemente aus $LF(p^k)$, deren Spuren α,β,γ sind, die Ordnung ℓ bzw. m bzw. n haben.

Wir setzen $t' = \begin{pmatrix} 0 & 1 \\ -1 & \alpha \end{pmatrix}$ und suchen $u' = \begin{pmatrix} x & y \\ z & w \end{pmatrix}$ mit der Ordnung m. Dann muß gelten

$$x + w = \beta, \quad wx - yz = 1.$$

Da $t'u'$ die Ordnung n haben soll, erhalten wir weitere Gleichungen

$z - y + \alpha w = \gamma$, $-y(z + \alpha w) + w(x + \alpha y) = 1$.

Die letzte Gleichung ist eine Folge von $xw - yz = 1$. Also hat unser Bedingungssystem nur 3 Gleichungen, und die Lösbarkeit des Systems folgt aus der Lösbarkeit von quadratischen Gleichungen (s.o.). Damit ist die Existenz des oben beschriebenen Homomorphismus φ gezeigt. Keine von der Identität verschiedene Potenz von t,u,v liegt im Kern, und da Elemente endlicher Ordnung in $\mathcal{G}$ zu Potenzen von t,u,v konjugiert sind, enthält der Kern keine Elemente endlicher Ordnung. Er ist nicht trivial, da $\mathcal{G}$ unendlich, LF(2,q) aber endlich ist, und hat endlichen Index.

2.Fall: $\mathcal{G}$ sei eine ebene diskontinuierliche Gruppe. Da jede ebene Gruppe eine Untergruppe von endlichem Index mit nur orientierungserhaltenden Transformationen enthält, können wir annehmen, daß $\mathcal{G}$ die Form

$\{s_1,\dots,s_m,t_1,u_1,\dots,t_g,u_g;s_i^{-h_i},\ \prod_{i=1}^{m} s_i \prod_{i=1}^{g} [t_i,u_i]\}$ hat.

Für g = 0 und m = 3 haben wir Satz IV.17 schon bewiesen. Sei $m \geq 3$. Wir nehmen wie vorher ein p und k, so daß $(p,2,h_1,\dots,h_m) = 1$ und $(p^k - 1) \equiv 0 \mod 2\, h_1,\dots,h_m$ ist. Dann nehmen wir in $LF(2,p^k)$ Elemente $s_3', s_4',\dots,s_m'$, $u_1',t_1',\dots,u_g',t_g'$, so daß s_i' die Ordnung h_i hat und $\pi = s_3' \dots s_m' \prod_{i=1} [t_i',u_i']$ ungleich 1 ist. Wie im vorhergehenden Beweis finden wir s_1'', s_2'' in $LF(2,p^k)$, wobei s_1'' und s_2'' die Ordnung h_1 bzw. h_2 und $s_1''s_2''$ dieselbe Spur wie π^{-1} hat. π^{-1} ist dann zu $s_1''s_2''$ konjugiert, wenigstens in $LF(2,p^{2k})$; also gilt $xs_1''s_2''x^{-1}\pi = 1$ oder $xs_1''x^{-1}xs_2''x^{-1}\pi = 1$. Setzen wir $s_1' = xs_1''x^{-1}$ und $s_2' = xs_2''x^{-1}$, so erhalten wir durch die Abbildung, die ungestrichene auf gestrichene Zeichen abbildet, einen Homomorphismus von $\mathcal{G}$ auf $L(2,p^{2k})$ mit denselben Eigenschaften wie im Fall 1.

Ist m = 2 und g > 0 (g = 0 bedeutet, daß $\mathcal{G}$ endlich und der Satz trivial ist), so bilden wir $\mathcal{G}$ homomorph auf $\mathfrak{H} = \{s_1,s_2,t,u;s_1^{k_1},s_2^{k_2},s_1s_2tut^{-1}u^{-1}\}$ ab. Durch die Zuordnung $s_1 \to 1$, $s_2 \to 1$, $t \to 1$, $u \to -1$ definieren wir einen Homomorphismus $\mathfrak{H} \to Z_2$, dessen Kern die Beschreibung $\{s_1,s_2,s_1',s_2',x,y;s_1^{k_1},s_1'^{k_1},s_2^{k_2},s_2'^{k_2},s_1s_2s_1's_2'xyx^{-1}y^{-1}\}$

hat. Für diese Gruppe ist m = 4. Wir haben also in $\mathfrak{H}$ eine Untergruppe $\mathfrak{U}$ von endlichem Index, die kein Element endlicher Ordnung enthält. Dann hat aber auch das Urbild von $\mathfrak{U}$ in $\mathcal{G}$ endlichen Index und enthält kein Element endlicher

Ordnung. Für m = 1 wenden wir diesen Übergang zweimal an, und für m = 0 ist der Satz trivial.

Bemerkung: Satz IV.17 ist trivial für Gruppen auf der Kugelfläche. Sie sind endlich und haben also die Wegegruppe der Kugelfläche als Untergruppe von endlichem Index.

Beachtet man, daß der Durchschnitt zweier Untergruppen endlichen Indexes wieder von endlichem Index ist und daß es zu einer Zahl nur endlich viele Untergruppen mit dieser Zahl als Index gibt (unsere Gruppen sind nämlich endlich erzeugbar), so sieht man, daß der Durchschnitt aller Flächenuntergruppen von demselben endlichen Index charakteristische Untergruppe von endlichem Index ist. Es gibt also in jeder ebenen diskontinuierlichen Gruppe Flächengruppen als charakteristische Untergruppen von endlichem Index.

Aufgabe IV.7: Die universellen Überlagerungsflächen (d.h. die Überlagerungsfläche zur Untergruppe 1) orientierbarer Flächen vom Geschlecht größer 0 und nicht-orientierbarer Flächen vom Geschlecht größer 1 sind ebene Netze.

Aufgabe IV.8: E sei ein ebenes Netz und $\mathcal{G}$ eine auf ihm operierende ebene diskontinuierliche Gruppe ohne Spiegelungen mit kompaktem Fundamentalbereich. Die kanonische Abbildung $E \to E/\mathcal{G}$ ist eine verzweigte Überlagerung.

Weitere Literatur: [Coxeter - Moser]
[Gerstenhaber 1], [Greenberg 1]
[Lehner 1], [Lyndon 3]
[Macbeath 2], [Poincaré 1]
[Reidemeister 1], [Sanatani]
[Siegel 1], [Threlfall 1]
[Wilkie 1], [Zieschang 2]

V. Automorphismen ebener Gruppen

§ V.1 Vorbetrachtung

Ist E ein ebenes Netz, $\mathfrak{G}$ eine Gruppe von Automorphismen auf E und α ein Automorphismus von $\mathfrak{G}$, so sagen wir, daß wir "α durch einen Homöomorphismus realisieren" können, wenn es zwei Unterteilungen E' und E" von E und einen Isomorphismus $\eta: E' \to E''$ mit $\alpha(x) = \eta^{-1} x \eta$, $x \in \mathfrak{G}$ gibt. Durch die Operation von $\mathfrak{G}$ auf E werden in natürlicher Weise auch auf E' und E" Operationen von $\mathfrak{G}$ definiert.

Wir nennen η Homöomorphismus und übertragen diesen Begriff auch auf Flächen. Legt man etwa die semilineare Theorie zugrunde, so kann man η offenbar als semilinearen Homöomorphismus wählen.

Wir wollen beweisen, daß jeder Automorphismus einer ebenen diskontinuierlichen Gruppe ohne Spiegelungen durch einen Homöomorphismus realisiert werden kann (Satz V.12). Ist $\mathfrak{G}$ eine Flächengruppe (d.h. gibt es keine Erzeugende s_1), so induziert eine Unterteilung von E eine von $E/\mathfrak{G}$, und η geht in einen Homöomorphismus von $E/\mathfrak{G}$ über. Jeder Automorphismus der Fundamentalgruppe einer Fläche F kann deshalb durch einen Homöomorphismus von F realisiert werden. Dieses Ergebnis ist als Satz von Nielsen bekannt [Nielsen 5] .

Wir müssen natürlich, wenn wir von Automorphismen der Fundamentalgruppe (Wegegruppe) sprechen, den Basispunkt der Gruppe berücksichtigen; wir müssen also von η verlangen, daß es in $E/\mathfrak{G}$ den Aufpunkt von $\mathfrak{G}$ festläßt. Berücksichtigen wir außerdem auf $E/\mathfrak{G}$ noch die Drehpunkte, so läßt sich der allgemeinere Satz auch als Satz über Flächen aussprechen. Ein Homöomorphismus von $E/\mathfrak{G}$, der die Bilder von Drehpunkten gleicher Ordnung permutiert und den Basispunkt festläßt, induziert nämlich einen Automorphismus von $\mathfrak{G}$. Entfernen wir aus $E/\mathfrak{G}$ "kleine" Scheiben um jeden Drehpunkt und um den Basispunkt, so ist die Fundamentalgruppe der gelochten Fläche die freie Gruppe $\hat{\mathfrak{G}}$ in den Erzeugenden $S_1, S_2, \ldots, S_m$ und $T_1, U_1, \ldots, T_g, U_g$ bzw. $V_1, \ldots, V_g$ "von $\mathfrak{G}$ ". Ein Automorphismus $\hat{\alpha}: \hat{\mathfrak{G}} \to \hat{\mathfrak{G}}$, der die Wegeklassen von Randkurven, die zu Drehungen gleicher Ordnung gehören, permutiert (oder in ihr Inverses abbildet) und die Elemente einer kanonischen Zerschneidung in die einer anderen überführt, läßt sich durch einen Homöomorphismus realisieren. Man kann ihn auf $E/\mathfrak{G}$ fortsetzen, indem man die zugehörigen Scheiben entsprechend abbildet. Induziert $\hat{\alpha}$ dann α, so ist der Homöomorphismus der Ebene, der den Homöomorphismus der Fläche überlagert, eine Realisierung von α. Die Bedingung, daß $\hat{\alpha}$ die Randkurven der Drehungen gleicher Ordnung permutiert und die Kurve um den Basispunkt festläßt, bedeutet algebraisch

$$\hat{\alpha}(S_i) = L_i S_{\alpha_i}^{\varepsilon_i} L_i^{-1} ,$$

$$\hat{\alpha}(\Pi S_i \Pi [T_i, U_i]) = L(\Pi S_i \Pi [T_i, U_i])^{\varepsilon} L^{-1} \quad \text{für } \varepsilon, \varepsilon_i = \pm 1.$$

Wir werden zu vorgegebenem α die Existenz eines solchen $\hat{\alpha}$ nachweisen.

§ V.2 Binäre Produkte

Es sei $\mathfrak{F}$ eine freie Gruppe in den Erzeugenden $S_1, S_2, \ldots$, $X_1, X_2, \ldots, X_n$ seien Elemente aus $\mathfrak{F}$ mit

$$X_i = \tilde{X}_i S_i^{\varepsilon_i} \tilde{X}_i^{-1} , \quad \varepsilon_i = \pm 1, \ i = 1, \ldots, m \leq n.$$

$\mathfrak{X}_1, \ldots, \mathfrak{X}_n$ seien Symbole und $\Pi_{\mathfrak{X}} = \Pi_{\mathfrak{X}}(\mathfrak{X}_1, \ldots, \mathfrak{X}_n)$ ein Wort in den $\mathfrak{X}_i^{\pm 1}$, so daß jedes Symbol $\mathfrak{X}_1, \ldots, \mathfrak{X}_m$ genau einmal (entweder mit dem Exponenten +1 oder -1) und $\mathfrak{X}_{m+1}, \ldots, \mathfrak{X}_n$ genau zweimal (dabei ein-, zwei- oder keinmal mit Exponenten +1) auftritt. Wir nennen $\{X_1, \ldots, X_n; \Pi_{\mathfrak{X}}\}$ ein <u>binäres Produkt</u>. $\Pi_{\mathfrak{X}}(X) = \Pi_{\mathfrak{X}}(X_1, \ldots, X_n)$ sei das Element aus $\mathfrak{F}$, wenn man X_i für $\mathfrak{X}_i$ einsetzt. $\{X_1, \ldots, X_n; \Pi_{\mathfrak{X}}\}$ heißt <u>alternierend</u>, wenn $\mathfrak{X}_{m+1}, \ldots, \mathfrak{X}_n$ je einmal mit dem Exponenten +1, einmal mit -1 auftritt.

Analog den Zweiteilungen von Flächen erklären wir Zweiteilungen für binäre Produkte.

(V.1) Haben wir in $\Pi_{\mathfrak{X}}$ eine Stelle $\ldots\mathfrak{X}_i\mathfrak{X}\ldots$ $1 \leq i \leq m$, so erklären wir neue Symbole $\mathfrak{Y}_j$, $i = 1,\ldots,n$, durch $\mathfrak{Y}_i = \mathfrak{X}^{-1}\mathfrak{X}_i\mathfrak{X}$, $\mathfrak{Y}_j = \mathfrak{X}_j$, $j \neq i$ und entsprechend neue Elemente $Y_i = X^{-1}X_iX$; $Y_j = X_j$, $j \neq i$. $\Pi_{\mathfrak{Y}}$ entstehe aus $\Pi_{\mathfrak{X}}$, indem man für die Stelle $\mathfrak{X}_i\mathfrak{X}$ das Wort $\mathfrak{Y}\mathfrak{Y}_i$ schreibt und sonst $\mathfrak{X}_j$ durch $\mathfrak{Y}_j$ ersetzt. In $\mathfrak{F}$ ist $\Pi_{\mathfrak{Y}}(Y) = \Pi_{\mathfrak{X}}(X)$.

(V.2) Der "inverse" Prozeß zu (V.1). Wir haben dann eine Stelle $\ldots\mathfrak{X}\mathfrak{X}_i\ldots$ zu ersetzen mittels $\mathfrak{Y}_i = \mathfrak{X}\mathfrak{X}_i\mathfrak{X}^{-1}$, $\mathfrak{Y}_j = \mathfrak{X}_j$, $j \neq i$ und schreiben $\Pi_{\mathfrak{Y}} = \ldots\mathfrak{Y}_i\mathfrak{Y}\ldots$. Es ist $Y_i = XX_iX^{-1}$, $Y_j = X_j$, $j \neq i$.

(V.3) Sei $\Pi_{\mathfrak{X}} = \ldots\mathfrak{X}_i\mathfrak{X}\ldots\mathfrak{X}_i^{\pm1}\ldots$ $i > m$. Dann sei $\mathfrak{Y}_i = \mathfrak{X}_i\mathfrak{X}$, $\mathfrak{Y}_j = \mathfrak{X}_j$, $j \neq i$, $Y_i = X_iX$, $Y_j = X_j$, $j \neq i$ und $\Pi_{\mathfrak{Y}} = \ldots\mathfrak{Y}_i\ldots(\mathfrak{Y}_i\mathfrak{Y}^{-1})^{\pm1}\ldots$

(V.4) Ist $\Pi_{\mathfrak{X}} = \ldots\mathfrak{X}\mathfrak{X}_i\ldots\mathfrak{X}_i^{\pm1}\ldots$ $i > m$, so sei $\mathfrak{Y}_i = \mathfrak{X}\mathfrak{X}_i$, $\mathfrak{Y}_j = \mathfrak{X}_j$ $j \neq i$, $Y_i = XX_i$, $Y_j = X_j$, $j \neq i$, $\Pi_{\mathfrak{Y}} = \ldots\mathfrak{Y}_i\ldots(\mathfrak{Y}^{-1}\mathfrak{Y}_i)^{\pm1}\ldots$

Zwei binäre Produkte heißen <u>verwandt</u>, wenn sie durch endlich viele der folgenden Prozesse auseinander hervorgehen:

(V.5) Umnumerieren der ersten m und letzten n-m Erzeugenden.

(V.6) Ersetzen eines Faktors durch sein Inverses.

(V.7) Zweiteilungen (V.1-4)

Die folgenden Eigenschaften sieht man sofort ein:

(V.8) Die Faktoren verwandter Produkte erzeugen dieselbe Untergruppe von $\mathfrak{F}$.

(V.9) Verwandte binäre Produkte haben denselben Wert $\Pi_{\mathfrak{X}}(X)$ in $\mathfrak{F}$.

(V.10) Alternierende Produkte bleiben alternierend.

Um die geometrische Bedeutung der Zweiteilungsprozesse (und der Prozesse (V.5) und (V.6)) zu beschreiben, betrachten wir eine Fläche mit m Löchern. Dann definiert die Randkurve der Scheibe, die von einer Zerschneidung herrührt, ein binäres Produkt. Es ist alternierend, wenn die Fläche orientierbar ist, im nicht-orientierbaren Fall nicht. Ist X_i eine geschlossene Kurve der Zerschneidung, die genau den i-ten Rand einmal umläuft und X die Kurve der Zerschneidung, die X_i im Randweg folgt, so ist $X^{-1}X_iX$ eine Kurve, die wiederum den i-ten Rand einmal umläuft, und $..X(X^{-1}X_iX)...$ ist wiederum eine Zerschneidung, die aus der ersten durch eine Zweiteilung der Fläche hervorgeht. Die anderen Prozesse kann man sich analog veranschaulichen. (Vergl.§ III.2)

Stammt also ein binäres Produkt von einer Zerschneidung einer Fläche (mit Rändern), so gehören sämtliche verwandten binären Produkte ebenfalls zu Zerschneidungen dieser Fläche.

Jeder Faktor eines binären Produktes hat als Wort in den Erzeugenden S_i eine Länge, und wir können von Hälften der Faktoren sprechen. Ein Faktor $\mathfrak{X}$ heißt unwesentlich, wenn er in $\Pi_{\mathfrak{X}}$ neben $\mathfrak{X}^{-1}$ steht oder in $\mathfrak{F}$ das X = 1 ist. Dasselbe Verfahren, um Erzeugenden einer Untergruppe einer freien Gruppe die Nielsenschen Eigenschaften zu geben, kann man für den Beweis des folgenden Satzes verwenden (Vergl. [Zieschang 3])

Satz V.1: Zu jedem binären Produkt gibt es ein verwandtes mit den Eigenschaften

(V.11) Kein wesentliches Element wird von einem Nachbarn über die Hälfte gekürzt,

(V.12) Kein wesentliches Element wird von b e i d e n Nachbarn bis zur Hälfte gekürzt,

(V.13) Das Anfangselement, falls wesentlich, wird nicht bis zur Hälfte gekürzt.

(V.13) erreicht man, wenn man ein Anfangselement, das zur Hälfte gekürzt wird, genauso behandelt wie ein Element, das von beiden Seiten bis zur Hälfte gekürzt wird. Ein binäres Produkt, das (V.11) erfüllt, heißt reduziert, erfüllt es (V.11), (V.12) und (V.13), so habe es die Nielsensche Eigenschaft.

Die Gruppe $\mathfrak{F}$ habe die freien Erzeugenden $S_1,\dots,S_m$ und $T_1,U_1,\dots,T_g,U_g$ bzw. $V_1,\dots,V_g$ und es sei
$\Pi_* = \mathcal{S}_1 \dots \mathcal{S}_m \prod[\mathcal{T}_i,\mathcal{U}_i]$ bzw. $\Pi_* = \mathcal{S}_1 \dots \mathcal{S}_m \mathcal{V}_1^2 \dots \mathcal{V}_g^2$.

Um nicht dauernd beide Fälle zu unterscheiden, schreiben wir $\mathfrak{F}$ in den Erzeugenden $H_1,\ldots,H_n$. $\{H_1,\ldots,H_n;\Pi_*\}$ ist ein binäres Produkt.

Satz V.2: Ist $\{X_1,\ldots,X_{n'};\Pi_{\mathfrak{X}}\}$ ein binäres Produkt in $\mathfrak{F}$ mit $n' \leq n$, $X_i = \tilde{X}_i H_{r_i}^{\varepsilon_i} \tilde{X}_i^{-1}$ $1 \leq r_i \leq m$, $i \leq m'$, $\varepsilon_i = \pm 1$ und $\Pi_{\mathfrak{X}}(X) = \Pi_*(H)$ in $\mathfrak{F}$, so ist $m' = m$, $n' = n$ und $\{X_1,\ldots,X_n;\Pi_{\mathfrak{X}}\}$ ist zu $\{H_1,\ldots,H_n;\Pi_*\}$ verwandt.

Beweis: Wir entfernen alle unwesentlichen Elemente aus $\{X_1,\ldots,X_{n'};\Pi_{\mathfrak{X}}\}$ und erhalten ein binäres Produkt $\{X_1,\ldots,X_{n''};\Pi'_{\mathfrak{X}}\}$ mit $n'' \leq n$ und $m'' = m'$ einmal auftretende Faktoren. Dieses überführen wir in ein verwandtes, mit der Nielsenschen Eigenschaft. Es sei genau so bezeichnet. Aus diesem Produkt entfernen wir, falls sie auftreten, unwesentliche Elemente und erreichen danach wieder die Nielsensche Eigenschaft. Dieses Verfahren bricht nach endlich vielen Schritten ab, und wir haben ein binäres Produkt ohne unwesentliche Elemente, das die Nielsensche Eigenschaft besitzt. In ihm bleibt von jedem Faktor mindestens ein Zeichen stehen. Es sei $X_i^{\pm 1}$ der erste Faktor der Form $L_i S_{r_i}^{\varepsilon} L_i^{-1}$ in $\Pi'_{\mathfrak{X}}$. Wir schreiben von jetzt an kurz r anstatt r_i. S_r wird nicht gekürzt, also ist $\varepsilon = +1$. Ist $\mathcal{K}$ der Teil von $\Pi'_{\mathfrak{X}}$, der vor $\mathfrak{X}_i^{\pm 1}$ steht, so können wir durch endlich viele Prozesse (V.2) $\Pi'_{\mathfrak{X}}$ in $(\mathcal{K}\mathcal{L}_i\mathcal{S}_r\mathcal{L}_i^{-1}\mathcal{K}^{-1})\ \ldots = \Pi''_{\mathfrak{X}}$ überführen, dabei geht X_i in $X_i' = (KL_iS_rL_i^{-1}K^{-1})$ über. Es ist klar, daß S_r auch in $\Pi''_{\mathfrak{X}}$ nicht weggekürzt wird. Da $\Pi''_{\mathfrak{X}}(X) = \Pi_{\mathfrak{X}}(X)$ ist, hat $\Pi''_{\mathfrak{X}}(X) = (KL_iS_r\,L_i^{-1}K^{-1})\ \ldots.$ die Form $(S_1\ldots.S_{r-1}S_rS_{r-1}\ldots S_1^{-1})\ S_1\ldots S_{r-1}\ S_{r+1}\ \ldots S_m\ \ldots$. Lassen wir X_i in $\Pi'_{\mathfrak{X}}$ fort und nehmen aus Π_* den Faktor S_r heraus, so erhalten wir binäre Produkte $\{X_1,\ldots,X_{i-1},X_{i+1},\ldots,X_{n''};\Pi_{\mathfrak{X}}\}$ und $\{S_1,\ldots,S_{r-1},S_{r+1},\ldots,H_{m+1},\ldots,H_n;\Pi_*\}$, die in $\mathfrak{F}$ denselben Wert $S_1\ldots S_{r-1}\ S_{r+1}\ \ldots\ S_m\ \Pi[T_i,U_i]$ bzw. $S_1\ldots S_{r-1}\ S_{r+1}\ \ldots\ S_nV_1^{\,2}\ \ldots\ V_g^{\,2}$ haben. Die Voraussetzungen des Satzes sind wieder erfüllt, m und m' sind aber um eins verringert. Durch mehrere Schritte können wir aus $\Pi_{\mathfrak{X}}$ alle einmal auftretenden Faktoren entfernen. Macht man abelsch und rechnet mod 2, so sieht man, daß auch in Π_* kein Faktor nur einmal auftritt (d.h. m" = m). Ebenfalls folgt durch diese Schlüsse aus der Nielsenschen Eigenschaft, daß der erste

Faktor gleich S_1 ist. Durch Induktion können wir zu einem verwandten binären Produkt übergehen, in dem die ersten m Faktoren gleich $S_1,\ldots,S_m$ sind. Wir haben damit Satz V.2 auf die folgende Situation zurückgeführt: $\{X_1,\ldots,X_n;\Pi_{\mathfrak{X}}\}$ ist ein binäres Produkt, in dem jeder Faktor zweimal auftritt, und Π_* ist Produkt von Kommutatoren $[T_i,U_i]$ bzw. Quadraten $V_i^{\,2}$. Es könnten allerdings noch Erzeugende S_i in den Worten X_j auftreten. Wir nehmen an, daß $\{X_1,\ldots,X_n;\Pi_{\mathfrak{X}}\}$ die Nielsensche Eigenschaft hat und kein unwesentliches Element vorkommt, und behandeln zuerst den "nicht-orientierbaren" Fall $\Pi_{\mathfrak{X}}(X) = \Pi_*(V) = V_1^{\,2}\ldots V_n^{\,2}$. Nach Umnumerierung sei $\mathfrak{X}_1^{\pm 1}$ der erste Faktor in $\Pi_{\mathfrak{X}}$, und es ist dann $X_1^{\pm 1} = V_1^2\ldots V_{i-1}^2 V_i L$ oder $X_1^{\pm 1} = V_1^{\,2}\ldots V_i^{\,2}L$ für $i \leq g$, wobei von $X_1^{\pm 1}$ in $\Pi_{\mathfrak{X}}$ gerade L weggekürzt wird. Hier ist $l(L) \leq 2(i-1)$ oder $\leq 2(i-1)+1$. Da $\mathfrak{X}_1^{\pm 1}$ noch einmal in $\Pi_{\mathfrak{X}}$ auftritt, kann der zweite Fall nicht eintreten. Im andern Fall kann von der größeren vorderen Hälfte $V_1^{\,2}\ldots V_{i-1}^{\,2}V_i$ höchstens das V_i stehen bleiben und tut es auch wegen der Nielsenschen Eigenschaft. Deshalb ist der auf $\mathfrak{X}_1^{\pm 1}$ folgende Faktor wieder $\mathfrak{X}_1^{\pm 1}$, und es ist $X_1^{\pm 1} = V_1^{\,2}\ldots V_{i-1}^{\,2}\,V_i\,(V_1^{\,2}\ldots V_{i-1}^{\,2})^{-1}$. Wie oben folgt aus $i-1>0$ wegen der Nielsenschen Eigenschaft $n' < n$. Wir haben nun $\Pi_{\mathfrak{X}} = \mathfrak{X}_1^{\pm 2}\Pi'_{\mathfrak{X}}$ mit $\Pi'_{\mathfrak{X}}(X) = V_1^{\,2}\ldots V_{i-1}^{\,2}V_{i+1}^{\,2}\ldots V_n^{\,2}$. Wenden wir nun dasselbe Verfahren auf $\{X_2,\ldots,X_n;\Pi'_{\mathfrak{X}}\}$ an, so ergäbe $n' < n$ einen Widerspruch. Aber aus $n' = n$ folgt durch Induktion, daß das ursprüngliche binäre Produkt zu $\{V_1,\ldots,V_n;\Pi_*\}$ verwandt ist.

Im "orientierbaren" Fall ist $\Pi_{\mathfrak{X}}(X) = T_1U_1T_1^{-1}U_1^{-1}\ldots T_gU_gT_g^{-1}U_g^{-1}$ mit $g = \frac{n}{2}$. Es sei $\mathfrak{X}_1$ der erste Faktor in $\Pi_{\mathfrak{X}}$. Wegen (V.13) wird X_1 nicht bis zur Hälfte gekürzt. Bezeichnet L den Teil von X_1, der gekürzt wird, so haben wir folgende vier Fälle:

$$\text{(V.14)}\quad X_1 = \prod_{j=1}^{i-1}[T_j,U_j]\,T_iL \qquad l(L) \leq 4(i-1)$$

$$\text{(V.15)}\quad X_1 = \prod_{j=1}^{i-1}[T_j,U_j]\,T_iU_iL \qquad l(L) \leq 4(i-1)+1$$

$$\text{(V.16)}\quad X_1 = \prod_{j=1}^{i-1}[T_j,U_j]\,T_iU_iT_i^{-1}L \qquad l(L) \leq 4(i-1)+2$$

$$\text{(V.17)}\quad X_1 = \prod_{j=1}^{i}[T_j,U_j]\,L \qquad l(L) \leq 4(i-1)+3$$

Wir werden zeigen, daß nur (V.14) möglich ist.

Da X_1 noch einmal auftritt, L kürzer als die Hälfte von X ist, bliebe im Fall (V.17) beim zweiten Auftreten von X_1 noch etwas von $\prod_{j=1}^{i}[T_j,U_j]$ stehen. Das geht aber nicht, da Π_* keines dieser Zeichen mehr enthält. Für (V.16) könnte beim zweiten vorkommenden $X_1^{\pm 1}$ aus $\prod_{j=1}^{i-1}[T_j,U_j]T_iU_iT_i^{-1}$ höchstens das U_i bleiben. Das muß es in X_1^{-1} tun, also wären $\mathfrak{X}_1$ und $\mathfrak{X}_1^{-1}$ Nachbarn, also unwesentlich. Im Fall (V.15) werden beim zweiten Auftreten von $X_1^{\pm 1}$ die ersten (i-1) Kommutatoren weggekürzt. $T_i^{\pm 1}$ oder $U_i^{\pm 1}$ bleibt stehen, da sonst X_1^{-1} über die Hälfte gekürzt würde. Deswegen tritt $\mathfrak{X}_1$ zum zweiten mal mit dem Exponenten -1 auf und, da es wesentlich ist, könnte T_i^{-1} nicht stehen bleiben, aber doch U_i^{-1}. Ist $\mathfrak{X}_2$ der Faktor hinter $\mathfrak{X}_1$, so müßte in X_2 das T_i^{-1} auftreten und würde nicht weggekürzt. Also wäre $X_2 = L^{-1}T_i^{-1}M$ und $\mathfrak{X}_1^{-1}$ folgt auf $\mathfrak{X}_2$ in $\Pi_{\mathfrak{X}}$. Dann aber wäre $X_2 = L^{-1}T_i^{-1}L$ und beim zweiten Auftreten von $\mathfrak{X}_2$ müßte $T_i^{\pm 1}$ wiederum stehen bleiben. Das geht aber nicht. Es bleibt also nur (V.14) übrig.

Es sei $K^{(i)} = \prod_{j=1}^{i-1}[T_j,U_j]$. Dann ist $X_1 = K^{(i)}\,T_iL$. Ist X_2 der zweite Faktor, so hat X_2 die Gestalt $X_2 = L^{-1}U_iM$ und von X_2 bleibt nur U_i stehen, da beim zweiten Auftreten von X_1 das $K^{(i)}$ gekürzt wird, also T_i^{-1} stehen bleiben muß. X_1^{-1} folgt also X_2 in $\Pi_{\mathfrak{X}}$, hat also die Form $M^{-1}T_i^{-1}(K^{(i)})^{-1}$, und es ist M = L. Dann bleibt beim zweiten Auftreten von X_2^{-1} das U_i^{-1} stehen, X_2^{-1} muß auf X_1^{-1} folgen, und wir haben $\Pi_{\mathfrak{X}} = \mathfrak{X}_1\mathfrak{X}_2\mathfrak{X}_1^{-1}\mathfrak{X}_2^{-1}\Pi'_{\mathfrak{X}}$, $X_1X_2X_1^{-1}X_2^{-1}\Pi'_{\mathfrak{X}}(X) = \Pi_*(H)$.

Wegen $X_1X_2X_1^{-1}X_2^{-1} = K^{(i)}[T_i,U_i](K^{(i)})^{-1}$ ist

$\Pi'_{\mathfrak{X}}(X) = K^{(i)}[T_{i+1},U_{i+1}]\ \dots\ [T_g,U_g] = \Pi'_*$.

Verfahren wir mit $\{X_3,X_4,\dots,X_n;\Pi'_{\mathfrak{X}}\}$ und $\{T_1,U_1,\dots,T_{i-1},U_{i-1},T_{i+1},U_{i+1},\dots T_g,U_g;\Pi'_*\}$ wie eben und führen dieses fort, so erhalten wir wiederum n" = n und der Satz folgt. ∎

<u>Korollar V.1:</u> Ist α ein Endomorphismus von $\mathfrak{T}$ mit $\varepsilon,\varepsilon_i = \pm 1$, $\alpha(S_i) = L_iS_{r_i}^{\varepsilon_i}L_i^{-1}$ $i = 1,\dots,m$ und $\alpha(\Pi_*(H)) = L\,\Pi_*^{\varepsilon}(H)\,L^{-1}$, dann ist α ein Automorphismus.

Beweis: Sei φ der innere Automorphismus von $\mathfrak{F}$, der X auf $L^{-1}XL$ abbildet. Dann ist $\alpha\varphi$ ein Endomorphismus mit $\alpha\varphi(S_i) = L^{-1}L_iS_rL_i^{-1}L$ und $\alpha\varphi(\Pi_*) = \Pi_*^{\varepsilon}$. Ist $\varepsilon = -1$, so sei ψ der Automorphismus, der T_i auf U_{g+1-i}, U_i auf T_{g+1-i} bzw. V_i

auf V_{g+1-i}^{-1} und S_i auf

$(S_{i+1}\dots S_m \prod [T_j,U_j])^{-1} S_i^{-1}(S_{i+1}\dots S_m \prod [T_j,U_j])$

bzw. $(S_{i+1}\dots S_m V_1^2 \dots V_g^2)^{-1} S_i^{-1}(S_{i+1}\dots S_m V_1^2 \dots V_g^2)$

abbildet. Dabei geht Π_* in Π_*^{-1} über. Wegen Satz V.2 bildet $\alpha\varphi\psi$ $\{H_1,\dots,H_n;\Pi_*\}$ auf das verwandte binäre Produkt $\{\alpha\varphi\psi H_1,\dots,\alpha\varphi\psi H_n;\Pi_*\}$ ab; insbesondere erzeugen $\alpha\varphi\psi H_1,\dots,\alpha\varphi\psi H_n$ dieselbe Untergruppe wie $H_1,\dots,H_n$, d.h. ganz $\mathfrak{F}$. Dann aber ist $\alpha\varphi\psi$ und somit α ein Automorphismus. ∎

Für g = 1 steht dieses Korollar in [Nielsen 1]. Es ist auch für g = 0 bekannt. Unsere Prozesse (V.1) und (V.2) sind dann die Zopfprozesse von [Artin 1-3].

Aufgabe V.1: Es sei $\mathfrak{F}$ die freie Gruppe in den Erzeugenden $S_1,\dots,S_n$. Man betrachtet in $\mathfrak{F}$ ein binäres Produkt $\{X_1,\dots,X_n;\Pi_{\mathfrak{X}}\}$ mit $\Pi_{\mathfrak{X}}(\mathfrak{X}) = \mathfrak{X}_1^2\dots\mathfrak{X}_n^2$ oder $\Pi_{\mathfrak{X}}(\mathfrak{X}) = \prod_{i=1}^{n/2}[\mathfrak{X}_{2i-1},\mathfrak{X}_{2i}]$ und $\Pi_{\mathfrak{X}}(X) = 1$.

Dann ist im ersten Fall das binäre Produkt verwandt zu $\{Y_1,\dots,Y_{n-1},Y_n;\ \mathfrak{y}_1^2\dots\mathfrak{y}_n^2\}$ mit

$Y_{2i-1} = Y_{2i}^{-1}$ $\quad i = 1,\dots,\frac{n}{2}$ für gerades n,

$Y_{2i-1} = Y_{2i}^{-1}, Y_n = 1$, $i = 1,\dots,\frac{n-1}{2}$ für ungerades n.

Im zweiten Fall ist das binäre Produkt verwandt zu $\{Y_1,\dots,Y_n;\prod_{i=1}^{n/2}[\mathfrak{y}_{2i-1},\mathfrak{y}_{2i}]\}$ mit $Y_{2i} = 1, i=1,\dots,\frac{n}{2}$.

§ V.3 Homotope binäre Produkte [Zieschang 4]

Sei $\mathfrak{G}$ eine endlich erzeugbare Gruppe und $\hat{\mathfrak{G}}$ die freie Gruppe in den Erzeugenden von $\mathfrak{G}$. Die Abbildung, die den freien Erzeugenden von $\hat{\mathfrak{G}}$ die entsprechenden Erzeugenden von $\mathfrak{G}$ zuordnet, definiert einen Homomorphismus $\varphi: \hat{\mathfrak{G}} \to \mathfrak{G}$ mit Kern $\mathfrak{N}$. $\{X_1,\dots,X_n;\Pi_{\mathfrak{X}}\}$ und $\{Y_1,\dots,Y_n;\Pi_{\mathfrak{Y}}\}$ seien binäre Produkte in $\hat{\mathfrak{G}}$. Ist für

$i \leq m$ $X_i = \tilde{X}_i S_{r_i}^{l_i} \tilde{X}_i^{-1}$, $Y_i = \tilde{Y}_i S_{r_i}^{k_i} \tilde{Y}_i^{-1}$ mit $\tilde{Y}_i = \tilde{X}_i \tilde{N}_i$, $\tilde{N}_i \in \hat{\mathfrak{N}}$ und für $i > m$ $Y_i = X_i N_i$, $N_i \in \hat{\mathfrak{N}}$, und geht das Wort $\Pi_{\mathfrak{X}}$ aus $\Pi_{\mathfrak{y}}$ hervor, indem man jedes $\mathfrak{Y}_i$ durch $\mathfrak{X}_i$ ersetzt, so heißen die binären Produkte homotop. Es gilt dann $\varphi X_i = \varphi Y_i$, $\varphi(\Pi_{\mathfrak{X}}(X)) = \varphi(\Pi_{\mathfrak{y}}(Y))$; d.h. zwei homotope binäre Produkte von $\hat{\mathfrak{G}}$ liefern in $\mathfrak{G}$ dasselbe binäre Produkt. Wir sagen, ein binäres Produkt $\{X_1,\ldots,X_n; \Pi_{\mathfrak{X}}\}$ zerfällt (über $\hat{\mathfrak{N}}$), wenn es ein Teilwort $\Pi'_{\mathfrak{X}}$ von $\Pi_{\mathfrak{X}}$ gibt, das nur einen echten Teil der Faktoren enthält, keiner dieser Faktoren in $\Pi_{\mathfrak{X}}$ außerhalb $\Pi'_{\mathfrak{X}}$ auftritt und $\varphi(\Pi'_{\mathfrak{X}}(X)) = 1$ in $\mathfrak{G}$ ist. Ein binäres Produkt heißt zerfällbar, wenn es zu einem zerfallenden verwandt ist.

Ein binäres Produkt $\{X_1,\ldots,X_n; \Pi_{\mathfrak{X}}\}$ heißt einfach, wenn bei $\Pi_{\mathfrak{X}}(X) \notin \hat{\mathfrak{N}}$ kein nicht-triviales Teilwort von $\Pi_{\mathfrak{X}}(X)$, betrachtet als reduziertes Wort in den Erzeugenden von $\hat{\mathfrak{G}}$, in $\hat{\mathfrak{N}}$ liegt
bzw. bei $\Pi_{\mathfrak{X}}(X) \in \hat{\mathfrak{N}}$ kein echtes Teilwort des zyklisch reduzierten Wortes zu $\Pi_{\mathfrak{X}}(X)$ in $\hat{\mathfrak{N}}$ liegt.

Zur geometrischen Veranschaulichung konstruieren wir wie beim Existenzbeweis ebener Gruppen einen Graphen zu $\mathfrak{G}$, dessen Punkte den Elementen entsprechen. Die von einem Punkt ausgehenden Strecken entsprechen den Erzeugenden und ihren Inversen und seien mit entsprechenden Symbolen bezeichnet (siehe Beweis von Satz IV.11). $\Pi_{\mathfrak{X}}(X)$ ist dann ein Weg in dem Graphen. $\{X_1,\ldots,X_n; \Pi_{\mathfrak{X}}\}$ ist einfach, wenn nach Entfernen der Stacheln der Weg einfach ist oder, falls $\Pi_{\mathfrak{X}}(X) \in \hat{\mathfrak{N}}$ ist, die Form ABA^{-1} hat, wobei B einfach geschlossen ist.

Die Länge eines binären Produktes sei als die Länge des zyklisch reduzierten Weges zu $\Pi_{\mathfrak{X}}(X)$ definiert.

Satz V.3: Ist ein binäres Produkt $\{X_1,\ldots,X_n; \Pi_{\mathfrak{X}}\}$ bezüglich $\hat{\mathfrak{N}}$ nicht zerfällbar und ist es nicht einfach, so gibt es ein zu ihm homotopes binäres Produkt geringerer Länge.

Beweis: Wir dürfen annehmen, daß kein Faktor in $\hat{\mathfrak{G}}$ gleich 1 ist und ebenfalls keiner bei den Zweiteilungen auftritt. Andernfalls lasse man diese Elemente zunächst weg und füge sie nachher an den entsprechenden Stellen zu. Wir fassen $\Pi_{\mathfrak{X}}(X)$ als einen ungekürzten Weg auf. Der gekürzte Weg hat einen einfach geschlossenen Teilweg, der einen Doppelpunkt des gekürzten Weges enthält. Indem wir einen inneren Automorphismus von $\hat{\mathcal{G}}$ auf den Weg anwenden, können wir erreichen, daß er in dem Doppelpunkt beginnt. Am Ende des Beweises machen wir diese Transformation wieder rückgängig. Der innere Automorphismus überführt $\{X_1,\ldots,X_n;\Pi_{\mathfrak{X}}\}$ wieder in ein nicht-einfaches, nicht zerfällbares binäres Produkt gleicher Länge. Es reicht also aus, den Satz für ein binäres Produkt zu zeigen, dessen reduzierter Weg mit einem einfach geschlossenen Teilweg beginnt.

Wir überführen $\{X_1,\ldots,X_n;\Pi_{\mathfrak{X}}\}$ nach Satz V.1 in ein reduziertes binäres Produkt. Dieses hat denselben gekürzten Weg und gleiche Länge. Es sei genau so bezeichnet. Kein Faktor X_i wird dann ja von einem Nachbarn über die Hälfte hinweg und kein Faktor von beiden Nachbarn ganz gekürzt. Insbesondere wird bei keinem Faktor $X_i = \tilde{X}_i\, S_{r_i}^{\varepsilon_i}\, \tilde{X}_i^{-1}$ das mittlere Element $S_{r_i}^{\varepsilon_i}$ gekürzt. Zu jedem Zeichen in X_i, $i = 1,\ldots,n$ das gekürzt wird, ist das inverse Zeichen im Nachbarn, das es kürzt, nun genau festgelegt. Wir sagen, daß die beiden Zeichen ein Paar Kürzender sind oder daß eins der kürzende Partner des anderen ist. Der Teil von X_i, der stehen bleibt, heiße Kern von X_i und werde mit $|X_i|$ bezeichnet.

Abgesehen von den mittleren Elementen der X_i, $i \leq m$, ordnen wir jedem Zeichen eines Faktors seinen formalen Partner zu. Und zwar sei der formale Partner eines Zeichens in $\tilde{X}_i$ oder $\tilde{X}_i^{-1}$ das entsprechende inverse Zeichen in $\tilde{X}_i^{-1}$ bzw. $\tilde{X}_i$, der formale Partner eines Zeichens aus X_i^{ε}, $i > m$, sei dasselbe Zeichen in X_i^{ε}, falls X_i^{ε} noch einmal mit dem Exponenten ε auftritt, andernfalls sei er das entsprechende inverse Zeichen in $X_i^{-\varepsilon}$.

Der einfach geschlossene Weg, mit dem das gekürzte $\Pi_{\mathfrak{X}}(X)$ beginnt, heiße in Zukunft "die Schleife". Beginnen in dem Doppelpunkt Stacheln, so ist sie in dem ungekürzten Wort $\Pi_{\mathfrak{X}}(X)$ nicht eindeutig festgelegt. Indem wir für vom Doppelpunkt ausgehende Stacheln bestimmen, ob sie zur ungekürzten Schleife (Schleife mit Stacheln) gehören oder nicht, treffen wir eine Festlegung für den Doppelpunkt. Bis auf den Faktor, der den Doppelpunkt enthält, ist dann für jeden Faktor bestimmt, ob er zu der (ungekürzten) Schleife gehört oder nicht. Liegt einer der beiden Faktoren vom Index $i > m$ auf der Schleife, der andere nicht, so sagen wir, daß der Doppelpunkt das Paar $\mathfrak{X}_i$ trennt. Da das binäre Produkt nicht zerfällbar ist, liegt der Doppelpunkt entweder im Innern eines Faktors oder er trennt mindestens ein Paar.

Zunächst nehmen wir an, daß das zu $\mathfrak{X}_i$ $(i > m)$ gehörende Paar durch den Doppelpunkt getrennt wird und ein Zeichen A von X_i und dessen formaler Partner nicht auf einem Stachel liegen. Ersetzen wir dann in X_i das A durch den Rest der Schleife, wie in der Zeichnung durch gestrichelte Linien angedeutet ist, so ist das eine homotope Abänderung, da die Schleife in $\hat{\mathfrak{N}}$ liegt; die Länge von $\Pi_{\mathfrak{X}}$ verringert sich hierbei um mindestens 2. Dieser Kürzungsprozeß liegt dem folgenden Beweis zugrunde.

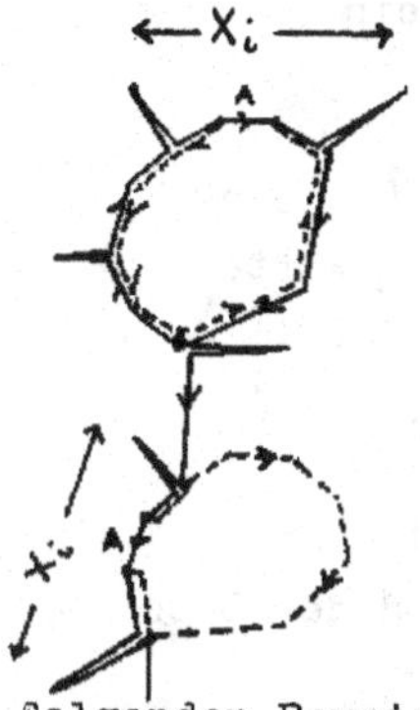

Indem wir von einem Zeichen ausgehend abwechselnd zum formalen und kürzenden Partner übergehen, erhalten wir eine Kette von Zeichen, gehen wir zuerst zum kürzenden Partner und wieder abwechselnd zum formalen und kürzenden, so erhalten wir eine weitere Kette von Zeichen. Die zwei zu einem Zeichen gehörenden Ketten fassen wir zu einer zusammen. Wir betrachten sämtliche maximale Ketten. Unter ihnen gibt es eventuell Ketten, die eine einfach-geschlossene Kette unendlich oft umlaufen, auf jeden Fall aber einfache offene Ketten, deren Enden auf dem gekürzten Weg liegen.

Annahme: Es gibt eine maximale offene Kette, deren Enden durch den Doppelpunkt getrennt werden.

Es ist klar, daß diese Kette kein Mittelzeichen eines X_i $(i \leq m)$ enthält.

Die Kette sei $K_1,\dots,K_r$ und K_1 liege auf der Schleife, K_r auf dem Rest. Die Erzeugenden von $\hat{\mathfrak{g}}$ seien mit $H_1, H_2, \dots$ bezeichnet. Die gekürzte Schleife hat die Form $P\, K_1 Q$, wobei P den Weg vom Doppelpunkt zu K_1 und Q den Teil der Schleife von K_1 bis zum Doppelpunkt bezeichnet. Es ist $K_i = H_j^{\eta_i}$, $\eta_i = \pm 1$, für ein geeignetes festes j und $1 \leq i \leq r$. Ersetzen wir K_i durch $(QP)^{-\eta_i \eta_1}$, so erhalten wir ein neues binäres Produkt $\{Y_1,\dots,Y_n; \Pi_{\mathfrak{Y}}\}$, das zum ersten homotop (bezüglich $\mathfrak{A}$) ist. Wir wollen $l(\Pi_{\mathfrak{Y}}(Y))$ mit $l(\Pi_{\mathfrak{X}}(X))$ vergleichen. Die Schleife PK_1Q ist durch einen Stachel ersetzt worden und das verkürzt $\Pi_{\mathfrak{X}}(X)$ um $l(P) + l(Q) + 1$ Zeichen. Jedes Paar (K_{2i}, K_{2i+1}^{-1}), $i = 1,\dots,\frac{r}{2} - 1$, ist ein kürzendes Paar. Also ist $K_{2i} = K_{2i+1}^{-1}$. Für jedes dieser Paare haben wir längere Stachel $(QP)^{-\eta_{2i}\eta_1} . (QP)^{\eta_{2i}\eta_1}$ eingefügt, aber das ändert die Länge des reduzierten Wortes nicht. Statt K_r haben wir $(QP)^{-\eta_r \eta_1}$ eingesetzt. Dabei vergrößert sich die Länge um höchstens $l(P) + l(Q) - 1$. Aus diesen Betrachtungen folgt, daß $l(\Pi_{\mathfrak{Y}}(Y)) \leq l(\Pi_{\mathfrak{X}}(X)) + l(P) + l(Q) - 1 - l(P) - l(Q) - 1$. Also hat sich die Länge um mindestens zwei verringert, und der Satz ist auch für diesen Fall bewiesen.

Wir wollen nun zeigen, daß man immer zu einem verwandten binären Produkt übergehen kann, welches die Annahme erfüllt.

Hilfssatz V.1: Wenn der Doppelpunkt das zu einem Index i gehörige Paar trennt, so gibt es ein verwandtes binäres Produkt in reduzierter Form, welches eine der folgenden Forderungen erfüllt:

(V.18) Es gibt eine maximale offene Kette, deren Enden durch den Doppelpunkt getrennt werden.

(V.19) Die Summe der Länge der Faktoren hat sich verringert.

(V.20) Die Zahl der Paare, die durch den Doppelpunkt getrennt werden, hat sich verringert, und die Summe der Länge der Faktoren hat sich nicht verändert.

Beweis: Das zu $\mathfrak{X}_i$ ($i > m$) gehörige Paar werde durch den Doppelpunkt getrennt, und es sei $X_i \neq 1$. Wir bezeichnen mit $\mathfrak{X}_i^{(\sigma)}$ das zur Schleife gehörende Symbol, mit $\mathfrak{X}_i^{(\alpha)}$ das andere.

Wir können annehmen, daß kein formaler Partner eines Zeichens aus dem Kern von $X_i^{(\sigma)}$ zum Kern von $X_i^{(\alpha)}$ gehört, da sonst schon (V.18) erfüllt ist. Dann ist $X_i = AB$, wobei A und B gleiche Länge haben, und von den zu A gehörenden Hälften $A^{(\sigma)}$ und $A^{(\alpha)}$ von $X^{(\ )}$ bzw. $X^{(\alpha)}$ wird mindestens eine völlig weggekürzt; das gleiche gilt für $B^{(\sigma)}$ und $B^{(\alpha)}$. Wir können annehmen, daß $A^{(\sigma)}$ und damit $B^{(\alpha)}$ völlig weggekürzt werden. Sei $\mathfrak{X}_j^{\varepsilon}$ der linke Nachbar von $\mathfrak{X}_i^{(\sigma)}$. Dann hat X_j^{ε} die Form $X_j^{\varepsilon} = C(A^{(\sigma)})^{-1}$ und C und B kürzen nichts voneinander weg, $l(C) \geq l(A^{(\sigma)})$. Ist $j \leq m$, so überführen wir $\mathfrak{X}_j^{\varepsilon}$ durch eine Zweiteilung in $\mathcal{Y}_j^{\varepsilon} = \mathfrak{X}_i^{(\sigma)-1}\, \mathfrak{X}_j\, \mathfrak{X}_i^{(\sigma)}$; für $i > m$ machen wir analog eine Zweiteilung (V.4).

Wir erhalten ein verwandtes binäres Produkt $\{Y_1,\dots,Y_n; \Pi_y\}$, für das die Summe der Längen der Faktoren gleich geblieben ist. Im Fall einer Zweiteilung (V.4) ist das evident. Für Zweiteilungen (V.2) folgt es ebenso leicht aus der Tatsache, daß X_j die Form $\tilde{X}_j^{-1} S_{\nu}^{\varepsilon} \tilde{X}_j$ hat. Ist es nicht reduziert, so können wir durch Zweiteilungen die Summe der Länge von Faktoren verringern und es tritt (V.19) ein.

Sei $\{Y_1,\dots,Y_n; \Pi_y\}$ reduziert. Bei der oben angegebenen Zweiteilung sind bis auf $\mathfrak{X}_i^{(\sigma)}$ alle Elemente auf ihrem Platz geblieben. Hat $\mathfrak{X}_i^{(\sigma)}$ die Schleife verlassen, liegt (V.20) vor. Sonst gibt es entweder ein Zeichen im Kern von $Y_i^{(\sigma)}$, dessen formaler Partner im Kern von $Y_i^{(\alpha)}$ liegt (also liegt (V.18) vor) oder $\mathcal{Y}_i^{(\sigma)}$ und $\mathcal{Y}_i^{(\alpha)}$ bilden ein Paar wie vorher $\mathfrak{X}_i^{(\sigma)}$ und $\mathfrak{X}_i^{(\alpha)}$. Wir verfahren mit $Y_i = X_i = AB$ wie vorher und ersetzen $A^{\pm 1}$ durch $B^{\pm 1}$. Nach jedem Schritt tritt entweder (V.18), (V.19) oder (V.20) auf oder die Zahl der Faktoren, die mit B oder B^{-1} anfangen oder enden, nimmt zu. Dies ist nur endlich oft möglich. ∎

Schluß des Beweises von Satz V.3:

Nehmen wir an, daß bei dem Verfahren (V.18) nie auftritt, so erhalten wir ein zu $\{X_1,\dots,X_n; \Pi_{\mathfrak{x}}\}$ verwandtes, reduziertes binäres Produkt $\{Z_1,\dots,Z_n; \Pi_{\mathfrak{z}}\}$, in dem kein Paar durch den Doppelpunkt getrennt wird. Wir zeigen, daß $\{Z_1,\dots,Z_n; \Pi_{\mathfrak{z}}\}$ (V.18) erfüllt.

$\mathfrak{z}_i$ möge den Doppelpunkt enthalten und es sei $Z_i = A|Z_i|B$. Enthält $|Z_i|$ nicht den Doppelpunkt im Innern, so ist A oder B nicht trivial, da sonst $\{Z_1,\ldots,Z_n;\Pi_{\mathfrak{z}}\}$ zerfällbar ist. Wir können also ein Zeichen C_0 am Anfang oder Ende von Z_i wählen, das von seinem formalen Partner C_1 durch den Doppelpunkt getrennt wird. Von C_0 und C_1 ausgehend bilden wir Ketten $C_0C_{-1}\ldots$ und $C_1C_2\ldots$, indem wir zuerst zum kürzenden Partner übergehen. Wir zeigen, daß keine der Ketten von der Schleife auf den anderen Teil oder vom anderen Teil auf die Schleife wechselt. Sei z.B. C_0 auf der Schleife. Da der Doppelpunkt keine Paare trennt, kann $C_0C_{-1}C_{-2}\ldots$ die Schleife nur über ein Zeichen von Z_i verlassen. Da C_0 ein Anfangszeichen ist, sind alle $C_0, C_{-1},\ldots$ Anfangs- oder Endzeichen. $C_0C_{-1}C_{-2}\ldots$ kehrt also zu C_0 vermöge eines kürzenden Partners, $C_{-1}C_{-2}\ldots$ zu C_{-1} vermöge eines formalen Partners zurück etc. Indem wir immer weiter zurückgehen, finden wir ein Zeichen, das sein eigener formaler oder kürzender Partner ist. Das geht aber nicht. Analog schließt man, wenn C_0 nicht auf der Schleife liegt. $\ldots C_{-1}C_0C_1C_2C_3\ldots$ bildet also eine offene, maximale Kette, deren Enden durch den Doppelpunkt getrennt werden.

Wir finden somit von unserem ursprünglichen binären Produkt ausgehend ein verwandtes, das zu einem binären Produkt kürzerer Länge homotop ist. Machen wir sämtliche Zweiteilungen wieder rückgängig, geben die nötigen Einsen wieder zu und machen die anfängliche Konjugation rückgängig, so erhalten wir schließlich ein zum ursprünglichen homotopes binäres Produkt (die Begriffe "homotop" und "verwandt" sind nämlich offensichtlich vertauschbar). $\between$

Korollar V.2: Zu jedem nicht-zerfällbaren binären Produkt gibt es ein homotopes einfaches binäres Produkt, dessen Länge nicht größer ist.

Satz V.4: Es sei $\mathfrak{g} = \{s_1,\ldots,s_m,t_1,u_1,\ldots,t_g,u_g; s_1\ldots s_m \Pi[t_i,u_i] = 1\}$ bzw. $\mathfrak{g} = \{s_1,\ldots,s_m,v_1,\ldots,v_g; s_1\ldots s_m v_1^2\ldots v_g^2 = 1\}$ und $\hat{\mathfrak{g}}$ die freie Gruppe in $S_1,\ldots,S_m,T_1,\ldots,U_g$ bzw. $S_1,\ldots,S_m,V_1,\ldots,V_g$. $\hat{\alpha}:\hat{\mathfrak{g}}\to\hat{\mathfrak{g}}$ sei ein Endomorphismus mit $\hat{\alpha}S_i = L_i S_{r_i}^{\varepsilon_i} L_i^{-1}$, $i \leq m$, und $\hat{\alpha}$ induziere einen Automorphismus α von $\mathfrak{g}$. Dann ist $\{\hat{\alpha}S_1,\ldots,\hat{\alpha}S_m,\hat{\alpha}T_1,\ldots,\hat{\alpha}U_g;\Pi_*\}$ bzw.

$\{\hat\alpha S_1,\ldots,\hat\alpha V_1,\ldots,\hat\alpha V_g;\Pi_*\}$ nicht zerfällbar (bezüglich des Kerns $\hat{\mathfrak{N}}$ des Standardhomomorphismus $\varphi:\hat{\mathcal{G}}\to\mathcal{G}$). Π_* bezeichnet wie vorher das Produkt $\mathcal{S}_1\mathcal{S}_2\ldots\mathcal{S}_m\prod_{i=1}[\mathcal{T}_i,\mathcal{U}_i]$ bzw. $\mathcal{S}_1\mathcal{S}_2\ldots\mathcal{S}_m\mathcal{V}_1^2\ldots\mathcal{V}_g^2$.

Beweis: Wir schreiben $\mathcal{G}$ wie vorher als $\{h_1,\ldots,h_n;\Pi_*\}$ und $\hat{\mathcal{G}}$ ist frei erzeugt von $H_1,\ldots,H_n$. Angenommen $\{\hat\alpha H_1,\ldots,\hat\alpha H_n;\Pi_*\}$ wäre zerfällbar, dann wäre es verwandt zu einem zerfallenden binären Produkt $\{N_1,\ldots,N_n;\Pi_N\}$. Machen wir dieselben Prozesse, die $\{\hat\alpha H_1,\ldots,\hat\alpha H_n;\Pi_*\}$ in das zerfallende Produkt überführen, mit $\{H_1,\ldots,H_n;\Pi_*\}$, so erhalten wir ein verwandtes $\{N_1',\ldots,N_n';\Pi_N\}$ mit $\hat\alpha N_i'=N_i$. Sei Π_N' ein Teilwort von Π_N mit $\Pi_N'(N)\in\hat{\mathfrak{N}}$, dann gilt $\Pi_N'(\varphi N)=1$ in $\mathcal{G}$. Wegen $\Pi_N'(\varphi N)=\Pi_N'(\hat\alpha\varphi N')=\hat\alpha\Pi_N'(\varphi N')$ liegt $\Pi_N'(N')$ in $\hat{\mathfrak{N}}$, also zerfällt $\{N_1',\ldots,N_n';\Pi_N\}$, d.h. $\{H_1,\ldots,H_n;\Pi_*\}$ wäre zerfällbar. Daß dem nicht so ist, folgt z.B. daraus, daß dieses Produkt einer kanonischen Zerschneidung einer Fläche mit m Löchern entspricht, Zweiteilungen geometrischen Zweiteilungen entsprechen (vgl.§ III.2) und kein Teilwort des Randweges nach Aufschneiden trivial in der Wegegruppe ist. Ein anderer Beweis läuft über ebene Gruppenbilder. Mit ihm bekommt man folgenden Satz [Zieschang 4], Satz 7. ▯

Satz V.5: Sei $\mathcal{G}=\{s_1,\ldots,s_m,t_1,\ldots,u_g;s_1^{-k_1}=\ldots=s_m^{-k_m}=\Pi_*=1$ bzw. $\{s_1,\ldots,s_m,v_1,\ldots,v_g;s_1^{-k_1}=\ldots=s_m^{-k_m}=\Pi_*=1\}$ unendlich. Wir schreiben zur Vereinfachung für beide Gruppen $\mathcal{G}=\{h_1,\ldots,h_n;h_1^{-k_1}=\ldots=h_m^{-k_m}=\Pi_*=1\}$. Sei $\hat{\mathcal{G}}$ die freie Gruppe in den Erzeugenden $H_1,\ldots,H_n$, $\hat{\mathfrak{N}}$ der Kern des Standardhomomorphismus $\varphi:\hat{\mathcal{G}}\to\mathcal{G}$ und sei $\hat\alpha$ ein Endomorphismus von $\hat{\mathcal{G}}$ mit $\hat\alpha H_i=L_iH_{r_i}^{\varepsilon_i}L_i^{-1}$, $1\le r_i\le m$, $1\le i\le m$, $\varepsilon_i=\pm1$, der einen Automorphismus von $\mathcal{G}$ induziert. Dann ist $\{\hat\alpha H_1,\ldots,\hat\alpha H_n;\Pi_*\}$ nicht zerfällbar (über $\hat{\mathfrak{N}}$).

§ V.4 Freie Erzeugende für die Gruppe der Relationen

$\mathcal{G}$ sei eine ebene Gruppe mit einer Beschreibung wie in Satz V.5. Zur Abkürzung schreiben wir wieder $\mathcal{G}=\{h_1,\ldots,h_n;h_1^{-k_1}=\ldots=h_m^{-k_m}=\Pi_*=1\}$. $\hat{\mathcal{G}}$ sei die freie Gruppe in den $H_1, \ldots, H_n$ und $\hat{\mathfrak{N}}$ der Kern des Standardhomomorphismus. Große Buchstaben bezeichnen Elemente aus $\hat{\mathfrak{G}}$, kleine Buchstaben Elemente aus $\mathfrak{G}$, und wir wollen uns daran halten, daß große Buchstaben unter dem Standardhomomorphismus auf gleiche kleine Buchstaben abgebildet werden. - $\omega(L)$ sei + 1 oder - 1, je nachdem, ob $l \in \mathfrak{G}$ orientierungserhaltend ist oder nicht. Das ist gleichbedeutend damit, ob die Anzahl der in L auftretenden V_i gerade oder ungerade ist.

Es sei $\mathcal{L} = \{L\}$ ein Repräsentantensystem der Restklassen von $\hat{\mathfrak{G}}$ bezüglich $\hat{\mathfrak{N}}$, das der Schreierschen Bedingung genügt. $\mathcal{L}_i$ sei eine Untermenge von $\mathcal{L}$, die für die Klasse der Restklassen $L\hat{\mathfrak{N}}, LS_i\hat{\mathfrak{N}}, \ldots, LS_i^{k_i-1}\hat{\mathfrak{N}}$ nur einen Vertreter enthält.

<u>Satz V.6:</u> Die Elemente $L(\Pi_*(H))^{\omega(L)}L^{-1}$, $L \in \mathcal{L}$ und $LS_i^{-\omega(L)k_i}L^{-1}$, $L \in \mathcal{L}_i$, $i = 1, \ldots, m$, erzeugen $\hat{\mathfrak{N}}$ frei.

<u>Beweis:</u> Wir betrachten wie im Beweis von Satz IV.11 das ebene Netz zu $\mathfrak{G}$. C sei der Graph des Netzes. Dann können wir $\hat{\mathfrak{N}}$ als die Wegegruppe von C deuten. Wegen der Schreierschen Bedingung bilden die Wege, die zu den $L \in \mathcal{L}$ gehören, einen aufspannenden Baum von C (vgl. §I.5). Es gibt also zu jedem Punkt von C einen eindeutig bestimmten Repräsentanten, der zu dem Weg, der die 1 mit dem Punkt verbindet, korrespondiert. Ist σ eine Strecke, die nicht im Baum liegt und sind ν und ω die Wege im Baum, die zum Anfangs- und Endpunkt von σ laufen, so ist $\nu\sigma\omega^{-1}$ dann Repräsentant einer Wegeklasse und die Menge dieser Klassen bildet ein freies Erzeugendensystem für $\hat{\mathfrak{N}}$. $\nu\sigma\omega^{-1}$ ist 'einfach geschlossen' und berandet in dem Netz zu $\mathfrak{G}$ eine Scheibe. Es möge das an σ anstoßende Flächenstück im Innern der Scheibe zu einer Relation $S_i^{-k_i}$ gehören; dann nehmen wir das eindeutig bestimmte $L \in \mathcal{L}_i$, das die 1 des Netzes mit einem Punkt auf dem Rande des Flächenstückes verbindet. Der zu L gehörige Weg ξ liegt in der Scheibe, die $\nu\sigma\omega^{-1}$ berandet, und $\nu\sigma\omega^{-1}$ läßt sich wie folgt als Produkt darstellen:

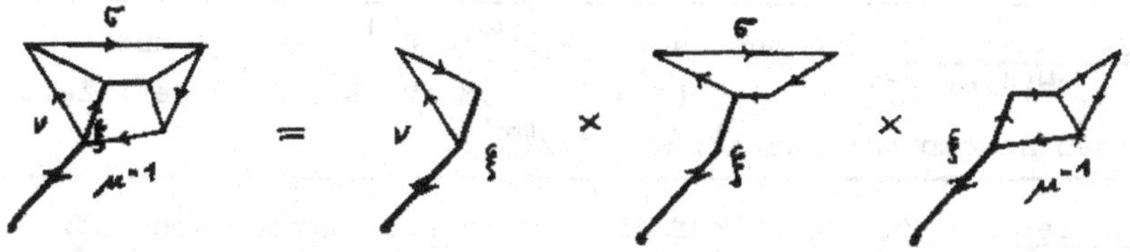

Gehört das an σ anstoßende Flächenstück zu der Produktrelation, so wählen wir das $L \in \mathcal{L}$, welches zum "Anfangspunkt" der Produktrelation führt, und zerlegen wie oben. Lassen wir die zu $\nu\sigma\omega^{-1}$ gehörige Erzeugende weg und nehmen statt dessen $L\, S_i^{-\omega(L)k_i} L^{-1}$ bzw. $L\, \Pi_*^{\omega(L)} L^{-1}$, so folgt der Satz durch Induktion nach der Anzahl der Flächenstücke im Innern des umlaufenden Weges. ∮

Dieser Satz folgt auch aus [Cohen + Lyndon].

Schauen wir auf den Beweis des Existenzsatzes IV.11, so sehen wir, daß eine Orientierung des ebenen Netzes dadurch definiert wird, daß sämtliche Relationen $h_1^{-k_1},\dots,h_m^{-k_m}, \Pi_*(h)$, wenn sie von der 1 abgetragen werden, Flächenstücke positiv umlaufen. Da positive Sterne, die zu orientierungsändernden Elementen gehören, umgekehrt durchlaufen werden wie Sterne, die zu orientierungserhaltenden Elementen gehören, umläuft jede Erzeugende $L\, S_i^{-\omega(L)k_i} L^{-1}$ bzw. $L\, \Pi_*^{\omega(L)} L^{-1}$ das im Innern enthaltene Flächenstück positiv. Daraus folgt

<u>Korollar V.3:</u> Für $N \in \hat{\mathfrak{N}}$ sei der von 1 abgetragene Weg, bis auf einen Zufahrtsweg, einfach geschlossen. Schreiben wir dann N als reduziertes Wort in den freien Erzeugenden aus Satz V.6, so treten alle Erzeugende mit dem Exponenten + 1 oder - 1 auf.

§ V.5 Die Abbildungsmatrix

$\mathfrak{G}$, $\hat{\mathfrak{G}}$ und $\hat{\mathfrak{N}}$ habe dieselbe Bedeutung wie in § V.4. Mit Π_i, $i = *,1,\dots,m$ sei die definierende Relation $\Pi_* = \Pi_*$ bzw. $\Pi_i = S_i^{-k_i}$, $i = 1,\dots,m$ bezeichnet. $'Z^{m+1}$ sei die freie abelsche Gruppe in den Erzeugenden $e_*, e_1,\dots,e_m$. Es gilt dann

Hilfssatz V.2: Die Zuordnung $K\,\Pi_*^{\omega(K)}K^{-1} \longrightarrow e_*$ und $K\,S_i^{-\omega(K)k_i}\,K^{-1} \longrightarrow e_i$ $(i = 1,\dots,m$ für $K \in \hat{\mathfrak{G}})$ definiert einen Homomorphismus $\vartheta\colon \hat{\mathfrak{N}} \longrightarrow {}'Z^{m+1}$.

Beweis: Die Zuordnung auf die freien Erzeugenden von Satz V.6 angewandt definiert eindeutig einen Homomorphismus ϑ. Wir müssen zeigen, daß unsere Zuordnung mit diesem Homomorphismus übereinstimmt.

Das sieht man leicht ein, denn alle Repräsentanten einer Restklasse nach $\hat{\mathfrak{N}}$ haben daselbe Bild bei ω. Ebenso bildet ω alle Repräsentanten der Restklassen $L\hat{\mathfrak{N}}$, $L\,S_i^{-1}\hat{\mathfrak{N}},\dots,$ $L\,S_i^{-k_i+1}\hat{\mathfrak{N}}$ auf dieselbe Zahl ab. ∎

Sei nun α ein Automorphismus von $\mathfrak{G}$. Nach Satz IV.12 sind Elemente endlicher Ordnung zu Potenzen von $s_1,\dots,s_m$ konjugiert. Also ist $\alpha(s_i) = l_i\,s_{r_i}^{b_i}\,l_i^{-1}$, wobei s_i und $s_{r_i}^{b_i}$ dieselbe Ordnung haben. Wir können annehmen, daß $-k_i/2 < b_i \leq +k_i/2$ ist. Da s_i nicht selbst Potenz eines Elementes höherer Ordnung aus $\mathfrak{G}$ ist, ist $k_i = k_{r_i}$ (also b_i relativ prim zu k_i), und $\begin{pmatrix}1 & \dots & m\\ r_1 & \dots & r_m\end{pmatrix}$ ist eine Permutation, was man zum Beispiel durch Abelschmachen sehen kann. Wir können also α durch einen Endomorphismus $\hat{\alpha}$ von $\hat{\mathfrak{G}}$ induzieren, für den $\hat{\alpha}(S_i) = L_i\,S_r^{b_i}L_i^{-1}$ ist. Die Einschränkung von $\hat{\alpha}$ auf $\hat{\mathfrak{N}}$ gibt einen Endomorphismus von $\hat{\mathfrak{N}}$.

Π_i, $i = *,1,\dots,m$ bezeichne wieder die definierenden Relationen. Ein Element aus $\hat{\mathfrak{N}}$ läßt sich dann als Produkt $N = \prod_j (K_j\,\Pi_{\alpha_j}^{\varepsilon_j}\,K_j^{-1})$ schreiben und wird unter ϑ auf das Element $\sum_{i=*}^{m}\left(\sum_{\alpha_j=i}\omega(K_j)\,\varepsilon_j\right)e_i$ abgebildet.

$\hat{\alpha}N = \prod_j((\hat{\alpha}K_j)\cdot(\hat{\alpha}\,\Pi_{\alpha_j})^{\varepsilon_j}\cdot(\hat{\alpha}K_j^{-1})$ geht unter ϑ über in $\sum_{i=*}^{m}(\sum_{\alpha_j=i}\omega(\hat{\alpha}K_j)\,\varepsilon_j)\,\vartheta(\hat{\alpha}\,\Pi_i)$. Die Gruppe der orientierungserhaltenden Transformationen ist charakteristisch (Korollar IV.1). Also ist $\omega(\hat{\alpha}K_j) = \omega(K_j)$ und $\vartheta N = 0$ impliziert $\vartheta\hat{\alpha}N = 0$.

Der Kern von ϑ wird also durch $\hat{\alpha}$ in sich abgebildet. Somit induziert $\hat{\alpha}$ einen Homomorphismus $\bar{\alpha}$ von ${}'Z^{m+1}$. $\bar{\alpha}$ kann man durch eine Matrix $M(\hat{\alpha}) = (a_{ij})$ charakterisieren, wobei a_{ij} der Koeffizient von e_i in $\bar{\alpha}(e_j)$ ist. Wegen $\hat{\alpha}(S_i) = L_iS_{r_i}^{b_i}L_i^{-1}$

stehen in der i-ten Spalte ($i \neq *$) in allen Stellen bis auf die r_i-te lauter Nullen. An der r_i-ten Stelle steht $\omega(L_i)b_i$. Außer an der ersten (d.h. $*$ -ten) Stelle steht in der r_i-ten Zeile nur noch an der i-ten Stelle etwas von Null verschiedenes.

$$M(\hat{\alpha}) = \begin{pmatrix} * & 0 & \cdots & 0 & \cdots & 0 \\ \vdots & \vdots & & \vdots & & \\ * & 0 & \cdots & \omega(L_i)b_i & \cdots & 0 \\ \vdots & \vdots & & \vdots & & \\ * & \omega(L_1)b_1 & \cdots & \cdots & \cdots & 0 \\ \vdots & \vdots & & \vdots & & \\ * & 0 & & 0 & & \end{pmatrix} \begin{matrix} \\ \\ r_i \\ \\ r_1 \\ \\ \\ \end{matrix}$$

$$\qquad\qquad \underbrace{}_{1} \qquad\qquad \underbrace{}_{i}$$

Ist $\hat{\beta}$ ein Endomorphismus, der wie $\hat{\alpha}$ entsteht, so gilt $M(\hat{\beta}\hat{\alpha}) = M(\hat{\beta})M(\hat{\alpha})$. Wir nennen $M(\hat{\alpha})$ <u>die Abbildungsmatrix zu $\hat{\alpha}$.</u>

<u>Hilfssatz V.3:</u> Es sei α ein Automorphismus von $\mathfrak{G}$, und $\hat{\alpha}_1$ und $\hat{\alpha}_2$ seien Endomorphismen von $\hat{\mathfrak{G}}$, die α induzieren. Ist

$$\alpha(s_j) = l_j s_{r_j}^{b_j} l_j^{-1} \qquad (j = 1,\ldots,m), \text{ so sei}$$

$$\hat{\alpha}_1(S_j) = L_j S_{r_j}^{b_j} L_j^{-1}$$

$$\alpha_2(S_j) = L_j' S_{r_j}^{b_j} L_j'^{-1} \qquad , \text{ wobei } L_j, L_j' \text{ unter dem}$$

kanonischen Homomorphismus auf l_j abgebildet werden.
Dann ist $M(\hat{\alpha}_1) = M(\hat{\alpha}_2)$.

<u>Beweis:</u> Bis auf die $*$-te Spalte stimmen $M(\hat{\alpha}_1)$ und $M(\hat{\alpha}_2)$ ohnehin überein, da sich L_j und L_j' nur um ein Element aus $\hat{\mathfrak{N}}$ unterscheiden, also $\omega(L_j) = \omega(L_j')$ ist. Der Rest folgt leicht aus der Tatsache, daß sich die Bilder eines Elementes unter $\hat{\alpha}_1$ und $\hat{\alpha}_2$ um ein Element aus $\hat{\mathfrak{N}}$ unterscheiden. Z.B. ist

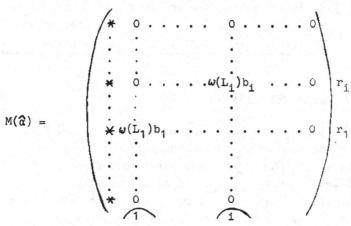

dann für $N \in \hat{\mathfrak{N}}$ gerade $NV_iNV_i = N(V_iNV_i^{-1})V_i^2$, so daß $(NV_i)(NV_i)$ und V_i^2 unter ϑ dasselbe Bild haben. Die Behandlung der Gruppe mit nur orientierungserhaltenden Abbildungen stellen wir als Aufgabe V.2.

Korollar V.4: Es sei $\hat{\varepsilon}$ ein Endomorphismus von $\hat{\mathfrak{G}}$ mit $\hat{\varepsilon}S_i = L_iS_iL_i^{-1}$, $L_i \in \hat{\mathfrak{N}}$, der die Identität induziert. Dann ist $M(\hat{\varepsilon})$ die Einheitsmatrix.

§ V.6 Der Satz von Nielsen

Es sei $\mathfrak{G} = \{t_1, u_1, \ldots, t_g, u_g; \Pi_*\}$ bzw. $\{v_1, \ldots, v_g; \Pi_*\}$. Wir schreiben - um Fallunterscheidungen zu vermeiden - $\mathfrak{G} = \{h_1, \ldots, h_n; \Pi_*\}$. $\hat{\mathfrak{G}}$ sei wie vorher die freie Gruppe in den Erzeugenden $H_1, \ldots, H_n$. Das binäre Produkt $\{H_1, \ldots, H_n; \Pi_*\}$ denken wir uns realisiert durch ein System von Strecken $\eta_1, \ldots, \eta_n$ und einer einfach-geschlossenen Kurve $\Pi_*(\eta)$ im ebenen Netz zur obigen Beschreibung von $\mathfrak{G}$ (vergl. Beweis von Satz IV.11) oder durch ein kanonisches Kurvensystem auf der geschlossenen Fläche $^E/\mathfrak{G}$. Das sind einfach-geschlossene Kurven $\eta_1, \ldots, \eta_n$, die $^E/\mathfrak{G}$ zu einem Flächenstück mit dem Rand $\Pi_*(\eta)$ aufschneiden.

Satz V.7: Jeder Automorphismus α von $\mathfrak{G}$ wird durch einen Automorphismus $\hat{\alpha}$ von $\hat{\mathfrak{G}}$ mit $\hat{\alpha}\,\Pi_* = L\,\Pi_*^{\pm 1}L^{-1}$ induziert.

Beweis: Es sei $\hat{\beta}$ ein Endomorphismus von $\hat{\mathfrak{G}}$, der α induziert. Wegen Satz V.5 ist $\{\hat{\beta}H_1, \ldots, \hat{\beta}H_n; \Pi_*\}$ nicht zerfällbar. Es gibt also zu $\{\hat{\beta}H_1, \ldots, \hat{\beta}H_n; \Pi_*\}$ ein homotopes binäres Produkt $\{K_1, \ldots, K_n; \Pi_*\}$, so daß der Weg $\Pi_*(K)$ in E einfach geschlossen ist. Setzen wir $\hat{\alpha}H_i = K_i$, so definiert uns das einen Endomorphismus, der ebenfalls α induziert; denn $\{K_1, \ldots, K_n; \Pi_*\}$ und $\{\hat{\beta}H_1, \ldots, \hat{\beta}H_n; \Pi_*\}$ sind homotop. $M(\hat{\alpha})$ besteht nur aus einer Zahl. Induziert der Endomorphismus $\hat{\alpha}'$ das α^{-1}, so induziert $\hat{\alpha}\,\hat{\alpha}'$ die Identität, und es ist $1 = M(\hat{\alpha})\,M(\hat{\alpha}')$. Also ist $M(\hat{\alpha}) = \pm 1$. Das ist gleichbedeutend mit $\vartheta\Pi_*(\alpha H) = \pm e_*$; dann aber folgt aus Korollar V.3 eine Gleichung $\hat{\alpha}\,\Pi_*(H) = L\,\Pi_*^{\pm 1}(H)L^{-1}$. Deswegen ist α ein Automorphismus von $\hat{\mathfrak{G}}$ (Korollar V.1). ▮

Es sei h ein Homöomorphismus einer Fläche F. $\mathcal{G}$ sei die Wegegruppe von F bzgl. eines Aufpunktes P. Wir verlangen, daß h den Punkt P festläßt. Dann bildet h geschlossene Kurven mit Anfangspunkt P wieder auf solche ab. Ist γ_1 eine zu γ homotope Kurve (d.h. γ und γ_1 repräsentieren dasselbe Element von $\mathcal{G}$), dann sind auch $h(\gamma)$ und $h(\gamma_1)$ homotop, da sich die elementaren Prozesse (II.15) und (II.16) im Bild verfolgen lassen. Damit induziert h einen Endomorphismus h_*von $\mathcal{G}$, sogar einen Automorphismus, da $(h^{-1})_* h_*$ und $h_*(h^{-1})_*$ die Identität sind.

Das geometrische Analogon zu Satz V.7 ist

<u>Satz V.8:</u> Jeder Automorphismus der Wegegruppe einer geschlossenen Fläche wird durch einen Homöomorphismus induziert [Nielsen 5].

<u>Beweis:</u> $\mathcal{G}$ sei die Wegegruppe der geschlossenen Fläche F und α ein Automorphismus von $\mathcal{G}$. Wir nehmen an, daß $\mathcal{G}$ unendlich ist. $\eta_1,\ldots,\eta_n$ sei ein kanonisches Kurvensystem, das das binäre Produkt $\{H_1,\ldots,H_n;\Pi_*\}$ realisiert. Die Wegeklasse von η_i ist dann gerade die Erzeugende h_i von $\mathcal{G}$. Ist $\hat{\alpha}$ ein Automorphismus von $\hat{\mathcal{G}}$, der α induziert, mit $\hat{\alpha}\,\Pi_*(H) = \Pi_*(H)$, so sind nach Satz V.2 die binären Produkte $\{H_1,\ldots,H_n;\Pi_*\}$ und $\{\hat{\alpha}H_1,\ldots,\hat{\alpha}H_n;\Pi_*\}$ verwandt. Geometrisch bedeutet das, daß wir durch Flächenzweiteilungen von F (vergl.§ III.2) das kanonische Kurvensystem $\eta_1,\ldots,\eta_n$ in ein k a n o n i s c h e s Kurvensystem $\eta_1',\ldots,\eta_n'$ überführen können, das $\{\hat{\alpha}H_1,\ldots,\hat{\alpha}H_n;\Pi_*\}$ realisiert. Die Wegeklasse von η_i' ist also αh_i. Die Abbildung $\eta_i \to \eta_i'$ definiert demnach den gesuchten Homöomorphismus.

Wegen Satz V.7 gibt es einen Automorphismus $\hat{\alpha}$ von $\hat{\mathcal{G}}$ mit $\hat{\alpha}\,\Pi_*(H) = L\,\Pi_*^{\varepsilon}(H)\,L^{-1}$, $\varepsilon = \pm 1$, der α induziert. Nun läßt sich für jedes H_i und $\delta = \pm 1$ ein Homöomorphismus angeben, der auf $\mathcal{G}$ einen Automorphismus β mit $\hat{\beta}\,\Pi_*(H) = H_i^{\delta}\,\Pi_*(H)H_i^{-\delta}$ induziert. Dazu legen wir um die Kurve η_i einen schmalen Streifen

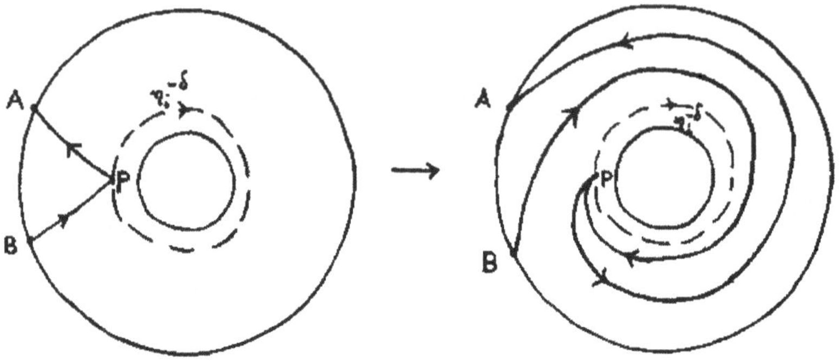

schieben P einmal um $\eta_i^{-\delta}$ herum und erweitern dies zu einem Homöomorphismus des Streifens, der den Rand festläßt. Dieser Homöomorphismus läßt sich auf ganz F erweitern und bildet jede Kurve η_j auf eine zu $\eta_i^{\delta}\eta_j\eta_i^{-\delta}$ homotope ab. Also geht $\Pi_*(\eta)$ in $\eta_i^{\delta}\,\Pi_*(\eta)\eta_i^{-\delta}$ über.

Durch Hintereinanderausführen der eben beschriebenen Homöomorphismen erhält man zu jedem $L \in \mathfrak{G}$ einen Homöomorphismus von F, der einen Automorphismus β von $\mathfrak{G}$ mit $\hat{\beta}\,\Pi_* = L^{-1}\Pi_* L$ induziert.

Schließlich induziert der Homöomorphismus, der durch $\tau_i \to \mu_{g+1-i}$, $\mu_i \to \tau_{g+1-i}$ [1]) definiert ist, einen Automorphismus γ von $\mathfrak{G}$ mit $\hat{\gamma}\,\Pi_* = \Pi_*^{-1}$. Da $\hat{\gamma}\,\hat{\beta}\,\hat{\alpha}\,\Pi_* = \Pi_*$ ($\varepsilon = -1$) bzw. $\hat{\beta}\,\hat{\alpha}\,\Pi_* = \Pi_*$ ($\varepsilon = 1$) ist, läßt sich $\gamma\cdot\beta\,\alpha$ bzw. $\beta\,\alpha$ und damit α durch einen Homöomorphismus induzieren. ∎

Andere Beweise findet man in [Nielsen 5], [Seifert 1], [Mangler 1] und implizit in [Kneser 1].

§ V.7 Der Satz von Nielsen für berandete Flächen

Es sei $\mathfrak{G} = \{s_1,\dots,s_m,t_1,u_1,\dots,t_g,u_g; s_1\dots s_m \prod_{i=1}[t_i,u_i] = 1\}$ bzw. $\mathfrak{G} = \{s_1,\dots,s_m,v_1,\dots,v_g; s_1\dots s_m v_1^2\dots v_g^2 = 1\}$.
Wie vorher schreiben wir, um Fallunterscheidungen zu vermeiden, $\mathfrak{G} = \{h_1,\dots,h_n;\ \Pi_*(h) = 1\}$. $\hat{\mathfrak{G}}$ sei die freie Gruppe in den Erzeugenden $H_1,\dots,H_n$ und $\hat{\mathfrak{N}}$ sei der Kern des kanonischen Homomorphismuses von $\hat{\mathfrak{G}}$ auf $\mathfrak{G}$.

[1]) bzw. $v_i \to v_{g-i+1}^{-1}$

Zu den Gruppen, die wir hier betrachten, können wir kein ebenes Netz konstruieren, auf denen $\mathfrak{G}$ als ebene Gruppe operiert. Deshalb können wir Korollar V.3 aus § V.4 hier nicht anwenden. Korollar V.3 war wesentlich im Beweis von Satz V.7. Es impliziert zusammen mit $\vartheta(\Pi_*(\hat{\alpha}H)) = \pm e_*$, daß $\hat{\alpha}\,\Pi_*(H) = L\,\Pi_*^{\pm 1}(H)\,L^{-1}$ ist.

Allerdings können wir wie beim Beweis von Satz IV.11 einen Streckenkomplex zu $\mathfrak{G}$ konstruieren, so daß jeder Punkt einem Element aus $\mathfrak{G}$ entspricht und von jedem Punkt Strecken mit den Symbolen $H_i^{\pm 1}$ ausgehen und ein Weg W(H) von einem festgelegten Punkt 1 ausgehend zu dem Punkt W(h) läuft. (Solche Streckenkomplexe sind unter dem Namen Cayley-Diagram oder Dehnsches Gruppenbild bekannt).

Die hier betrachteten Gruppen treten als Wegegruppen kompakter Flächen mit m Randkomponenten auf. Wie in § V.6 wollen wir beweisen, daß wir Automorphismen durch Homöomorphismen induzieren können. Da Homöomorphismen immer Randkomponenten auf Randkomponenten abbilden, müssen natürlich die Automorphismen eingeschränkt werden.

<u>Satz V.9:</u> Ein Automorphismus α einer Wegegruppe $\mathfrak{G}$ einer berandeten Fläche F wird genau dann von einem Homöomorphismus induziert, wenn $\alpha(s_i) = l_i\, s_{r_i}^{\varepsilon_i}\, l_i^{-1}$ $\quad i = 1,\dots,m$ mit einer Permutation $\begin{pmatrix} 1 & \dots & m \\ r_1 & \dots & r_m \end{pmatrix}$ und $\omega(l_i)\varepsilon_i = \varepsilon = \pm 1$, $l_i \in \mathfrak{G}$ ist.

Satz V.9 folgt aus dem algebraischen Äquivalent:

<u>Satz V.10:</u> Jeder Automorphismus α von $\mathfrak{G}$ mit $\alpha\, s_i = l_i\, s_{r_i}^{\varepsilon_i}\, l_i^{-1}$, $\quad i = 1,\dots,m$, wobei $\begin{pmatrix} 1 & \dots & m \\ r_1 & \dots & r_m \end{pmatrix}$ eine Permutation, $\varepsilon_i = \pm 1$ und $l_i \in \mathfrak{G}$ ist, wird von einem Automorphismus $\hat{\alpha}$ von $\hat{\mathfrak{G}}$ mit $\hat{\alpha} S_i = L_i S_{r_i}^{\varepsilon_i} L_i^{-1}$, $L_i \in \hat{\mathfrak{G}}$ induziert, und es ist $\omega(L_i)\,\varepsilon_i = \varepsilon = \pm 1$.

<u>Beweis</u>[1]<u>:</u> Wegen Satz V.4 und Korollar V.2 gibt es einen Endomorphismus $\hat{\alpha}$ von $\hat{\mathfrak{G}}$ mit $\hat{\alpha}\, S_i = L_i S_r^{\varepsilon_i} L_i^{-1}$, der α induziert und

1) Im Beweis benutzen wir schon Resultate aus § V.8

für den $\hat{\alpha}\,\Pi_*(H)$ ein einfach geschlossener Weg im Gruppenbild von $\mathfrak{g}$ ist. Nach Korollar V.1 ist $\hat{\alpha}$ ein Automorphismus, wenn $\hat{\alpha}\,\Pi_*(H) = L\,\Pi_*^{\pm 1} L^{-1}$ ist.

Sei $\mathfrak{N}_f$ der kleinste Normalteiler von $\hat{\mathfrak{g}}$, der $\Pi_*(H)$ und $S_1^f,\dots,S_m^f$ enthält. Wir zeigen

$$\bigcap_f \mathfrak{N}_f = \hat{\mathfrak{N}}.$$

Es ist klar, daß $\hat{\mathfrak{N}} \subset \bigcap_f \mathfrak{N}_f$. Sei R ein Element von $\bigcap_f \mathfrak{N}_f$. Angenommen, R liegt nicht in $\hat{\mathfrak{N}}$. Dann liegt auch das Element R', das aus R durch zyklisches Kürzen hervorgeht, in $\bigcap_f \mathfrak{N}_f$, aber nicht in $\hat{\mathfrak{N}}$. Ersetzen wir in R einen Teil von $\Pi_*^{\pm 1}(H)$ durch das Komplement, so liegt auch dieses Element in $\bigcap_f \mathfrak{N}_f \setminus \hat{\mathfrak{N}}$. Wir finden also in $\bigcap_f \mathfrak{N}_f \setminus \hat{\mathfrak{N}}$ ein zyklisch reduziertes Element, das Π_* nicht mehr als zur Hälfte enthält; $\hat{\mathfrak{g}}/\mathfrak{N}_f$ ist eine ebene diskontinuierliche Gruppe. Aus der Dehnschen Lösung des Wortproblems, Satz IV.15, folgt dann, daß R ein Teilwort von S_i^f bis auf höchstens zwei Zeichen enthält, und eine solche Aussage muß für alle ganzen Zahlen f gelten. Das aber ist unmöglich.

$\hat{\alpha}\,\Pi_*(H)$ ist ein einfach geschlossener Weg im Gruppenbild von $\mathfrak{g}$. Deshalb liegt kein echtes Teilwort davon in $\hat{\mathfrak{N}}$. Es gibt also ein f, so daß $\hat{\alpha}\,\Pi_*(H)$ ein einfach-geschlossener Weg im ebenen Netz zu $\hat{\mathfrak{g}}/\mathfrak{N}_f$ ist. $\hat{\alpha}$ induziert einen Automorphismus von $\hat{\mathfrak{g}}/\mathfrak{N}_f$. In § V.8 werden wir zeigen, daß dann der in § V.5 beschriebene Homomorphismus $\vartheta : \mathfrak{N}_f \to Z^{m+1}$ das $\hat{\alpha}\,\Pi_*(H)$ auf $\pm e_*$ abbildet. Dann folgt aber aus Korollar V.3 (das wir hier wieder anwenden dürfen), daß $\hat{\alpha}\,\Pi_*(H) = L\,\Pi_*^{\varepsilon'}(H) L^{-1}$ ist. Ebenso zeigen wir im nächsten Abschnitt, daß $\omega(L_i)\,\varepsilon_i = \omega(L)\,\varepsilon' = \pm 1$ ist. $\natural$

<u>Beweis von Satz V.9:</u> Satz V.9 folgt aus Satz V.10, wie vorher Satz V.8 aus Satz V.7 folgte. Es sei F eine kompakte Fläche vom Geschlecht g mit m Rändern $\rho_1,\dots,\rho_m$. Ein kanonisches Kurvensystem ist ein System Σ von einfachen Kurven $\sigma_1,\dots,\sigma_m,\tau_1,\mu_1,\dots,\tau_g,\mu_g$ (falls F orientierbar ist) bzw. $\sigma_1,\dots,\sigma_m,\nu_1,\dots,\nu_g$ (falls F nicht orientierbar ist) mit folgenden Eigenschaften

(V.21) Die Kurven haben einen gemeinsamen Anfangspunkt P und treffen sich nur dort.

(V.22) σ_i schneidet aus F einen Kreisring aus, dessen zweiter Rand die i-te Randkurve ϱ_i von F ist. Keine andere Kurve von Σ berührt diesen Kreisring.

(V.23) Nach Entfernen dieser Kreisringe schneiden die restlichen Kurven F zu einer Scheibe mit dem Rand $\sigma_1 \dots \sigma_m \prod_{i=1}^{g} [\tau_i, \mu_i]$ bzw. $\sigma_1 \dots \sigma_m \; \nu_1^2 \dots \nu_g^2$ auf.

Zu beliebigem Aufpunkt P gibt es kanonische Kurvensysteme (vergl. § III.2). Die Wegegruppe $\mathfrak{G}$ von F mit Aufpunkt P hat die Beschreibung $\{s_1, \dots, s_m, t_1, u_1, \dots, t_g, u_g; \Pi_*\}$ bzw. $\{s_1, \dots, s_m, v_1, \dots, v_g; \Pi_*\}$. Wir können dabei die Erzeugenden von $\mathfrak{G}$ so wählen, daß $\sigma_i, \tau_j, \mu_j, \nu_k$ respektive die Homotopieklassen s_i, t_j, u_j, v_k repräsentieren. Dies folgt sofort aus der Tatsache, daß σ_i und $\varkappa_i \varrho_i \varkappa_i^{-1}$ bis auf den Exponenten + 1 oder - 1 dieselbe Homotopieklasse repräsentieren, wenn $\varkappa_i$ ein einfacher Weg von P nach der i-ten Randkurve ϱ_i ist, der im Innern des von σ_i ausgeschnittenen Kreisringes liegt. Genauer folgt es aus Folgendem:

Durch elementare Transformationen können wir F in eine Fläche überführen, die aus den m Kreisringen mit Rändern $\varkappa_i \varrho_i \varkappa_i^{-1} \sigma_i^{-1}$ (bei geeigneter Orientierung von $\varkappa_i$) und einem weiteren Flächenstück mit Rand $\sigma_1 \dots \sigma_m \prod_{i=1}^{g} [\tau_i, \mu_i]$ bzw. $\sigma_1 \dots \sigma_m \nu_1^2 \dots \nu_g^2$ besteht. Der Baum für die Wegegruppe $\mathfrak{G}$ von F besteht dann aus den Strecken $\varkappa_1, \dots, \varkappa_m$. Die Erzeugenden zu $\varkappa_i \varrho_i \varkappa_i^{-1}$ können wir durch die Erzeugenden s_i zu σ_i ersetzen - $\varkappa_i \varrho_i \varkappa_i^{-1} \sigma_i^{-1}$ liefert eine Relation - und $\mathfrak{G}$ erhält die angegebene Beschreibung, deren Erzeugende gerade durch die Kurven des kanonischen Systems repräsentiert werden.

Sei nun α ein Automorphismus von $\mathfrak{G}$ mit $\alpha s_i = l_i s_{r_i}^{\varepsilon_i} l_i^{-1}$ $i = 1, \dots, m$, wobei $\binom{1 \dots m}{r_1 \dots r_m}$ eine Permutation ist und $\omega(l_i)\, \varepsilon_i = \varepsilon = \pm 1$ ist. α läßt sich nach Satz V.10 durch einen Automorphismus $\hat{\alpha}$ von $\hat{\mathfrak{G}}$ induzieren mit $\hat{\alpha} S_i = L_i S_{r_i}^{\varepsilon_i} L_i^{-1}$ und $\hat{\alpha}\, \Pi_* = L \Pi_*^{\varepsilon'} L^{-1}$, $\varepsilon = \omega(L) \varepsilon'$. Wie im Beweis von Satz V.8 können wir den Konjugationsfaktor und das ε' durch Homöomorphismen beheben.

Ist aber $\hat{\alpha}\,\Pi_*(H) = \Pi_*(H)$, so sind $\{H_1,\dots,H_n;\Pi_*\}$ und $\{\hat{\alpha}H_1,\dots,\hat{\alpha}H_n;\Pi_*\}$ verwandt, und die Behauptung folgt wie beim Beweis von Satz V.8.

Die Notwendigkeit der Bedingung folgt aus der Tatsache, daß ein Homöomorphismus die Randkurven von F untereinander permutiert, d.h. einen Automorphismus α von $\mathfrak{G}$ induziert mit $\alpha s_i = l_i s_{r_i}^{\varepsilon_i} l_i^{-1}$, $\varepsilon_i = \pm 1$, und $\binom{1 \dots m}{r_1 \dots r_m}$ ist eine Permutation. Daß $\omega(l_i)\varepsilon_i = \varepsilon' = \pm 1$ ist, sieht man für orientierbare Flächen sofort. Dort ist nämlich $\omega(l_i) = 1$ und ein Homöomorphismus ändert die Orientierung keiner Randkurve oder kehrt die Orientierung aller Randkurven um. Für nicht-orientierbare Flächen folgt die Aussage aus Satz V.10. Wir können α nämlich induzieren durch einen Automorphismus $\hat{\alpha}$ von $\hat{\mathfrak{G}}$, für den $\hat{\alpha}S_i = L_i S_{r_i}^{\varepsilon_i} L_i^{-1}$ mit $\omega(L_i)\varepsilon_i = \varepsilon = \pm 1$ ist. Da L_i auf l_i unter dem kanonischen Homomorphismus $\hat{\mathfrak{G}} \to \mathfrak{G}$ abgebildet wird, ist $\omega(L_i) = \omega(l_i)$. ∎

<u>Aufgabe V.3:</u> Gebe auch für nicht-orientierbare Flächen einen geometrischen Beweis der Gleichung $\omega(l_i)\varepsilon_i = \varepsilon = \pm 1$.

§ V.8 Automorphismen ebener Gruppen

Es sei $\mathfrak{G}$ eine ebene Gruppe ohne Spiegelungen, $\hat{\mathfrak{G}}$, $\hat{\mathfrak{H}}$ mögen die Bedeutung wie in § V.4 und § V.5 haben. ϑ sei der Homomorphismus von $\hat{\mathfrak{H}}$ auf $'Z^{m+1}$ aus § V.5 und $e_*, e_1, \dots, e_m$ seien die Erzeugenden von $'Z^{m+1}$, auf die Π_*, $S_1^{-k_1}, \dots, S_m^{-k_m}$ von ϑ abgebildet werden.

α sei ein Automorphismus von $\mathfrak{G}$ und der Endomorphismus $\hat{\alpha}$ induziere α. Es sei $\hat{\alpha}(S_i) = L_i S_{r_i}^{b_i} L_i^{-1}$, wenn $\alpha(s_i) = l_i\, s_{r_i}^{b_i} l_i^{-1}$ ist; L_i werde dabei wieder unter dem kanonischen Homomorphismus von $\hat{\mathfrak{G}}$ auf $\mathfrak{G}$ auf l_i abgebildet. Wir haben schon in § V.5 gesehen, daß es einen solchen Endomorphismus immer gibt; denn es ist $\alpha(s_i) = l_i\, s_{r_i}^{b_i} l_i^{-1}$ mit $k_i = k_{r_i}$, $(k_i, b_i) = 1$ und einer Permutation $\binom{1 \dots m}{r_1 \dots r_m}$.

Zunächst wollen wir zeigen, daß in der Abbildungsmatrix

$$M(\hat{\alpha}) = \begin{pmatrix} * & 0 & \dots & 0 \\ * & & & \\ \vdots & & \omega(L_i)b_i & \\ * & & & \end{pmatrix}$$

von $\hat{\alpha}$ die erste Zahl der ersten Spalte gleich + 1 oder - 1 ist, die anderen verschwinden.

Nach Satz IV.17 finden wir in $\mathfrak{G}$ die Wegegruppe einer orientierbaren Fläche als Untergruppe von endlichem Index. Durch Durchschnittsbildung können wir auch erreichen, daß sie charakteristisch ist. α induziert dann einen Automorphismus von $\mathfrak{F}$. Wir wollen ihn wieder α nennen. Es sei $\hat{\mathfrak{F}}$ die zu $\mathfrak{F}$ gehörige freie Gruppe und $\mathfrak{N}$ sei der Normalteiler des Standardhomomorphismus von $\hat{\mathfrak{F}}$ auf $\mathfrak{F}$. Wir können annehmen, daß $\hat{\mathfrak{F}}$ in $\hat{\mathfrak{G}}$ und $\mathfrak{N}$ in $\hat{\mathfrak{N}}$ liegt. Π^* sei die Relation von $\mathfrak{F}$. $\mathfrak{N}$ wird also von Π^* "erzeugt". Π^* liegt in $\hat{\mathfrak{N}}$ und wir können ϑ auf Π^* anwenden. Es sei $\vartheta\Pi^* = x_* e_* + x_1 e_1 + \dots + x_m e_m$. Zu $\mathfrak{F}$ gehört in $\hat{\mathfrak{F}}$ ein binäres Produkt $\{K_1,\dots,K_{2\mu};\Pi^*\}$. $\hat{\alpha}K_i$ liegt nicht notwendig in $\hat{\mathfrak{F}}(!)$, aber es gibt zu $\{\hat{\alpha}K_1,\dots,\hat{\alpha}K_{2\mu};\Pi^*\}$ ein bezüglich $\hat{\mathfrak{N}}(!)$ homotopes binäres Produkt $\{\hat{\beta}K_1,\dots,\hat{\beta}K_{2\mu};\Pi^*\}$, wobei $\hat{\beta}$ ein Endomorphismus von $\hat{\mathfrak{F}}(!)$ ist und ebenfalls den Automorphismus α induziert. Da ϑ für homotope binäre Produkte den Wert $\vartheta\Pi^*$ in $'Z^{m+1}$ festläßt (vergl. Hilfssatz V.3), ist

$$\vartheta(\hat{\alpha}\Pi^*(K)) = \vartheta(\Pi^*(\hat{\alpha}K)) = \vartheta(\Pi^*(\hat{\beta}K)).$$

Betrachten wir nur $\mathfrak{F}, \hat{\mathfrak{F}}, \mathfrak{N}$, so ist hier eine Abbildung $\vartheta': \mathfrak{N} \to Z$ und eine Abbildungsmatrix für $\hat{\beta}$ bezüglich ϑ' definiert. Wie in § V.6 gezeigt, ist die Matrix gleich $\varepsilon = \pm 1$, und es gilt also $\vartheta'\Pi^*(\hat{\beta}K) = \varepsilon\vartheta'\Pi^*(K)$. Ein $N \in \mathfrak{N}$ liegt auch in $\hat{\mathfrak{N}}$, und es ist

$$\vartheta(N) = \vartheta'(N)\,\vartheta(\Pi^*(K));$$

denn N ist Produkt von zu Π^* konjugierten Elementen mit Konjugationsfaktoren aus $\hat{\mathfrak{F}}$, also orientierungserhaltenden Faktoren. Insgesamt bekommen wir:

$$\begin{aligned}\vartheta(\Pi^*(\hat{\alpha}K)) &= \vartheta(\Pi^*(\hat{\beta}K)) \\ &= \vartheta'(\Pi^*(\hat{\beta}K))\vartheta(\Pi^*(K)) \\ &= \varepsilon\,\vartheta'(\Pi^*(K))\vartheta(\Pi^*(K)) \\ &= \varepsilon\,\vartheta(\Pi^*(K))\end{aligned}$$

Wir haben somit bewiesen

Hilfssatz V.4: Auf $'Z^{m+1}$ läßt der von $\hat{\alpha}$ induzierte Endomorphismus $\sum_{i=*}^{m} x_i e_i = \vartheta\Pi^*(K)$ fest oder bildet es auf $-\sum_{i=*}^{m} x_i e_i$ ab.

Die Zuordnung, die alle Erzeugenden von $\hat{\mathfrak{g}}$ auf sich und S_i auf $S_i^{k_i} \cdot S_i$ abbildet, definiert auf $\hat{\mathfrak{g}}$ einen Endomorphismus, der in $\mathfrak{g}$ die Identität induziert. Ferner wird auf $'Z^{m+1}$ ein Endomorphismus induziert, den wir durch seine Wirkung auf die Erzeugenden $e_*, e_1, \dots, e_m$ beschreiben:

$$e_j \longrightarrow e_j \quad , \quad j \neq *, i$$
$$e_i \longrightarrow (k_i+1)e_i ,$$

denn $S_i^{-k_i} \longrightarrow S_i^{-k_i(k_i+1)}$.

Nun wird $\Pi_* = S_1 \dots S_i \dots S_m \prod_{j=1}^{g} [T_j, U_j]$ überführt nach
$S_1 \dots S_i^{k_i+1} S_{i+1} \dots S_m \prod [T_j, U_j] =$
$= S_1 \dots S_{i-1} S_i^{k_i} S_{i-1}^{-1} \dots S_1^{-1} \cdot S_1 S_2 \dots S_i S_{i+1} \dots S_m \prod [T_j, U_j] = \Pi_*'$.
Also ist $\vartheta\Pi_*' = -e_i + e_*$. Dasselbe Ergebnis erhalten wir im nicht-orientierbaren Fall. Es wird also e_* auf $e_* - e_i$ abgebildet. Wegen Hilfssatz V.4 bleibt aber $\sum_{i=*}^{m} x_i e_i$ fest. (Es wird nicht auf $-\sum_{i=*}^{m} x_i e_i$ abgebildet, da der Endomorphismus auf $\mathfrak{g}$ die Identität bewirkt.)

Wir haben somit

$$x_* e_* + \dots + x_i e_i + \dots + x_m e_m = x_* e_* - x_* e_i + \dots + (k_i+1) x_i e_i + \dots + x_m e_m .$$

Das bedeutet aber, daß $x_* e_i = k_i x_i e_i$. $\Pi^*(K)$ liegt nicht im Kern von ϑ. Machen wir nämlich das binäre Produkt $\{K_1, \dots, K_{2g}; \Pi^*(K)\}$ einfach durch homotope Abänderungen bezüglich $\hat{\pi}$, so ändert sich $\vartheta\Pi^*(K)$ nicht. Das einfache $\Pi^*(K)$ umläuft einen Fundamentalbereich der Untergruppe $\mathfrak{f} \subset \mathfrak{g}$. Aus Korollar V.3 folgt dann, daß mindestens ein x_i von Null verschieden ist. Die x_i sind damit durch x_* eindeutig bestimmt, x_* selbst hängt von der Einbettung $\mathfrak{f} \subset \mathfrak{g}$ ab.

Wir betrachten jetzt wieder das ursprüngliche α und einen Endomorphismus $\hat{\alpha}: \hat{\mathcal{G}} \to \hat{\mathcal{G}}$ mit $\hat{\alpha}S_i = L_i S_{r_i}^{b_i} L_i^{-1}$, der α induziert. Wir setzen $\frac{-k_j}{2} < b_j \leq \frac{k_j}{2}$. Wie vorher korrespondiert dieser Ausdruck unter dem kanonischen Homomorphismus zu $l_i s_{r_i}^{b_i} l_i^{-1} = \alpha(s_i)$. $M(\hat{\alpha})$ sei die Abbildungsmatrix von $\hat{\alpha}$. Der induzierte Endomorphismus auf $'Z^{m+1}$ bildet dann e_i auf $b_i\omega(L_i)e_{r_i}$ $(i = 1,\dots,m)$ ab. e_* möge auf $a_*e_* + a_1e_1 + \dots + a_me_m$ abgebildet werden. Dann wird $\vartheta(\Pi^*)$ auf $M(\hat{\alpha})\ (\sum_{i=*} x_ie_i) =$
$= x_*a_*e_* + x_*a_1e_1 + \dots + x_*a_me_m + x_1b_1\omega(L_1)e_{r_1} + \dots + x_mb_m\omega(L_m)e_m$ abgebildet. Dieses ist aber wegen Hilfssatz V.4 gleich $\varepsilon \sum x_ie_i$. Vergleichen wir die Koeffizienten, so folgt $a_* = \varepsilon = \pm 1$. Für $r_j = i$ ist $x_ie_i = \varepsilon(x_*a_i + x_jb_j\omega(L_j))e_i$ und $k_i = k_j$. Wegen $x_* = k_ix_i$ haben wir dann
$x_i = \varepsilon k_ix_ia_i + \varepsilon x_jb_j\omega(L_j)$, und wegen $k_i = k_j$ ist $x_i = x_j$. Also ist $1 = \varepsilon k_ja_i + \varepsilon b_j\omega(L_j)$. Da wir $\frac{-k_j}{2} < b_j \leq \frac{k_j}{2}$ vorausgesetzt haben, muß für $k_j \neq 2$, $b_j = \varepsilon\,\omega(L_j)$, also $a_i = 0$ $(i = 1,\dots,m)$ sein. Für $k_j = 2$ können wir $b_j = \varepsilon\,\omega(L_j)$ setzen und dann $a_j = 0$ erzielen.

Somit bildet $\hat{\alpha}$ das S_i auf $L_iS_{r_i}^{\varepsilon_i}L_i^{-1}$ ab. Wegen Satz V.5 ist $\{\hat{\alpha}H_1,\dots,\hat{\alpha}H_n; \Pi_*\}$ nicht zerfällbar und wir können auf Grund von Korollar V.2 annehmen, daß es einfach ist. Nun folgt aus $a_* = \pm 1$ und Korollar V.3, daß $\hat{\alpha}\,\Pi_*$ genau ein Flächenstück umläuft und $\hat{\alpha}\Pi_* = L\Pi_*^{\varepsilon}L^{-1}$ ist. Somit ist α ein Automorphismus (Korollar V.1), und wir haben bewiesen den

Satz V.11: Jeder Automorphismus α einer ebenen Gruppe ohne Spiegelungen wird von einem Automorphismus $\hat{\alpha}$ von $\hat{\mathcal{G}}$ induziert, der folgende Eigenschaften hat

(V.24) $\hat{\alpha}(S_i) = L_iS_{r_i}^{\varepsilon_i}L_i^{-1}$ $\qquad i = 1,\dots,m$

(V.25) $\hat{\alpha}\Pi_*(H) = L\Pi_*^{\varepsilon}L^{-1}$

(V.26) Es ist $\omega(L_i)\cdot\varepsilon_i = \omega(L)\varepsilon = \pm 1$, $k_i = k_{r_i}$, und $\begin{pmatrix}1\dots m\\ r_1\dots r_m\end{pmatrix}$ ist eine Permutation.

Um das geometrische Analogon von Satz V.11 zu erhalten, betrachten wir $E/\mathcal{G}$. Um jeden Drehpunkt entfernen wir eine kleine Scheibe. (Da keine Spiegelungen in $\mathcal{G}$ auftreten, liegt jeder Drehpunkt im Innern von $E/\mathcal{G}$. Alle Drehpunkte sind isoliert. Es gibt also ein System disjunkter Scheiben, die alle genau einen Drehpunkt im Innern enthalten.) Wir erhalten somit eine gelochte Fläche F. Bezüglich eines fest gewählten Aufpunkts A von F hat die Wegegruppe $\mathfrak{F}$ von F die Beschreibung $\mathfrak{F} = \{S_1,\dots,S_m,T_1,U_1,\dots,T_g,U_g;\Pi_*\}$ bzw. $\{S_1,\dots,S_m,V_1,\dots,V_g;\Pi_*\}$. Es sei α ein Automorphismus von $\mathfrak{G}$ und $\hat{\alpha}$ ein Automorphismus von $\hat{\mathfrak{G}}$, der α induziert und die Eigenschaften (V.24-26) hat. Wegen (V.25) induziert $\hat{\alpha}$ einen Automorphismus α' von $\mathfrak{F}$, von dem wir wegen (V.24,26) verlangen können, daß er die Voraussetzungen von Satz V.9 erfüllt. α' läßt sich also von einem Homöomorphismus h" von F induzieren, der den Aufpunkt A von $\mathfrak{F}$ festläßt. Entfernt man aus dem ebenen Netz E die Urbilder der aus $E/\mathfrak{G}$ herausgenommenen Scheiben (d.h. man entfernt Scheiben um alle Fixpunkte), so erhält man ein "gelochtes ebenes Netz" $\bar{E}$, und $\bar{E} \to F$ ist eine unverzweigte Überlagerung.

Der Homöomorphismus h" von F läßt sich zu einem Homöomorphismus von $\bar{E}$ heben [1]. Dazu zerlege man E in ein Netz von Fundamentalbereichen, die die Punkte A_x, $x \in \mathfrak{G}$, über dem Aufpunkt A von $\mathfrak{F}$ im Innern enthalten. A_1 liege im Fundamentalbereich F_1 und F_x sei das Bild von F_1 unter $x \in \mathfrak{G}$, so daß A_x in F_x liegt. In naheliegender Weise läßt sich $\mathfrak{G}$ als diskontinuierliche Gruppe auf $\bar{E}$ erklären und nach Entfernen der Scheibensegmente bilden die F_x ein Netz von Fundamentalbereichen auf $\bar{E}$. Die Bilder der Randstrecken eines Fundamentalbereiches bilden ein System von einfachen Kurven von F, die F zu einer Scheibe aufschneiden. h" bildet dieses System auf ein Kurvensystem mit den gleichen Eigenschaften ab, und wir erhalten eine entsprechende zweite Zerlegung von $\bar{E}$ in Fundamentalbereiche F'_x, $x \in \mathfrak{G}$. Da h" den Aufpunkt festläßt, liegt A_x im Innern von F'_x, $x \in \mathfrak{G}$. Wir bilden nun die Randstrecken von F_x auf die Randstrecken von $F'_{\alpha(x)}$ so ab, wie h" die Bilder dieser Randstrecken in F abbildet, und analog das Flächenstück F_x auf $F'_{\alpha(x)}$.

Diese Abbildung ist eindeutig und ein Homöomorphismus von $\bar{E}$. Zum Beweis bemerken wir, daß die zur Überlagerung $\bar{E} \to F$ gehörige Untergruppe der kleinste Normalteiler γ von $\mathfrak{F}$ ist, der $S_1^{-k_1},\dots,S_m^{-k_m}$ enthält, und $\mathfrak{G}$ die Deckbewegungsgruppe der Überlagerung ist. $\mathfrak{G}$ ist also in kanonischer Weise zu $\mathfrak{F}/\gamma$ isomorph

1) Im folgenden geben wir einen speziellen Beweis für das Liften von Homöomorphismen, die die zur Überlagerung gehörige Untergruppe auf sich abbilden.

morph.

Ist nun σ eine Strecke im Rand von F_x und F_y, dann bestimmt ein Weg ω von A_x nach A_y, der den Rand von F_x und F_y nur einmal und nur in σ trifft, einen geschlossenen Weg $\bar{\omega}$ in F, der außer dem Bild von σ keine Bilder von Randkurven der Fundamentalbereiche F_z, $z \in \mathfrak{G}$, mehr trifft. Der Weg $h''(\bar{\omega})$ trifft dann außer $h''(\sigma)$ (wobei σ als Kurve in F aufgefaßt wird) keine Bilder von Randkurven der F'_z, $z \in \mathfrak{G}$. Die Wegeklasse $\{\bar{\omega}\}$ von ω gehört gerade zur Restklasse von $\mathfrak{f}$ nach $\mathfrak{r}$, die $x^{-1}y \in \mathfrak{G}$ entspricht. Nun ist aber $\{h''(\bar{\omega})\} = \alpha'\{\bar{\omega}\}$ nach Definition von h'', und α' induziert auf $\mathfrak{f}/\mathfrak{r} = \mathfrak{G}$ gerade α. Das heißt, daß der in $A_{\alpha(x)}$ beginnende Weg über $h''(\bar{\omega})$ nach $A_{\alpha(y)}$ führt und nur die über $h''(\sigma)$ liegende Randkurve trifft. Also haben $F'_{\alpha(x)}$ und $F'_{\alpha(y)}$ die über $h''(\sigma)$ liegende Kurve gemeinsam und die auf F_x und F_y definierten Abbildungen stimmen auf σ überein. Da α ein Automorphismus und h'' ein Homöomorphismus ist, ist die auf $\bar{E}$ erklärte Abbildung ein Homöomorphismus. Wir nennen sie h'.

Für $x \in \mathfrak{G}$ induziert $h'xh'^{-1}$ auf F die Identität. Also ist $h'xh'^{-1}$ aus $\mathfrak{G}$ und ist durch das Bild von A_1 festgelegt. Das aber ist $h'xh'^{-1}(A_1) = h'x(A_1) = h'A_x = A_{\alpha(x)}$. Also ist $h'xh'^{-1} = \alpha(x)$. Da h' Ränder in $\bar{E}$ zu Scheiben um Drehpunkte gleicher Ordnung permutiert, läßt sich h' zu einem Homöomorphismus h von E ergänzen, so daß h auf $E/\mathfrak{G}$ einen Homöomorphismus induziert. hxh^{-1} ist dann wieder ein Element von $\mathfrak{G}$ und ist gleich $\alpha(x)$. Damit haben wir

<u>Satz V.12:</u> Jeder Automorphismus einer ebenen diskontinuierlichen Gruppe ohne Spiegelungen läßt sich durch einen Homöomorphismus realisieren [Zieschang 5,6,7] , [Macbeath 3] .

Für den Fall, daß $\mathfrak{G}$ nur Drehungen als Erzeugende hat, wurde dieser Satz zuerst in [Vollmerhaus 1] bewiesen.

Den hier konstruierten Homöomorphismus können wir als semilinearen Homöomorphismus in der jeweiligen Metrik (euklidisch, wenn $\mathfrak{G}$ auf der euklidischen Ebene operiert, hyperbolisch, wenn $\mathfrak{G}$ eine ebene diskontinuierliche Gruppe der nicht-euklidischen Ebene ist) auffassen. Wir können auch beliebige Differenzierbarkeitsbedingungen an ihn stellen. Konformität läßt sich aber im allgemeinen nicht erreichen.

§ V.9 Kombinatorische Isotopie

In Paragraph V.6 und V.7 sahen wir, daß jeder Automorphismus der Wegegruppe einer Fläche, der die Randstruktur berücksichtigt (d.h. Wegeklassen, die eine Randkurve enthalten, wieder auf solche abbildet), von einem Homöomorphismus der Fläche induziert wird. Nun wollen wir untersuchen, wie sich Homöomorphismen unterscheiden, die den gleichen Automorphismus induzieren.

Ein Homöomorphismus kann streng genommen nur einen Automorphismus der Wegegruppe einer Fläche induzieren, wenn er den Aufpunkt der Wegegruppe festhält. Nun sind zwei Wegegruppen einer Fläche mit verschiedenen Aufpunkten isomorph, und der Isomorphismus ist bis auf einen inneren Automorphismus eindeutig bestimmt. Man kann deshalb sagen, daß ein Homöomorphismus einen inneren Automorphismus der Wegegruppe induziert, auch wenn er den Aufpunkt der Wegegruppe nicht festhält. Wir erwarten, daß Homöomorphismen, die sich nur wenig von der Identität unterscheiden, innere Automorphismen induzieren. Wir wollen nun präzisieren, was wir unter "wenig unterscheiden" verstehen.

F sei eine Fläche. Eine <u>elementare kombinatorische Isotopie</u> von F ist ein Homöomorphismus H von F auf sich selbst, der außerhalb einer Scheibe S von F die Identität ist. S treffe dabei den Rand von F höchstens in einem einfachen, nichtgeschlossenen Weg. Eine <u>kombinatorische Isotopie</u> von F ist das Produkt von elementaren kombinatorischen Isotopien.

Zwei Homöomorphismen H_0 und H_1 von F heißen <u>kombinatorisch isotop</u>, wenn es eine kombinatorische Isotopie H mit $HH_0 = H_1$ gibt.

Wir nennen zwei einfach-geschlossene Wege kombinatorisch isotop, wenn es eine kombinatorische Isotopie gibt, die den einen Weg in den anderen überführt.

§ V.10 Typen einfach-geschlossener Kurven auf Flächen

Für unsere Beweise benötigen wir eine Aufzählung der Typen einfach-geschlossener Wege auf Flächen. Zunächst geben wir ein Verfahren an, die Homotopieklasse (Wegeklasse) einer geschlossenen Kurve bezüglich eines kanonischen Erzeugendensystems der Wegegruppe abzulesen.

Wir wissen schon, was ein kanonisches Kurvensystem

$\Sigma = \{\sigma_1, \dots, \sigma_m, \tau_1, \mu_1, \dots, \tau_g, \mu_g\}$ bzw.

$\{\sigma_1, \dots, \sigma_m, \nu_1, \dots, \nu_g\}$ einer orientierbaren bzw. nicht-orientierbaren Fläche F vom Geschlecht g mit m Rändern ist. (Vergl. in § V.7 die (V.21 - 23)). Dual zu Σ gibt es ein System einfacher Kurven

$\Sigma^* = \{\sigma_1^*, \dots, \sigma_m^*, \tau_1^*, \mu_1^*, \dots, \tau_g^*, \mu_g^*\}$ bzw.

$\{\sigma_1^*, \dots, \sigma_m^*, \nu_1^*, \dots, \nu_g^*\}$ mit folgenden Eigenschaften:

(V.27) Alle Kurven haben einen gemeinsamen Anfangspunkt P^* und treffen sich sonst nirgends.

(V.28) σ_i^* ist nicht geschlossen und verbindet P^* mit der i-ten Randkurve ϱ_i von F.

(V.29) F wird durch Σ^* zu einer Scheibe mit dem Rand

$$\prod_{i=1}^{m} \sigma_i^* \varrho_i \sigma_i^{*-1} \prod_{j=1}^{g} [\tau_j^*, (\mu_j^*)^{-1}] \quad \text{bzw.} \quad \prod_{i=1}^{m} \sigma_i^* \varrho_i \sigma_i^{*-1} \nu_1^{*2} \dots \nu_g^{*2}$$

aufgeschnitten.

(V.30) Der Stern um P^* hat die Form $\sigma_1^*, \dots, \sigma_m^*, \tau_1^*, \mu_1^*, \tau_1^{*-1}, \mu_1^{*-1}, \dots, \tau_g^*, \mu_g^*, \tau_g^{*-1}, \mu_g^{*-1}$ bzw. $\sigma_1^*, \dots, \sigma_m^*, \nu_1^*, \nu_1^{*-1}, \dots, \nu_g^*, \nu_g^{*-1}$, wenn man nur die Kurven aus Σ^* berücksichtigt.

(V.31) Eine Kurve η_i^* von Σ^* trifft die entsprechende Kurve η_i von Σ genau einmal und keine weitere Kurve aus Σ.

Ein System Σ^*, das (V.27 - 31) erfüllt, heiße <u>kanonische Zerschneidung</u> von F.

Wir wollen nun definieren, wann eine Kurve ω eine Kurve η_i^* von Σ^* in einem Punkt P_i von η_i^* <u>positiv schneidet</u>. Dazu legen wir um η_i^* einen schmalen Streifen. Für Kurven σ_i^* ist dieser Streifen ein "Rechteck", für Kurven τ_i^*, μ_i^* ein Kreisring und für Kurven ν_i^* ein Möbiusband. Ist die Komponente von ω in dem Streifen, die durch P_i geht, eine Strecke, die von einem Rand zum andern läuft, so läßt sich in den ersten beiden Fällen sagen, ob die Strecke den Streifen in derselben Richtung wie η_i durchquert. Ist der Streifen ein Möbiusband, so schneiden wir ihn entlang eines durch P^* laufenden Bogens, der η_i nicht trifft, zu einem Rechteck auf und können wiederum entscheiden, ob die Strecke das Rechteck wie η_i durchquert. Diese Richtung heiße positiv, die entgegengesetzte negativ. (Im letzten Falle sind wir willkürlich vorgegangen. Bei anderer Festlegung ändert sich zwar die unten beschriebene Ablesung. Es kommen aber nur definierende Relationen ins Spiel.)

Die Kurven $\eta_1^*,\ldots,\eta_n^*$ der kanonischen Zerschneidung repräsentieren wir durch Symbole $H_1,\ldots,H_n$. ω sei eine geschlossene Kurve, die P^* nicht durchläuft. Wir ordnen ω das Wort $H_{\alpha_1}^{\varepsilon_1}\ldots H_{\alpha_\ell}^{\varepsilon_\ell}$ in den H_i zu, wenn ω der Reihe nach $\eta_{\alpha_1}^*,\ldots,\eta_{\alpha_\ell}^*$ überquert. Dabei ist ε_i gleich +1 bzw. - 1, wenn ω das $\eta_{\alpha_i}^*$ an der betreffenden Stelle positiv bzw. negativ schneidet. Wir müssen hier von ω voraussetzen, daß es in jedem Treffpunkt mit einem η_i^* dieses echt schneidet, nicht nur berührt. Das Wort $H_{\alpha_1}^{\varepsilon_1}\ldots H_{\alpha_\ell}^{\varepsilon_\ell}$ nennen wir <u>Ablesung</u> von ω. - Die Kurven η_i haben die Ablesungen H_i, und eine einfach-geschlossene Kurve, die einmal um P^* herumläuft und keine Stelle $H_i^{\varepsilon_i} H_i^{-\varepsilon_i}$ enthält, hat die Ablesung $\Pi_*(H)$. Andererseits überzeugt man sich leicht, daß eine einfach-geschlossene Kurve mit der Ablesung $\Pi_*(H)$ eine Scheibe um den Punkt P^* berandet.

<u>Aufgabe V.4:</u> h_i bezeichne das Element der Fundamentalgruppe, das η_i als Repräsentanten enthält. Dann gehört ein geschlossener Weg mit Anfangspunkt P und Ablesung W(H) in die Klasse W(h) der Wegegruppe.

Bezüglich verschiedener kanonischer Zerschneidungen besitzt eine Kurve natürlich verschiedene Ablesungen. Wir wollen zu jeder einfachen Kurve eine ausgezeichnete Ablesung angeben. Dabei legen wir keinen Wert auf den Anfangspunkt der Kurve - wir fassen also Ablesungen als zyklische Worte auf. Anstatt die Ablesung zu ändern, indem wir zu einer neuen kanonischen Zerschneidung übergehen, kann man die alte Zerschneidung beibehalten und die Kurve durch einen Homöomorphismus H in eine andere überführen. Diese Kurve hat bezüglich der Zerschneidung Σ^* dieselbe Ablesung wie die alte Kurve bezüglich der Zerschneidung $H^{-1}(\Sigma^*)$, und es gibt zu jeder kanonischen Zerschneidung $\Sigma^{*'}$ einen Homöomorphismus, der Σ^* auf $\Sigma^{*'}$ abbildet.

Aufzählung der Typen einfacher Kurven

ω sei eine einfach-geschlossene Kurve im Innern von F, die keine Scheibe berandet. Dann gibt es eine kanonische Zerschneidung von F, bezüglich derer ω eine der folgenden Ablesung hat.

A. F ist orientierbar.

Zerlegt ω nicht, so ist die Ablesung

(V.32) T_1;

Zerlegt ω, so

(V.33) $S_{q+1}\dots S_m \cdot \prod_{i=1}^{k} [T_i, U_i]$

wo $(m-q) + 4k \leq \frac{1}{2}(m + 4g)$ ist. Der einzige zweideutige Fall tritt ein für $m = 4g$: $S_1\dots S_m$ bzw. $\prod_{i=1}^{g} [T_i, U_i]$. Dann entscheiden wir uns (etwa) dafür, daß T_1 in der Ablesung vorkommt.

B. F ist nicht orientierbar.

ω sei nicht zerlegend und einseitig. Erhalten wir nach Aufschneiden an ω eine nicht-orientierbare Fläche, so sei das Wort

(V.34) V_1;

dabei muß $g > 1$ sein. Entsteht eine orientierbare Fläche, dann

(V.35) $V_1 \dots V_g$ (g ungerade).

Ist ω zweiseitig und bleibt die Fläche nach Aufschneiden nicht-orientierbar, dann

(V.36) $V_1 V_2$, $g > 2$;

entsteht eine orientierbare Fläche, so

(V.37) $V_1\dots V_g$ (g gerade).

Ist nun ω zerlegend und zerlegt dabei in zwei nicht-orientierbare Komponenten, so sei das Wort

(V.38) $S_{q+1}\dots S_m \prod_{i=1}^{k} V_i^2, \; k > 0,$
mit $(m-q) + 2k \leq \frac{1}{2}(m + 2g)$.

Ist eine Komponente orientierbar, die andere nicht, so gibt es drei Typen

(V.39a) $S_{q+1}\dots S_m V_1^2 \dots V_{i-1}^2 \; V_i \dots V_g V_i \dots V_g$

und $(g-i) > 0$ und gerade, $m-q+2(i-1)+1 \leq \frac{1}{2}(m+2g)$ oder, falls für (39a) die Ungleichung nicht gilt, so ersetze man $S_{q+1}\dots S_m V_1^2 \dots V_{i-1}^2$ durch das Inverse des Komplements in Π_* und mache zyklisch kurz. Die Worte werden

(V.39b) $S_q^{-1}\dots S_1^{-1} V_g^{-2} \dots V_{i+1}^{-2} V_i^{-1} \; V_{i+1} \dots V_g V_i \dots V_g \quad (q > 0)$

(V.39c) $V_g^{-1} V_{g-1}^{-2} \dots V_{i+1}^{-2} V_i^{-1} \; V_{i+1} \dots V_g \; V_i \dots V_{g-1} \quad (q = 0)$

Haben zwei Kurven verschiedene unter (V.32-39) vorkommende Ablesungen, so lassen sie sich nicht durch einen Flächenhomöomorphismus aufeinander abbilden.

Zum Beweis vermerken wir nur, daß Kurven, die zu eventuell verschiedenen kanonischen Zerschneidungen dieselben ausgezeichneten Ablesungen besitzen, durch einen Homöomorphismus ineinander überführt werden können, und zwar durch den, der die beiden Zerschneidungen ineinander überführt. Kurven, die zu ein und derselben Zerschneidung gleiche Ablesungen haben, lassen sich aber durch eine Isotopie ineinander überführen (vergl.unten). Daß Kurven mit verschiedenen Ablesungen (V.32 - 39) nicht durch einen Homöomorphismus ineinander überführt werden können, kann man aus der Charakterisierung der Fälle für (V.35), (V.36) und (V.37) untereinander und im Vergleich mit (V.32), (V,33) und (V.34) sofort sehen. Aus dem gleichen Grund sind (V.32), (V.33) und (V.34) untereinander verschieden. Daß die Ablesungen jedes einzelnen Falles (V.33), (V.38) und (V.39) verschieden sind, liegt daran, daß die Ablesungen eindeutig Geschlecht und Ränderzahl der Komponenten bestimmt. ◊

Die Ablesungen (V.32 - 39) haben folgende Eigenschaften:

(V.40) Sie sind zyklisch reduziert.

(V.41) Sie enthalten keine Teilworte, die mehr als die Hälfte der definierenden Relation $(\Pi_*(H))^{\pm 1}$ ausmachen.

(V.42) Enthalten sie ein Teilwort, welches die Hälfte einer definierenden Relation $\Pi_*^{\varepsilon}(H)$, $\varepsilon = \pm 1$ ausmacht, so enthält dies für $g = 0$ das S_m^{ε} und für $g > 0$ das T_1^{ε} bzw. V_1^{ε}.

§ V.11 Isotopie von frei-homotopen einfach-geschlossenen Kurven

Satz V.13: γ und δ seien zwei einfach-geschlossene Kurven im Innern von F, die keine Scheiben beranden. Sind γ und δ homotop, so sind sie auch kombinatorisch isotop [Baer 2] .

Bemerkung: Wir beschränken uns im Beweis auf den Fall, daß die Erzeugendenzahl n mindestens 4 und und die Länge von Π_* mindestens 8 ist. Die Einschränkung kommt daher, daß wir die Dehnsche Lösung des Konjugationsproblems zum Beweis heranziehen, ist aber in der Schärfe nicht nötig.

Die Einschränkung, daß γ und δ keine Scheiben beranden, ist notwendig. Auf einer orientierbaren Fläche vom Geschlecht größer als 0 sind zwei Kurven, die Scheiben beranden, genau dann kombinatorisch isotop, wenn die von den Richtungen der Kurven auf den Scheiben induzierten Orientierungen zu derselben Orientierung der Fläche gehören.

Beweis: Σ^* sei eine Zerschneidung, bezüglich derer γ eine der Ablesungen (V.32 - 39) hat. Wir wollen nun δ so durch eine kombinatorische Isotopie abändern, daß die Ablesung bezüglich Σ^* die Eigenschaften (V.40 - 42) erhält. Alle Abänderungen von δ sind von der folgenden Form: δ' sei ein nicht-geschlossener Teilweg von δ mit Anfangspunkt A und Endpunkt B, $\delta = \delta_1\delta'\delta_2$. δ'' sei ein einfacher Weg von A nach B, so daß $\delta'\delta''^{-1}$ eine Scheibe berandet. Dann wird δ zu $\bar{\delta} = \delta_1\delta''\delta_2$ abgeändert.
Wie die kombinatorische Isotopie zu erklären ist, macht das folgende Bild klar:

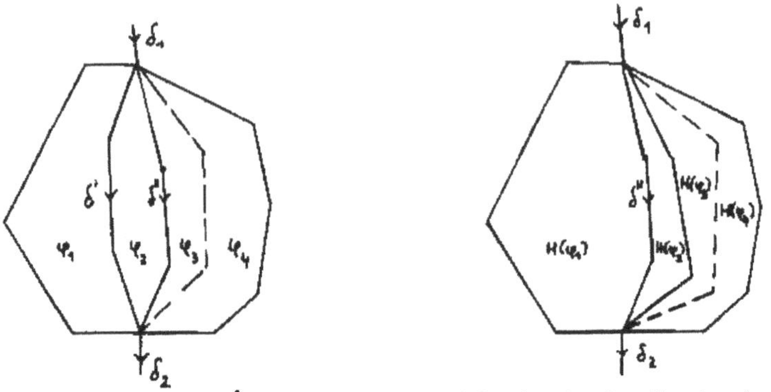

Offenbar können wir δ durch eine kombinatorische Isotopie so abändern, daß es jede Kurve von Σ^* echt schneidet und P^* nicht trifft, und so eine Ablesung W(H) von δ bekommen. Wir fassen W(H) als zyklisches Wort auf. Gibt es in W(H) eine Stelle XX^{-1}, dann sei ξ_1 der Teilweg auf der zu X gehörigen Kurve ξ^*, der die Punkte zu den Ablesungsstellen X und X^{-1} verbindet, ohne P^* zu treffen, δ_1 verbinde auf δ die beiden Punkte. Für ein geeignetes $\varepsilon = \pm 1$ ist $\delta_1^{\varepsilon}\xi_1$ einfach-geschlossen. Da δ_1 bis auf die Endpunkte keinen Punkt mit Σ^* gemeinsam hat, ergibt sich nach Aufschneiden entlang Σ^* aus $\delta_1^{\varepsilon}\xi_1$ ein einfach-geschlossener Weg in der aufgeschnittenen Fläche. Also berandet $\delta_1^{\varepsilon}\xi_1$ eine Scheibe $\mathcal{D}$ auf F. Jeder in $\mathcal{D}$ eintretende Teilweg von δ gehört zu einer anderen Stelle $X^{\eta}X^{-\eta}$, $\eta = \pm 1$, da δ einfach ist. δ kann aber ξ^* höchstens endlich oft schneiden; also berandet ein Teilweg δ_0 von δ mit einem Bogen ξ_0 von ξ^* eine Scheibe $\mathcal{D}_0$, in deren Inneres δ nicht mehr eintritt. Es sei δ_0' ein einfacher Weg mit denselben Anfangs- und Endpunkten wie δ_0, der nicht in $\mathcal{D}_0$ liegt, mit ξ_0 eine Scheibe berandet und δ sowie Σ^* außer in seinen Randpunkten nicht trifft. Dann ersetze man in δ das δ_0 durch δ_0'; dieses läßt sich durch eine kombinatorische Isotopie tun. Durch eine weitere kombinatorische Isotopie läßt

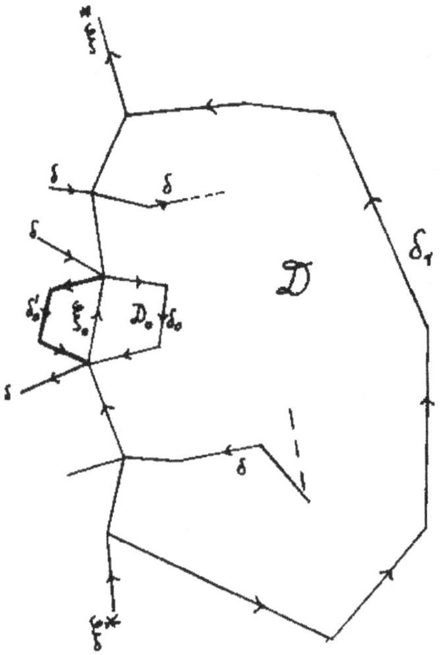

sich erreichen, daß δ das ξ^* in dem Anfangs- und Endpunkt von δ'_o nicht mehr berührt, aber keine neuen Schnittpunkte mit Σ^* auftreten. Damit haben wir die Anzahl der Stellen XX^{-1} in W(H) um eins verringert.

Wir können jetzt annehmen, daß die Ablesung von δ zyklisch reduziert ist. Es gebe nun in der Ablesung W(H) von δ ein Teilwort $W_1(H)$, welches mehr als eine Hälfte von Π_*^ε, $\varepsilon = \pm 1$, ausmacht. Dabei fassen wir Π_*^ε und W(H) als zyklische Worte auf. δ_1 sei der Teilweg von δ, der zu $W_1(H)$ gehört, η_i^*, η_j^* seien die Kurven von Σ^*, die zum ersten und letzten Zeichen von $W_1(H)$ gehören. Als Teil von Π_*^ε definiert $W_1(H)$ einen Teilstern des positiven oder negativen Sterns um P^*, den die Kurven von Σ^* bilden (siehe V.30). Der Teilstern beginnt mit $\eta_i^{*\varepsilon_1 \cdot \varepsilon}$, wenn $H_i^{\varepsilon_1}$ das erste Zeichen ist, und endet mit $\eta_j^{*\varepsilon_2 \varepsilon}$, wenn $H_j^{\varepsilon_2}$ das letzte Zeichen von $W_1(H)$ ist. $\varkappa_1$ laufe auf $\eta_i^{*\varepsilon_1 \cdot \varepsilon}$ von P^* zu dem Punkt, der dem ersten Zeichen von $W_1(H)$ entspricht; $\varkappa_2$ sei der Teil auf $\eta_j^{*\varepsilon_2 \varepsilon}$, der P^* mit dem Punkt zu dem Endzeichen von $W_1(H)$ verbindet. $\varkappa_1 \delta_1 \varkappa_2^{-1}$ beranden eine Scheibe, weil $W_1(H)$ ein Teilwort von Π_*^ε ist. Wir können nun wie oben schließen, daß ein Teilweg δ_o von δ mit der Ablesung $W_1^\eta(H)$, $\eta = \pm 1$, und Teilwege von $\varkappa_1$ und $\varkappa_2$ eine Scheibe beranden, in deren Inneres δ nicht mehr eintritt. Wir ersetzen dann δ_o durch einen einfachen Bogen δ'_o, der P^* gerade von der anderen Seite umläuft und als Ablesung das Inverse des Komplements von $W_1^\eta(H)$ hat und δ nicht trifft. Das läßt sich wieder durch eine kombinatorische Isotopie erzielen.

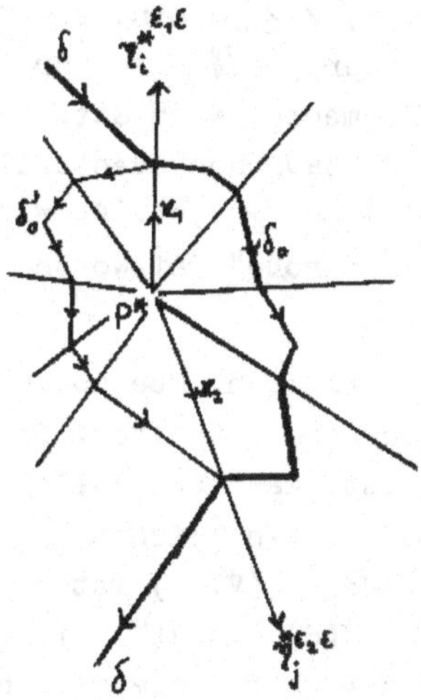

Nach jedem dieser Schritte machen wir W(H) wieder zyklisch kurz und verfahren wie eben, bis die Ablesung von δ die Bedingungen (V.40) und (V.41) erfüllt.

Mit demselben Verfahren, wie eben beschrieben, kann man erreichen, daß die Ablesung auch (V.42) genügt. Insgesamt gibt es somit eine kombinatorische Isotopie, die δ in eine Kurve δ' überführt, deren Ablesung (V.40 - 42) erfüllt. Diese Ablesung sei wieder mit W(H) bezeichnet. V(H) sei die Ablesung von γ. Jede elementare kombinatorische Isotopie überführt eine Kurve in eine zur alten Kurve homotope, da in einer Scheibe jeder geschlossene Weg nullhomotop ist. Also sind δ' und γ homotop, und es sind V(h) und W(h) konjugierte Elemente der Wegegruppe.

Besitzt die Fläche F Ränder, so ist zwar die Wegegruppe $\mathcal{G}$ von F keine ebene diskontinuierliche Gruppe, aber die Sätze IV.15, IV.16 und die Existenz der "großen" Teilworte von definierenden Relationen in Relationen bleiben richtig. Führen wir nämlich in $\mathcal{G}$ die weiteren Relationen S_i^k, $i = 1,\ldots,m$; $k \geq g$ ein, so erhalten wir eine ebene diskontinuierliche Gruppe $\mathcal{G}_k$. In ihr entstehen aus W(H) und V(H) konjugierte Elemente. Nach Satz IV.16 sind W(H) und V(H) nach zyklischem Vertauschen eventuell schon gleich, zumindest ist dann $V^{-1}W(h) = 1$ in $\mathcal{G}_k$. Wählen wir k größer als $\mathfrak{L}(V^{-1}W)$, so können in $V^{-1}W$ nur "große" Teilworte von Π_* enthalten sein.

Wegen (V.42) kann $V^{-1}W$ das Π_* nicht ganz enthalten. Ebenso kann $V^{-1}W$ nicht drei Relationen bis auf zwei Zeichen enthalten. Da V ein spezielles Wort der Form (V.32 - 39) ist, kann es schließlich nicht vorkommen, daß $V^{-1}W$ das Π_* bis auf ein Zeichen und noch einmal bis auf zwei Zeichen enthält. Wegen (V.42) ist eine Hälfte von Π_* ausgezeichnet. Deswegen sind W(H) und V(H) bis auf zyklisches Vertauschen gleich, d.h. γ und δ haben die gleiche Ablesung. Durch kombinatorische Isotopien können wir δ so abändern, daß es dieselben Schnittpunkte mit Σ^* hat wie γ. Das sieht man leicht, da γ und δ einfach-geschlossene Kurven sind.

Bögen von γ und δ, die zwischen entsprechenden Schnittpunkten liegen, lassen sich durch kombinatorische Isotopien aufeinander abbilden. Entweder haben sie nämlich keinen weiteren Schnittpunkt und beranden zusammen eine Scheibe, oder sie lassen sich durch ihre weiteren Schnittpunkte in Teilbögen zerlegen, die jeweils paarweise eine Scheibe beranden. ∎

§ V.12 Isotopien von einfach-geschlossenen Kurven, die den Aufpunkt erhalten

D.B.A.Epstein bewies folgende Verschärfung des Baerschen Satzes V.13 ([Epstein 1] , Theorem 4.1):

Satz V.14: γ und δ seien zwei einfach-geschlossene Kurven mit gleichem Anfangspunkt P im Innern von F, die weder Scheiben noch Möbiusbänder beranden. Sind sie homotop unter Festhalten von P (d.h. gehören sie zu demselben Element der Wegegruppe von F mit Aufpunkt P), so sind sie isotop unter einer Isotopie, die P festläßt.

Wir wollen hier unter Isotopie eine semilineare Isotopie verstehen, d.h. einen semilinearen Homöomorphismus $H:F\times I \to F\times I$ mit $H(F\times t) = F\times t$ für alle $t \in I$ und $H|F\times 0 = Id$ auf $F\times 0$. Dabei ist I das Einheitsintervall.

Diese Definition von Isotopie ist für Satz V.14 brauchbarer, da wir uns für den Weg von P während der Isotopie interessieren. Es läßt sich leicht zeigen, daß es zu einer elementaren kombinatorischen Isotopie H_k eine Isotopie $H:F\times I \to F\times I$ mit $H(Q,1) = (H_k(Q),1)$ für alle $Q \in F$ gibt. Somit läßt sich jede kombinatorische Isotopie durch eine Isotopie bewirken. (Übrigens entspricht umgekehrt jeder Isotopie einer Fläche eine kombinatorische Isotopie.)

Ein Punkt $P \in F$ bleibt unter einer Isotopie H fest, wenn $H(P,t) = (P,t)$ für alle $t \in I$ ist. Wir beweisen Satz V.14 wiederum nur für den Fall, daß die Wegegruppe $\mathcal{G}$ von F mindestens vier Erzeugende hat und $l(\Pi_*) \geq 8$ ist.

Beweis von Satz V.14: Wegen Satz V.13 gibt es eine Isotopie $H:F\times I \to F\times I$ mit $H(\gamma,1) = (\delta,1)$. Ist $H_t(Q)$ durch $H(Q,t) = (H_t(Q),t)$ für alle Q aus F gegeben, so definiert $t \to H_t(P)$ eine semilineare Abbildung $I \to F$. Diese Abbildung definiert einen Weg in F, den Weg α des Aufpunkts P während der Isotopie H. H_t, $0 \leq t \leq 1$, eingeschränkt auf γ , ist eine Homotopie (im sonst üblichen Sinne) zwischen γ und $\alpha\gamma\alpha^{-1}$. $\alpha\gamma\alpha^{-1}$ und γ sind dann auch in unserem Sinne homotop unter Festhalten von P. Wir wählen wieder eine kanonische Zerschneidung Σ^*, bezüglich derer γ eine Ablesung V(H) der Form (V.32 - 39) hat. Ist L(H) die Ablesung von α, so gilt $L(h)\ V(h)\ L^{-1}(h) = V(h)$ in der Wegegruppe $\mathfrak{G}$ von F. L(h) und V(h) sind in $\mathfrak{G}$ vertauschbar. Aus der Zerlegung von $\mathfrak{G}$ in ein freies Produkt mit Amalgam ersieht man, daß L(h) und V(h) Potenzen eines Elementes sein müssen. Wir zeigen gleich, daß V(h) nicht Potenz eines anderen Elementes ist, also ist L(h) Potenz von V(h). Nun gibt es eine Isotopie, die P um die Kurve γ herumbewegt und γ in sich überführt. Deshalb können wir annehmen, daß der Weg α nullhomotop ist.

Angenommen es gäbe ein kurzes Wort M(H), das Π_* höchstens bis zur Hälfte enthält, so daß $M(h)^l\ V(h) = 1$ in $\mathfrak{G}$ ist für $l > 1$.

Es gibt dann ein zyklisch kurzes Teilwort N(H) von M mit $W^{-1}N\ W(H) = M(H)$, und es ist $W^{-1}(h)\ N^l(h)\ W(h)\ V(h) = 1$ in $\mathfrak{G}$. Wir haben oben schon gesehen, wie wir die Lösung des Konjugationsproblems auf $\mathfrak{G}$ anwenden können, auch falls Ränder auftreten. Verlangen wir also von N^l die Eigenschaften (V.40 - 42), so ist es das gleiche zyklische Wort wie V. Wir können aber annehmen, daß N als zyklisches Wort keine Relation über die Hälfte enthält und (V.42) erfüllt. Dann tut das aber auch N^l. Unter den Worten (V.32 - 39) kommen für V(H) nur noch die Worte V_1V_1 und $V_1 \dots V_g\ V_1 \dots V_g$, g ungerade, in Frage. Diese beranden gerade Möbiusbänder.

Wir werden jetzt die Isotopie H so abändern, daß sie P festläßt. Da α nullhomotop ist, gibt es endlich viele Prozesse $\mathfrak{P}_1, \dots, \mathfrak{P}_r$ (II.15) und (II.16), die α in den konstanten Weg überführen. Ist r = 0, so ist nichts zu zeigen. Wir nehmen an, daß wir für $r < k$ das H wie gewünscht abändern können. Es sei nun r = k.

$\mathfrak{P}_1$ sei das Entfernen eines Stachels $\sigma\sigma^{-1}$ aus α. Zu dem Stachel gehört ein Zeitintervall $[t_1, t_2]$ von I, während dessen P den Stachel durchläuft. Es gibt nun eine Isotopie G_t, $0 \le t \le 1$, mit $G_t = G_o = id_F$ für $0 \le t \le t_1$ und $G_t = G_{t_2}$ für $t_2 \le t \le 1$, so daß $H_tG_t(P) = H_{t_1}(P)$ für $t \in [t_1, t_2]$, d.h. wir schieben P zu jedem Zeitpunkt $t \in [t_1, t_2]$ an die Anfangsstelle $H_{t_1}(P)$ des Intervalls $[t_1, t_2]$ zurück. Die Existenz dieser Isotopie veranschaulicht man sich an dem Teil von $F \times [t_1, t_2]$ über σ und einer "kleinen" Umgebung davon.

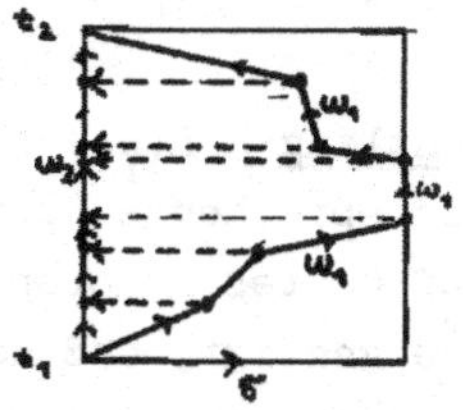

ω_1 ist der alte Weg von P in $F \times [t_1, t_2]$, gegeben durch $t \to (H_t(P), t)$, ω_2 der neue Weg: $t \to (H_{t_1}(P), t)$. Die Isotopie GH überführt γ wieder in δ, aber α läßt sich durch $\mathcal{R}_2, \ldots, \mathcal{R}_r$ in den konstanten Weg überführen.
Umgekehrt verfährt man, wenn $\mathcal{R}_1$ das Zufügen eines Stachels ist. Dann wird ω_2 in ω_1 überführt.
Analog gehe man vor, wenn $\mathcal{R}_1$ das Ersetzen eines Teiles des Randweges eines Flächenstückes durch den anderen ist, indem man sich das an einem Dreieck überlegt. Auch hier brauchen Punkte nur in einer kleinen Umgebung des Dreiecks bewegt zu werden. Die Induktionsannahme liefert uns eine Isotopie, bei der P festbleibt und γ in δ überführt wird. ▮

§ V.13 Innere Automorphismen und Isotopien

Der folgende Satz stammt für orientierbare Flächen von R.Baer [Baer 2], für beliebige geschlossene Flächen steht er in [Mangler 1]. Unser Beweis beruht auf Satz V.13 und muß deshalb voraussetzen, daß die Fundamentalgruppe von F mindestens vier kanonische Erzeugende hat und $l(\Pi_*) \geq 8$ ist.

Satz V.15: Induziert ein Homöomorphismus h der Fläche F einen inneren Automorphismus der Wegegruppe $\mathcal{G}$, so ist h eine kombinatorische Isotopie von F (bzw. gibt es im semilinearen Fall eine Isotopie H von F mit $H_1 = h$).

Beweis: Σ sei kanonisches Kurvensystem mit Aufpunkt P. Die erste Kurve η_1 von Σ ist zu $h(\eta_1)$ homotop, da h einen inneren Automorphismus induziert. Nach Satz V.13 gibt es eine Isotopie (kombinatorische Isotopie) H_1, die $h(\gamma_1)$ auf γ_1 abbildet und h(P) in P überführt.

Indem wir, falls notwendig, noch P entlang $H_1h(\gamma_1)$ herumschieben, können wir annehmen, daß entsprechende Kurven von Σ und $H_1h(\Sigma)$ bei Festhalten des Aufpunktes homotop sind (vgl. Beweis von Satz V.14. Dort wurde gezeigt, daß nach eventuellem Durchschieben von P entlang γ der Weg α von P nullhomotop wurde. Das ist gerade die hier benötigte Eigenschaft.) Wendet man den Beweisgedanken für Satz V.14 auf Kurvensysteme an, so bekommen wir der Reihe nach Isotopien $H_1, H_2, \ldots, H_n$ mit $H_i \ldots H_1 h(\gamma_j) = \gamma_j$, $j = 1,\ldots,i$. Wir erhalten schließlich eine Isotopie $\bar{H}$ von F, die $h(\Sigma)$ auf Σ abbildet. $\bar{H}h$ ist ein Homöomorphismus von F, der auf Σ die Identität ist. Schneiden wir die Kreisringe, die die Kurven $\sigma_1,\ldots,\sigma_m$ aus Σ berانden, heraus und schneiden F entlang Σ auf, so erhalten wir eine Scheibe. $\bar{H}h$ induziert einen Homöomorphismus der Scheibe, der auf dem Rand die Identität ist. Nach dem unten folgenden Hilfssatz V.5 ist ein solcher Homöomorphismus eine kombinatorische Isotopie. Ebenso ist der von $\bar{H}h$ auf den von $\sigma_1,\ldots,\sigma_m$ berandeten Kreisringen induzierte Homöomorphismus eine kombinatorische Isotopie. Das folgt gleichfalls aus Hilfssatz V.5. ∎

Satz V.16: Läßt ein Homöomorphismus h von F den Aufpunkt P der Wegegruppe $\mathfrak{g}$ von F fest und induziert er die Identität von $\mathfrak{g}$, dann ist h unter Festhalten von P isotop in die Identität deformierbar.

Zum Beweis verwende man Satz V.14 für γ_1 und verfahre dann wie oben.

Hilfssatz V.5 (Alexander): Ein Homöomorphismus h einer Scheibe, der auf dem Rand die Identität ist, läßt sich isotop in die Identität deformieren.

Beweis: Die Scheibe sei der Einheitskreis $\{(x,y):\ x^2 + y^2 \leq 1\}$ der euklidischen Ebene $\mathbb{R}^2$, h sei der Homöomorphismus. G_t sei die Streckung $(x,y) \to (tx,ty)$ des $'R^2$ und H der Homöomorphismus des $'R^2$, der auf dem Einheitskreis gleich h, außerhalb die Identität ist. Ist nun H_0 die Identität und $H_t = G_t H G_t^{-1}$ für $0 < t \leq 1$, so definiert das eine Isotopie von h in die Identität.]

<u>Bemerkung:</u> Diese Isotopie wird semilinear, wenn wir an Stelle des Kreises ein Dreieck legen, dessen Mittelpunkt im Ursprung liegt. - Offenbar läßt sich der analoge Beweis in höheren Dimensionen führen.

§ V.14 Bemerkungen

Zwei Abbildungen gehören nach Definition in eine <u>Abbildungsklasse</u>, wenn sie homotop sind (das heiße für uns, wenn sie denselben Homomorphismus zwischen den Wegegruppen induzieren.) Wegen des Baerschen Satzes V.15 liegen zwei Homöomorphismen nur dann in derselben Klasse, wenn sie isotop sind.

Die Abbildungsklassen von Homöomorphismen einer Fläche auf sich bilden eine Gruppe. Zeichnet man den Aufpunkt aus und hält ihn bei allen Deformationen fest, so erweist sich diese Gruppe der Abbildungsklassen von Homöomorphismen wegen des Satzes von Nielsen (Satz V.8 und V.9) und des Satzes von Epstein (Satz V.16) als isomorph der Automorphismengruppe der Wegegruppe. Wird der Aufpunkt nicht berücksichtigt, so müssen wir die Automorphismengruppe durch den Normalteiler der inneren Automorphismen kürzen (Satz V.15).

Die Sätze V.13 - 16 haben wir wegen der Lösung des Konjugationsproblemes nur für "große" Flächen bewiesen, sie gelten aber für alle. Für die Gruppen der "kleinen" Flächen kann man die Beschreibung als freie Produkte mit Amalgam zur Hilfe nehmen oder wie beim Torus direkt machen. Die Einschränkung in Satz V.14, daß die Kurven keine Möbiusbänder beranden, ist notwendig, wie das Beispiel in [Epstein + Zieschang] zeigt.

Die Gruppe der Abbildungsklassen ist für den Torus die Automorphismengruppe von 'Z + 'Z und hat die Erzeugenden

$$\begin{pmatrix} 0 & 1 \\ -1 & 1 \end{pmatrix} = S, \quad \begin{pmatrix} 0 & 1 \\ -1 & 0 \end{pmatrix} = T, \quad \begin{pmatrix} 1 & 0 \\ 0 & -1 \end{pmatrix} = N.$$

Aufgabe V.5: a) Die Gruppe der zweireihigen ganzzahligen Matrizen mit der Determinante + 1 hat die Erzeugenden S und T und die definierenden Relationen $S^3 = T^2$ und $T^4 = 1$.

b) Gebe definierende Relationen für die Gruppe der ganzzahligen Matrizen mit der Determinante + 1 oder - 1 an.

Für die geschlossenen Flächen sind für die Gruppen der Abbildungsklassen Erzeugende angegeben ([Baer 3] , [Goeritz 2] , [Dehn 2] , [Lickorish 1,2]). Für eine Sphäre mit n + 1 Löchern besteht ein enger Zusammenhang mit der Gruppe der Zöpfe aus n Fäden (siehe z.B. [Burde 1]) und dafür sind Erzeugende und definierende Relationen in [Artin 1] angegeben. Siehe auch [Magnus 2] .

Über das Wort- oder gar Transformationsproblem der Abbildungsklassen ist nur wenig bekannt. Auch hier sind die Zopfgruppen Ausnahmen.

Die Lösung des Wortproblemes steht der Topologie nahe([Artin 1], [Burde 1]), die kürzlich gegebene Lösung des Konjugationsproblemes weniger. Zum allgemeinen siehe auch [Hopf 1] .

Die algorithmische Entscheidung, ob in einer Homotopieklasse eine einfache Kurve liegt, ist möglich. Die Algorithmen von [Reinhardt 1,2] ,[Călugăreanu 1] und D.Chillingworth (thesis) beruhen auf der nicht-euklidischen Geometrie, die in [Zieschang 6,8,9] auf kombinatorischen Argumenten.

Betrachtet man die Flächen als topologische Räume und gibt dem Raum der Homöomorphismen die kompakt-offene Topologie, so erhält man einen topologischen Raum. Er ist auf Homotopieeigenschaften von [Hamstrom 1,2] untersucht worden. Die Zusammenhangskomponente der Identität hat triviale Homotopiegruppen, und es wird vermutet, daß die Menge zusammenziehbar ist. Dieses ist für Sphären mit Rändern gezeigt [Morton 1].

VI. Zur komplex-analytischen Theorie der Riemannschen Flächen und ebenen diskontinuierlichen Gruppen

§ VI.1 Einleitung

Unsere bisherigen Betrachtungen waren im wesentlichen kombinatorischer Art, aber dafür ist die Dimension 2 sehr speziell. Flächen und ebene diskontinuierliche Gruppen sind dagegen interessante und viel untersuchte Objekte der Funktionentheorie einer Variablen als Riemannsche Flächen oder diskontinuierliche Gruppen der nicht-euklidischen Ebene. Einige Sätze dieser Theorien machen jedoch keine Aussagen über die komplex-analytische Struktur, sondern sind nur topologischer Natur. In den vorigen Abschnitten haben wir einige von ihnen mit kombinatorisch topologischen Mitteln gezeigt. Es bleiben aber auch noch dem Inhalt nach rein topologische Sätze, zu deren Beweisen schwierige Sätze der Analysis wesentlich verwendet werden.

Es ist nun unsere Absicht, die funktionentheoretische Theorie in Kürze zu beschreiben und einige Schlußfolgerungen zu ziehen. Zum ersten Lesen werden nur Grundkenntnisse der mengentheoretischen Topologie und der Funktionentheorie vorausgesetzt, zum Verstehen ist spezielle Literatur unerläßlich. An passender Stelle werden wir auf sie verweisen.

§ VI.2 Strukturen auf Flächen

Wir erinnern zunächst an den Begriff einer Mannigfaltigkeit. Es sei M ein Raum und $\mathfrak{A} = \{U, \varphi_U\}$ ein System von Teilmengen und eineindeutigen Abbildungen $\varphi_U : U \to Q^n$ von U auf den n-dimensionalen offenen Einheitswürfel des ${}'R^n$ (bzw. ${}'C^n$). Dabei sei $\bigcup_{U \in \mathfrak{A}} U = M$. Die Durchschnitte $U \cap U'$ für $U, U' \in \mathfrak{A}$ definieren die Teilmengen $\varphi_U(U \cap U')$ und $\varphi_{U'}(U \cap U')$ von Q^n und durch $\varphi_U \circ \varphi_{U'}^{-1}$ Abbildungen dieser Teilmengen aufeinander.

Von den Teilmengen verlangen wir, daß sie offen sind. Über die Abbildungen werden verschiedene Voraussetzungen gemacht, zu deren gebräuchlichsten die folgenden gehören:

(VI.1) Sie sind stetig.

(VI.2) Sie sind m-fach stetig differenzierbar (oder von der Klasse C^m).

(VI.3) Sie sind lokal in Potenzreihen mit reellen Argumenten entwickelbar (Klasse C^ω).

(VI.4) Sie sind lokal in komplexe Potenzreihen entwickelbar.

Dementsprechend heißt dann M topologische, differenzierbare (der Klasse C^m), reell-analytische oder (komplex) analytische Mannigfaltigkeit der reellen bzw. komplexen Dimension n. $\mathfrak{A}$ wird als Atlas mit den Karten (U, φ_u) bezeichnet.

Im folgenden beschränken wir uns auf die reelle Dimension 2 oder komplexe Dimension 1 und sprechen von topologischen, glatten und Riemannschen Flächen, je nachdem, ob (VI.1), (VI.2) oder (VI.4) vorliegt. ((VI.3) wird uns nicht beschäftigen.)

In den vorangehenden Abschnitten waren Flächen als Komplexe definiert. Auch diese lassen sich dem Begriff der Mannigfaltigkeit unterordnen, und zwar auf verschiedene Weise. Uns genüge es, daß wir die Scheiben mit dem Einheitskreis oder einem Standardsimplex identifizieren können, und zwar so, daß gemeinsame Randstrecken einen stetigen oder differenzierbaren Übergang definieren. Eine analytische Struktur ist dem Komplex so einfach nicht zu geben.

Komplexen oder - besser gesagt - Triangulationen näher steht eine andere Art von Abbildungen: eine Abbildung heißt stückweise linear (oder semilinear), wenn sich Bild und Urbild so in Simplizes unterteilen lassen, daß die Abbildungen auf den Simplizes linear werden. (Siehe [Graeub 1] , [Schubert 1]). Offenbar kann man allen Flächenkomplexen eine Triangulation geben, und zwar den Notwendigkeiten entsprechend eine so feine, daß alle benötigten Abbildungen sich durch stückweis lineare realisieren lassen. Darauf gehen wir nicht näher ein.

Wir beschränken uns auf geschlossene Flächen und die Ebene. (Statt geschlossen könnten wir verlangen, daß die Fläche eine endliche Zahl von Enden hat.) - Es entstehen natürlich Fragen, die verschiedenen Strukturen und ihren Zusammenhang betreffend. Läßt eine topologische Fläche eine Triangulation, eine differenzierbare oder gar eine analytische Struktur zu? Die Antwort ist einfach: "JA". Die Schwierigkeiten liegen im Beweis von

Satz VI.1: Eine beliebige topologische Fläche ist triangulierbar.

Somit haben wir alle topologischen kompakten Flächen in den vorangehenden Abschnitten erfaßt. Ferner werden wir alsbald sehen, daß sich jede orientierbare geschlossene Fläche mit einer analytischen Struktur versehen läßt.

Umgekehrt entsteht die Frage, wieviel kombinatorisch nicht äquivalente Triangulationen es auf einer topologischen Fläche gibt. Da Orientierbarkeit und Geschlecht die Komplexe charakterisieren und sich aus der Homologiegruppe bestimmen,lassen sich auf einer Fläche nur äquivalente Komplexe auftragen, m.a.W. ist die Hauptvermutung in der Dimension 2 richtig. Eine Fläche besitzt auch nur eine differenzierbare Struktur. Sehr viel komplizierter wird die Frage nach den möglichen analytischen Strukturen: die Frage nach den Moduln der Riemannschen Flächen.

§ VI.3 Die nicht-euklidische Ebene

'E bezeichne die obere Halbebene. Aus dem Schwarzschen Lemma und dem Satz von Mittag-Leffler folgt, daß eine eineindeutige holomorphe Abbildung von 'E auf sich linear gebrochen ist, also die Form $w = \frac{az+b}{cz+d}$ hat. Ferner folgt, daß eine solche linear gebrochene Transformation mit reellen Koeffizienten geschrieben werden kann. Es gilt dann der

Satz VI.2: Eine orientierungserhaltende winkeltreue (holomorphe) Abbildung der oberen Halbebene auf sich läßt sich in der Form

$$w = \frac{az+b}{cz+d} \quad , \ a,b,c,d \text{ reell}, \ ad-bc = 1, \ a+d \geq 0$$

schreiben. Ist $a+d < 2$, so hat sie einen Fixpunkt in der oberen

Halbebene und einen zweiten spiegelbildlich; bei $a+d = 2$ gibt es genau einen Fixpunkt, und zwar auf der reellen Achse; für $a+d > 2$ gibt es deren zwei auf der reellen Achse. Orientierungsändernde winkeltreue Abbildungen lassen sich schreiben in der Form

$$w = \frac{a\bar{z} + b}{c\bar{z} + d}, \qquad a,b,c,d \text{ reell}, \; ad-bc = -1, \; a+d \geq 0.$$

Satz VI.3: Das Doppelverhältnis $\frac{z_1 - z_3}{z_2 - z_3} : \frac{z_1 - z_4}{z_2 - z_4}$ von vier verschiedenen Punkten bleibt bei jeder linear gebrochenen Transformation der Punkte erhalten. - Vier verschiedene Punkte liegen genau dann auf einem Kreise - unter welchen Begriff wir auch die durch ∞ geschlossenen Geraden fassen - , wenn ihr Doppelverhältnis reell ist. Liegen die Punkte auf dem Kreise in der Anordnung z_1, z_2, z_3, z_4, so ist das Doppelverhältnis größer 1.

Die Punkte der offenen oberen Halbebene $'E$ als Punkte und die in $'E$ liegenden Teile von Geraden oder Kreisen senkrecht der reellen Achse als Geraden ergeben ein Bild der nicht-euklidischen Ebene, das Poincarésche Modell. Jede nicht-euklidische Gerade hat dann zwei "Enden" auf der durch ∞ geschlossenen reellen Achse. Der nicht-euklidische Abstand $d(z_1,z_2)$ zweier Punkte $z_1, z_2 \in {}'E$ läßt sich wie folgt erklären: Es seien z_3, z_4 die Enden der nicht-euklidischen Geraden durch z_1 und z_2 und sie mögen in der Reihenfolge z_4, z_1, z_2, z_3 angeordnet sein. Der Abstand von z_1 nach z_2 sei dann

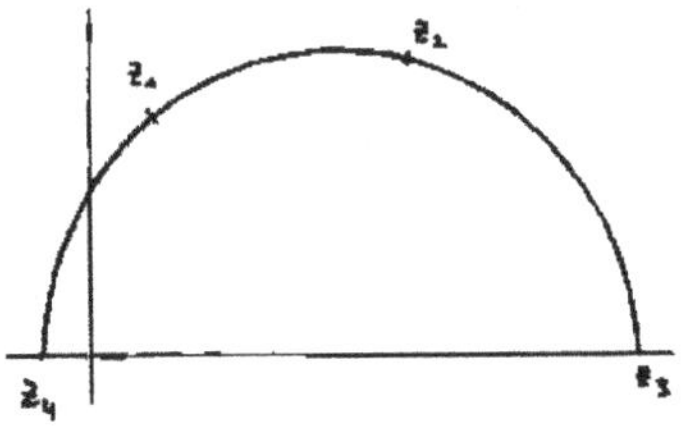

$$\log \frac{z_1 - z_3}{z_2 - z_3} : \frac{z_1 - z_4}{z_2 - z_4}$$

Läßt man z_2 gegen z_1 streben, konvergiert $d(z_1,z_2)$ gegen 0. Deshalb hat es Sinn, $d(z,z) = 0$ zu setzen. Für $z_1 \neq z_2$ ist $d(z_1,z_2) > 0$.

Ferner gilt die Dreiecksungleichung $d(z_1,z_3) \leq d(z_1,z_2)+d(z_2,z_3)$. Gleichheit gilt hier nur, wenn z_2 zwischen z_1 und z_3 auf einer nicht-euklidischen Geraden liegt.

Die nicht-euklidische Winkelmessung geschehe durch das Messen der euklidischen Winkeln zwischen den euklidischen Kreisen bzw. Geraden. Winkeltreue eineindeutige Abbildungen werden dann gerade die gebrochen linearen Substitutionen aus Satz VI.2, die sich ebenfalls als die längentreuen Abbildungen kennzeichnen lassen. Wir erhalten somit

<u>Korollar VI.1:</u> Die orientierungserhaltenden Bewegungen der nicht-euklidischen Ebene sind durch die Transformationen

$$w = \frac{az + b}{cz + d}, \quad a,b,c,d \text{ reell}, \ ad-bc = 1,$$

$a+d \geq 0$ gegeben, die orientierungsändernden durch $w = \frac{a\bar{z} + c}{c\bar{z} + d}$, a,b,c,d reell, $ad-bc = -1$, $a+d \geq 0$.

Orientierungserhaltende Bewegungen mit $a+d < 2$ heißen <u>elliptisch</u> oder Drehungen, die mit $a+d = 2$ <u>parabolisch</u> und die mit $a+d > 2$ <u>hyperbolisch</u> oder Schiebungen. Die orientierungsändernden Bewegungen der Ordnung 2 ($a+d = 0$) heißen <u>Spiegelungen</u>, die übrigen <u>Gleitspiegelungen</u>.

<u>Hilfssatz VI.1:</u> Ist x eine parabolische Transformation, so gibt es eine Folge P_i von Punkten aus 'E mit

$$\lim_{i \to \infty} d(P_i, P_i x) = 0.$$

<u>Beweis:</u> Durch geeigne Konjugation können wir erreichen, daß die parabolische Transformation die Form

$$x(z) = z + 2b, \quad b \text{ reell}$$

bekommt (vergl. etwa [Siegel 1] ,Kap.3, § 1). Der Abstand des Punktes $-b + i\sqrt{t^2-b^2}$ $(t > |b|)$ von seinem Bildpunkt $b + i\sqrt{t^2-b^2}$ ist

$$\log\left(\frac{-b + i\sqrt{t^2-b^2} - t}{b + i\sqrt{t^2-b^2} - t} : \frac{-b + i\sqrt{t^2-b^2} + t}{b + i\sqrt{t^2-b^2} + t}\right)$$

Für $t \to \infty$ konvergiert dieser Ausdruck gegen 0. ∎

Das nicht-euklidische Bogenelement ist durch

$$ds = \frac{2|dz|}{y}$$

$(z = x + iy)$ gegeben. Die stetig differenzierbaren Funktionen, die dieses Bogenelement invariant lassen, sind gerade die Bewegungen der nicht-euklidischen Geometrie. Das nicht-euklidische Flächenelement

$$d\omega = \frac{dx\,dy}{y^2}$$

ist ebenfalls invariant gegen nicht-euklidische Bewegungen. Unter einem nicht-euklidischen Polygon verstehen wir einen Bereich der nicht-euklidischen Ebene, der durch nicht-euklidische Strecken berandet wird. Aus der Greenschen Formel oder der von Gauß-Bonnet erhält man

Satz VI.4: Der nicht-euklidische Inhalt eines nicht-euklidischen Polygons mit n Ecken und den Innenwinkeln $\alpha_1,\dots,\alpha_n$ ist gleich

$$(n-2)\pi - (\alpha_1 + \dots + \alpha_n).$$

Übrigens dürfen auch Eckpunkte auf der reellen Achse liegen, die entsprechenden Seiten also Halbgeraden mit gleichem Ende sein. Dann ist der Winkel als 0 zu zählen.

Zur Ausführung dieses Paragraphen vergleiche man Lehrbücher der Funktionentheorie, insbesondere [Siegel 1] .

§ VI.4 Ebene diskontinuierliche Gruppen

Auf einem topologischen Raum R operiere eine Gruppe $\mathcal{L}$. Dann kann man dem $\mathcal{L}$ eine Topologie geben, die ausdrückt, daß sich bei "kleinen" Abänderungen der Abbildung die Bildpunkte nur wenig verschieben. Eine häufig betrachtete Topologie hat als Subbasis die Mengen $\{x \in \mathcal{L} : xU \subset V\}$, wo U die kompakten, V die offenen Teilmengen von R durchläuft. Offenbar bekommen Untergruppen dabei die induzierte Topologie. Handelt es sich in $\mathcal{L}$ um den Raum der Bewegungen der euklidischen oder nicht-euklidischen Ebene, so erhält man gerade die mit den Parametern a,b,c,d natürlich verbundene Topologie.

Eine Gruppe $\mathfrak{L}$ von Homöomorphismen heißt <u>diskontinuierlich</u>, wenn für keinen Punkt $P \in R$ die Menge $\{xP : x \in \mathfrak{L}\}$ einen Häufungspunkt hat. Speziell kann ein Punkt nur endlich oft Fixpunkt sein. Es gilt

<u>Satz VI.5:</u> Eine Untergruppe der Bewegungen der euklidischen oder nicht-euklidischen Ebene ist genau dann diskret, wenn sie diskontinuierlich auf der Ebene operiert.

Beweis als Aufgabe. Es sei noch der folgende Satz von J.Nielsen angegeben (siehe [Siegel 1], S.39):

<u>Satz VI.6:</u> Enthält eine nicht-kommutative Untergruppe der Gruppe der Bewegungen der nicht-euklidischen Ebene nur hyperbolische Transformationen, so ist sie diskret.

Wir sagen, daß eine diskontinuierliche Gruppe <u>kompakten Fundamentalbereich</u> hat, wenn die Bilder einer kompakten Teilmenge den ganzen Raum überdecken. Das ist äquivalent dazu, daß der Faktorraum nach der Gruppe kompakt ist.

<u>Satz VI.7:</u> Hat die diskontinuierliche Gruppe $\mathfrak{G}$ von Bewegungen der euklidischen oder nicht-euklidischen Ebene kompakten Fundamentalbereich, so gibt es ein Netz in der Ebene, dessen Strecken Strecken und dessen Maschen konvexe Polygone der entsprechenden Geometrie sind.

Die Bedingung, daß die Gruppe kompakten Fundamentalbereich hat, ist übermäßig stark. Der Beweisgedanke läßt sich auf den allgemeinen Fall übertragen, und man bekommt ebenfalls ein Netz, dessen Maschen jedoch Halbgeraden und eventuell Stücke der reellen Achse im Rand besitzen können, ja erstere sogar müssen, wenn der Fundamentalbereich nicht kompakt ist. (Vergl. [Siegel 1] , S.42 .)

<u>Beweis:</u> Da die Gruppe diskontinuierlich ist, gibt es einen Punkt $P \in {}'E$ bzw. $'C$, der bei keiner von der Identität verschiedenen Transformation aus $\mathfrak{G}$ fix bleibt. Px bezeichne wieder das Bild von P bei Anwendung von $x \in \mathfrak{G}$. Für jedes $x \in \mathfrak{G}$, $x \neq 1$, nehmen wir die abgeschlossene Halbebene [1] der

1) Geometrische Begriffe beziehen sich auf die jeweilige Geometrie.

Punkte der Ebene, die von P nicht weiter als von Px entfernt sind. Sie ist die Halbebene, die durch die Mittelsenkrechte auf der Strecke von P nach Px definiert wird und P enthält. Der Durchschnitt all dieser Halbebenen sei F. F ist die Menge der Punkte, die von jedem anderen Px ($x \neq 1$) mindestens so weit wie von P entfernt sind. Ist $Q \in F$, so liegt Q dem P näher als jedem anderen Px, also liegt P dem Q näher als jedem Qx ($x \neq 1$). Liegen aus einer Äquivalenzklasse zwei Punkte in F, so müssen sie auf dem Rande von F liegen. F ist damit ein Fundamentalbereich und enthält aus jeder Äquivalenzklasse die Punkte minimalen Abstandes von P.

Es gibt nun einen Kreis um P, der aus jeder Klasse einen Punkt enthält, damit auch F; hier kommt die Kompaktheit des Fundamentalbereiches zu Wort. Nehmen wir dann die zu P äquivalenten Punkte, die von P mehr als doppelt soweit als der Kreisradius entfernt liegen, so treffen die von ihnen bestimmten Mittelachsen den Kreis nicht. Da aber $\mathfrak{G}$ diskontinuierlich ist, sind nur endlich viele Transformationen ausgenommen, d.h. F ist als kompakter Durchschnitt von endlich vielen Halbebenen ein endliches konvexes Polygon. Bildet man die entsprechenden Polygone für alle zu P äquivalenten Punkte, so erhält man ein Netz der Ebene, auf dem die Gruppe operiert. Das ist eine Folge der Tatsache, daß F gerade die Punkte minimalen Abstandes von P aus jeder der Äquivalenzklassen enthält. ▮

Wir haben damit gezeigt, daß jede diskontinuierliche Gruppe von Bewegungen der Ebene mit kompaktem Fundamentalbereich ein ebenes Netz in sich überführt, algebraisch also unter die in Kapitel IV behandelten fällt. Umgekehrt gilt aber auch, daß sich eine jede dieser Gruppen durch Bewegungsgruppen realisieren läßt.

Satz VI.8: Eine Gruppe, welche durch Erzeugende und definierende Relationen vom Typ A oder B aus Satz IV.8 gegeben ist, tritt als diskontinuierliche Bewegungsgruppe der Sphäre (>), der euklidischen (=) oder der nicht-euklidischen Ebene (<) auf, je nachdem, ob im Falle A

$$\sum_{i=1}^{m} \frac{2}{h_i} + \sum_{i=1}^{q} \sum_{j=1}^{m_i} \frac{1}{h_{ij}} + q + 2 \gtreqless 2m + \sum_{i=1}^{q} m_i + 3q + 4g - 2$$

oder im Falle B

$$\sum_{i=1}^{m} \frac{2}{h_i} + \sum_{i=1}^{q} \sum_{j=1}^{m_i} \frac{1}{h_{ij}} + q + 2 \gtreqless 2m + \sum_{i=1}^{q} m_i + 3q + 2g - 2$$

ist.

Beweis: Zunächst wählen wir auf der Sphäre, in der euklidischen bzw. nicht-euklidischen Ebene ein Polygon, dessen Randstrecken sich so mit den Symbolen aus Satz IV.5 bezeichnen lassen, daß es die Form (IV.4) oder (IV.5) bekommt. Die mit gleichen griechischen Buchstaben und Indizes bezeichneten Strecken sollen gleiche Länge haben, die mit σ_i und σ_i' bezeichneten Strecken sollen den Winkel $\frac{2\pi}{h_i}$, die mit $\gamma_{k,i}$ und $\gamma_{k,i+1}$ den Winkel $\frac{\pi}{h_{ki}}$ einschließen, die Summen der Winkel zwischen η_k' und $\gamma_{k,1}$ und zwischen γ_{k,m_k+1} und η_k seien π, und die Summe der übrigen Winkel sei gleich 2π. Daß solche Polygone auf der Sphäre und in der euklidischen Ebene existieren, ist bekannt; übrigens fallen hierunter gut bekannte Gruppen. In der nicht-euklidischen Ebene beweist man die Existenz eines solchen Polygones durch einen Grenzübergang. (Siehe z.B. [Macbeath 2], [Siegel 1], [Zieschang 2]).

In Satz IV.11 haben wir zu diesen Gruppen ebene Netze konstruiert, auf denen sie operieren. Wir nehmen das duale zu dem im Beweis des Satzes beschriebene. Hier operiert die Gruppe einfach transitiv auf den Scheiben, deren Ränder sich in natürlicher Weise in der Form (IV.4) bzw. (IV.5) schreiben lassen. Ersetzen wir in dem Netz die Scheiben durch das Polygon unter Beachtung von Bezeichnungen, so erhalten wir eine Riemannsche Fläche, da wir für jeden Punkt eine Umgebung holomorph dem Einheitskreis finden können. Für innere Punkte des Polygons ist das trivial, für Rand- aber nicht

Eckpunkte folgt es darauf, daß gleich bezeichnete Strecken gleiche Länge haben; die Winkelbedingungen ergeben es an den Eckpunkten. Ferner ist die Riemannsche Fläche offen und einfach-zusammenhängend, und auf ihr operiert $\mathfrak{G}$ konform. Auf Grund des Riemannschen Abbildungssatzes läßt sich $\mathfrak{G}$ somit durch eine diskontinuierliche Gruppe von Bewegungen der euklidischen oder nicht-euklidischen Geometrie realisieren. ♮

Anmerkungen: 1. Über die Ungleichungen für die Winkelsummen eines konvexen Polygones kann man dann nachträglich darauf schließen, daß die Ungleichungen im Satze bestimmen, auf welcher Ebene die Gruppe analytisch operiert.

2. Naheliegend, möglich und in der Literatur häufig, aber oft fehlerhaft durchgeführt, ist die Konstruktion des Netzes in der Ebene durch sukzessives Aneinanderheften von Polygonen; denn es lassen sich lokal kongruente Polygone wie erforderlich aneinander anschließen und somit erzeugende Bewegungen definieren, die den definierenden Relationen genügen. Beginnend mit einem Polygon liefert uns dieses Aneinanderheften eine holomorphe Abbildung des konstruierten Netzes in die nicht-euklidische bzw. euklidische Ebene, und zwar genauer eine Überlagerung ohne Verzweigung. Da die Ebene einfach-zusammenhängend ist und da man zu jedem Punkt der Ebene durch geeignetes Verheften kongruenter Polygone gelangen kann, erweist sich die Abbildung aber als "auf" F und unsere Riemannsche Fläche holomorph der Ebene. Die diskontinuierliche Gruppe besteht dann aus Bewegungen der Geometrie.

§ VI.5 Über das Modulproblem

In diesem Abschnitt werden Fragen über die komplex-analytische Struktur von Riemannschen Flächen bzw. ebenen diskontinuierlichen Gruppen besprochen.

Zwei Riemannsche Flächen vom Geschlecht 0 sind nach dem Riemannschen Abbildungssatz konform äquivalent.

Anders ist die Situation schon für das Geschlecht 1. Auf der universellen Überlagerung operiert dann als Decktransformationsgruppe eine Gruppe von Bewegungen isomorph 'Z+'Z. Es folgt leicht: hyperbolische Transformationen kommutieren nur dann, wenn sie die gleiche Schiebungsachse besitzen, parabolische, wenn die Achsen das gleiche Ende haben, hyperbolische und parabolische kommutieren nicht. Somit ist 'Z die einzig mögliche kommutative diskontinuierliche Gruppe der hyperbolischen Ebene ohne Elemente endlicher Ordnung. Die universelle Überlagerung eines Torus muß also holomorph der euklidischen Ebene 'C sein. Die Decktransformationsgruppe wird dabei auf eine Untergruppe der Translationsgruppe abgebildet. Indem man zu einem Punkt "nächste" aber linear unabhängige äquivalente Punkte sucht, findet man zwei Zahlen ω_1, ω_2, so daß die Gruppe aus den Translationen $w = z + m\omega_1 + n\omega_2$, $n,m \in$ 'Z, besteht. Die Frage nach der konformen Klassifikation der Flächen übersetzt sich in: zwei Gruppen $\mathcal{G}$ und $\mathcal{G}'$ sind konform äquivalent, wenn es eine konforme Abbildung ζ der Ebene auf sich mit $\mathcal{G}' = \zeta \mathcal{G} \zeta^{-1}$ gibt.

Durch $z \to kz$, $k \neq 0$ wird die Äquivalenz der Gruppen zu $(k\omega_1, k\omega_2)$ und (ω_1, ω_2) gezeigt. Ferner können wir die Indizes so auf ω_1 und ω_2 verteilen, daß $\operatorname{Im} \frac{\omega_2}{\omega_1} > 0$ wird; $z' = z + \omega_1$, $z' = z + \omega_2$ bilden ein "positives" Erzeugendenpaar. Wir ordnen nun dem Paar (ω_1, ω_2) das Paar $(1, \omega)$ mit $\omega = \frac{\omega_2}{\omega_1}$ zu, welches zu ihm konform äquivalent ist. Somit entspricht jedem positiven Erzeugendenpaar einer beliebigen Torusgruppe ein Punkt der oberen Halbebene, aber auch nur einer, da eine holomorphe Abbildung der Ebene auf sich mit zwei Fixpunkten 0 und 1 konstant ist. Für die von $z' = z + \omega_1$, $z' = z + \omega_2$ erzeugte Gruppe bilden auch die Translationen $z' = z + (a\omega_1 + b\omega_2)$, $z' = z + (c\omega_1 + d\omega_2)$, a,b,c,d ganz und $ad - bc = 1$, ein positives Erzeugendensystem. Also läßt sich ω durch $\frac{a\omega + b}{c\omega + d}$, a,b,c,d ganz und $ad - bc = 1$, ersetzen, und man bleibt auf derselben Riemannschen Fläche. Weitere konforme Äquivalenzen gibt es für die Gruppen nicht. Der Fundamentalbereich der Modulgruppe, angegeben in der Abbildung, gibt also die verschiedenen komplex-analyti-

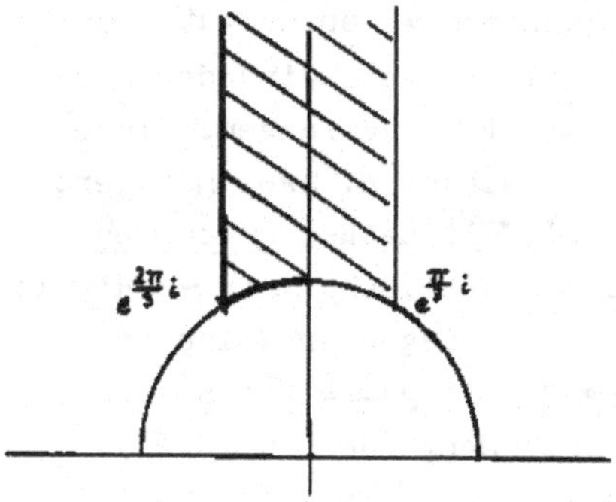

schen Strukturen auf dem Torus an. Für Einzelheiten vergl. Lehrbücher der Funktionentheorie oder [Siegel 2] , Kap.I, § 3.

Für höheres Geschlecht ist das Modulproblem nicht gelöst. Das Analogon zu der oberen Halbebene jedoch, nämlich der Raum der kanonischen Erzeugendensysteme für die verschiedenen Decktransformationsgruppen, ist auch hier gefunden. Als erster hat O.Teichmüller diesen Raum zur Lösung des Modulproblems herangezogen und bestimmt ([Teichmüller 1,2]). In den späteren Arbeiten von L.Ahlfors [1,2] und L.Bers [1,2] ist der Ansatz von Teichmüller durchgeführt und vervollständigt. In dem folgenden Abschnitt geben wir das Schema der Teichmüllerschen Theorie, [Ahlfors 1] folgend, an und füllen es danach auf neue Weise aus.

§ VI.6 Der Ansatz von Teichmüller und Folgerungen

Nach Auszeichnung einer Orientierung der Ebene ist jeder Riemannschen Fläche in natürlicher Weise eine Orientierung gegeben; denn holomorphe Abbildungen erhalten die Orientierung. Somit lassen sich die kanonischen Kurvensystems bzw. Zerschneidungen in zwei Klassen einteilen, und zwar gehören zwei in eine Klasse, wenn sie sich durch orientierungserhaltende Abbildungen ineinander überführen lassen. Eine dieser Klassen zeichnen wir als "positiv" aus und betrachten im folgenden nur noch Zerschneidungen aus derselben.

Ein Paar (R,Σ), bestehend aus einer Riemannschen Fläche R und einer Isotopieklasse Σ (positiver) kanonischer Zerschneidungen, heiße <u>markierte Riemannsche Fläche</u>. Auf Grund der Sätze von J.Nielsen und R.Baer kann man Σ ebensogut - und wir werden das ungezwungen tun - als Menge zueinander konjugierter kanonischer Erzeugendensysteme auffassen. Diese Sätze sind im folgenden aber nicht vonnöten. Zwei markierte Riemannsche Flächen (R,Σ) und (R',Σ') heißen <u>holomorph äquivalent</u>, wenn es eine holomorphe Abbildung $\varphi : R \longrightarrow R'$ mit $\varphi\Sigma = \Sigma'$ gibt. $\varphi\Sigma$ ist dabei in naheliegender Weise erklärt. Für einen Homöomorphismus $\varphi : R \longrightarrow R'$ mit $\varphi\Sigma = \Sigma'$ schreiben wir kurz $\varphi : (R,\Sigma) \longrightarrow (R',\Sigma')$. Die Menge der zu (R,Σ) holomorph äquivalenten markierten Riemannschen Flächen bezeichnen wir mit $[R,\Sigma]$ und den Raum dieser Klassen als <u>Teichmüllerschen Raum</u>. Später geben wir ihm eine Topologie, und er wird dann dem $'R^{6g-6}$ homöomorph.

<u>Definition:</u> Eine Menge $\mathcal{T}$ von Homöomorphismen zwischen Riemannschen Flächen des Geschlechtes g begründet eine Teichmüllersche Theorie für dieses Geschlecht, wenn (VI.5 - 7) erfüllt sind.

(VI.5) Zu je zwei markierten Riemannschen Flächen (R,Σ) und (R',Σ') des Geschlechtes g gibt es in $\mathcal{T}$ eine und nur eine Abbildung $\varphi:(R,\Sigma)\rightarrow(R',\Sigma')$.

(VI.6) Gibt es eine holomorphe Abbildung $\varphi:(R,\Sigma)\rightarrow(R',\Sigma')$, so handelt es sich um die Abbildung aus $\mathcal{T}$.

(VI.7) Ist $\varphi:(R,\Sigma)\rightarrow(R',\Sigma')$ aus $\mathcal{T}$ und sind $\psi_1:(\bar{R},\bar{\Sigma})\rightarrow(R,\Sigma)$ und $\psi_2:(R',\Sigma')\rightarrow(\bar{R}',\bar{\Sigma}')$ konform und entweder beide orientierungserhaltend - also holomorph - oder beide orientierungsändernd, so liegt $\psi_2\varphi\psi_1$ in $\mathcal{T}$.

Die Homöomorphismen aus $\mathcal{T}$ nennen wir $\mathcal{T}$-Abbildungen. - Unter den Nebenbedingungen (VI.6) und (VI.7) spaltet sich (VI.5) in eine Existenz- und Eindeutigkeitsaussage auf. Fassen wir Σ als Menge isotoper kanonischer Kurvensysteme auf, so ist die Existenzaussage in der Literatur der einfachere Teil; deuten wir Σ als Konjugationsklassen kanonischer Erzeugendensysteme, so geht schon der Satz von Nielsen ein. Die Hauptlast bei der Begründung einer Teichmüllerschen Theorie erfordert in der Literatur die Eindeutigkeitsaussage. In unserer Lösung werden beide Aussagen in etwa gleichartig behandelt.

Übrigens fordern (VI.5) und (VI.6) zusammen, daß es in einer Isotopieklasse höchstens eine holomorphe Abbildung gibt. Das ist für das Geschlecht $g \geq 2$ richtig. Wir geben dafür zwei Beweise, den einen bei der Begründung einer Teichmüllerschen Theorie, den anderen unter Verwendung der Fixpunktformel.

Wir machen nun die

<u>Hypothese</u> "für ein beliebiges Geschlecht $g \geq 2$ können wir eine Teichmüllersche Theorie begründen"

und wollen zeigen, daß wir dann auch eine Teichmüllersche Theorie für diskontinuierliche Gruppen mit kompaktem Fundamentalbereich der nicht-euklidischen Ebene begründen können. Die Mengen $\mathfrak{T}$ für verschiedenes Geschlecht brauchen nichts miteinander zu tun zu haben. - Unsere Hypothese entspricht der Lösung des Problems A in [Ahlfors 1] und unsere jetzt folgenden Schlüsse den Schritten dort zur Lösung des Problems C.

Die universelle Überlagerung von R ist die nicht-euklidische Ebene 'E, und die Fundamentalgruppe $\mathfrak{f}$ operiert auf 'E als Decktransformationsgruppe. So ist dem R das Paar ('E, $\mathfrak{f}$) zugeordnet, und zwar bis auf holomorphe Äquivalenz: ('E, $\mathfrak{f}$) ist äquivalent zu ('E, $\mathfrak{f}'$), wenn es eine holomorphe Abbildung ζ: 'E $\to$ 'E mit $\zeta\mathfrak{f}\zeta^{-1} = \mathfrak{f}'$ gibt. Dem Σ einer markierten Riemannschen Fläche (R, Σ) entspricht nach dem Satz V.15 von Baer eine Konjugationsklasse kanonischer Erzeugendensysteme von $\mathfrak{f}$, welche wir ebenfalls mit Σ bezeichnen, und damit dem Paar (R, Σ) ein Tripel ('E, $\mathfrak{f}$, Σ). Zwei solche Tripel ('E, $\mathfrak{f}$, Σ) und ('E, $\mathfrak{f}'$, Σ') sind holomorph äquivalent, wenn es eine holomorphe Abbildung ζ: 'E $\to$ 'E gibt, so daß $\zeta\mathfrak{f}\zeta^{-1} = \mathfrak{f}'$ und $\zeta\Sigma\zeta^{-1} = \Sigma'$ ist. ['E, $\mathfrak{f}$, Σ] bezeichne die Äquivalenzklasse. Offenbar lassen sich [R, Σ] und ['E, $\mathfrak{f}$, Σ] identifizieren. - Fassen wir R als $'E/\mathfrak{f}$ auf, so gewinnen wir aus Tripeln umgekehrt markierte Riemannsche Flächen.

Als Homöomorphismen eines Tripels ('E, $\mathfrak{f}$, Σ) nach ('E, $\mathfrak{f}'$, Σ') fassen wir einen Homöomorphismus Φ: 'E $\to$ 'E mit

$$\text{(VI.8)} \qquad f\Phi = \Phi f^{\alpha}$$

auf, wo α: $\mathfrak{f} \to \mathfrak{f}'$ ein Isomorphismus mit $\alpha\Sigma = \Sigma'$ ist. Wir haben dabei das Bild von f bei α mit f^{α} bezeichnet. Die verschiedenen Isomorphismen α mit $\alpha\Sigma = \Sigma'$ unterscheiden sich nur um innere Automorphismen von $\mathfrak{f}'$, da das Bild bei α eines festen Erzeugendensystems in Σ nur durch Konjugation geändert werden kann. Ersetzen wir α durch α_* mit $f^{\alpha_*} = f_0'^{-1} f^{\alpha} f_0'$, wo $f_0' \in \mathfrak{f}'$ ein festes Element ist, so haben wir Φ durch $\Phi_* = \Phi f_0'$ auszutauschen, also durch eine Schiebung (wirklich) abzuändern. Ändern wir umgekehrt Φ durch eine Schiebung zu $\Phi_* = \Phi f_0'$ ab, so müssen wir auch das α durch α_* mit $f^{\alpha_*} = f_0'^{-1} f^{\alpha} f_0'$ ersetzen.

Erfüllt ein Homöomorphismus Φ Gleichungen (VI.8), so induziert er einen Homöomorphismus φ: $'E/\mathfrak{f} \longrightarrow 'E/\mathfrak{f}'$. Dabei ändert sich das φ nicht, wenn Φ durch $\Phi f_o'$ und α durch α_* ersetzt wird. Umgekehrt läßt sich jeder Homöomorphismus $\varphi:(R,\Sigma) \to (R',\Sigma')$ zu Homöomorphismen $\Phi:('E,\mathfrak{f},\Sigma) \to ('E,\mathfrak{f}',\Sigma')$ heben, und dabei ist Φ eben bis auf Schiebungen genau bestimmt. Ein Homöomorphismus Φ heiße $\mathcal{T}$-Abbildung, wenn das auf der Riemannschen Fläche induzierte φ eine $\mathcal{T}$-Abbildung ist. Unsere Erörterungen zeigen

Satz VI.9: Die Hypothese sei erfüllt. Dann gelten:

(VI.9) Es gibt zu je zwei Tripeln $('E,\mathfrak{f},\Sigma)$ und $('E,\mathfrak{f}',\Sigma')$ eine und nur eine $\mathcal{T}$-Abbildung Φ: $'E \longrightarrow 'E$ mit

(VI.8) $f\Phi = \Phi f^{\alpha}$, $f \in \mathfrak{f}$,

wo $\alpha: \mathfrak{f} \to \mathfrak{f}'$ ein Isomorphismus mit $\alpha\Sigma = \Sigma'$ ist.

(VI.10) Gibt es eine holomorphe Abbildung Φ , die (VI.8) erfüllt, so ist sie die $\mathcal{T}$-Abbildung.

(VI.11) Sind Ψ_1 und Ψ_2 beliebige konforme, entweder beide holomorphe oder beide nicht holomorphe, Abbildungen von $'E$ nach $'E$, so ist mit Φ auch $\Psi_1\Phi\Psi_2$ eine $\mathcal{T}$-Abbildung.

Bemerkung: Um (VI.11) einen genauen Sinn zu geben, haben wir Ψ_1 als Abbildung des Tripels $('E,\Psi_1^{-1}\mathfrak{f}\,\Psi_1, \Psi_1^{-1}\Sigma\Psi_1)$ nach $('E,\mathfrak{f},\Sigma)$ und Ψ_2 als Abbildung von $('E,\mathfrak{f}',\Sigma')$ nach $('E,\Psi_2\mathfrak{f}'\Psi_2^{-1}, \Psi_2\Sigma'\Psi_2^{-1})$ zu deuten.

In Satz VI.9 werden die Erzeugendensysteme Σ und Σ' eigentlich nicht mehr benötigt, sondern nur noch der Isomorphismus α. Dann können wir den Satz direkt für alle diskontinuierlichen Gruppen mit kompaktem Fundamentalbereich aussprechen und erhalten

Satz VI.10: Ist die Hypothese erfüllt, so gibt es eine Teichmüllersche Theorie für alle diskontinuierlichen Bewegungsgruppen der nicht-euklidischen Ebene mit kompaktem Fundamentalbereich: Für jeden algebraischen Typ solcher diskontinuierlicher Bewegungsgruppen der nicht-euklidischen Ebene gibt es eine Menge $\mathcal{T}$ von Homöomorphismen $'E \longrightarrow 'E$ mit folgenden Eigenschaften:

(VI.12) Ist $\alpha: \mathcal{G} \to \mathcal{G}'$ ein Isomorphismus, so gibt es eine und nur eine Abbildung $\Phi \in \mathcal{T}$ mit $g\Phi = \Phi g^{\alpha}$, $g \in \mathcal{G}$.

(VI.13) Genügt eine holomorphe Abbildung diesen Gleichungen, so ist sie aus $\mathcal{T}$.

(VI.14) Sind Ψ_1 und Ψ_2 konforme, entweder beide holomorphe oder beide nicht holomorphe Abbildungen von 'E auf 'E, so ist mit Φ auch $\Psi_1 \Phi \Psi_2$ eine $\mathcal{T}$-Abbildung.

Korollar VI.2: Die algebraische Isomorphie ebener diskontinuierlicher Gruppen mit kompaktem Fundamentalbereich impliziert die geometrische.

Beweis: Nach Satz IV.17 enthält $\mathcal{G}$ einen Normalteiler $\mathcal{F}$ endlichen Indexes, der isomorph der Fundamentalgruppe einer orientierbaren Fläche von einem Geschlecht $g \geq 2$ ist. Es sei $\mathcal{F}' = \alpha\mathcal{F}$. Wir betrachten nun die $\mathcal{T}$-Abbildungen für das Geschlecht g. Nach Satz VI.9 gibt es einen $\mathcal{T}$-Homöomorphismus Φ: 'E $\to$ 'E, so daß

$$f\Phi = \Phi f^{\alpha} \qquad \text{für } f \in \mathcal{F}$$

ist. Dieses Φ ist die einzige $\mathcal{T}$-Abbildung, die diesen Gleichungen genügt, und sie soll als $\mathcal{T}$-Abbildung für $\alpha: \mathcal{G} \to \mathcal{G}'$ genommen werden. Für $g \in \mathcal{G}$ setze $\Phi_* = g^{-1}\Phi g^{\alpha}$. Ist nun $f \in \mathcal{F}$, so wird

$$\begin{aligned} f\Phi_* &= f\, g^{-1}\Phi g^{\alpha} = g^{-1}\, gfg^{-1}\Phi g^{\alpha} = \\ &= g^{-1}\Phi (gfg^{-1})^{\alpha} g^{\alpha} = g^{-1}\Phi g^{\alpha} f^{\alpha} = \Phi_* f^{\alpha}, \end{aligned}$$

da $gfg^{-1} \in \mathcal{F}$ ist. Φ_* erfüllt somit ebenfalls die Funktionalgleichungen. Da g^{-1} und g^{α} konform und beide zugleich holomorph oder nicht holomorph sind, ist Φ_* ebenfalls eine $\mathcal{T}$-Abbildung für das Geschlecht g und somit ist sie gleich Φ:

$$g\Phi = \Phi g^{\alpha} \quad , \; g \in \mathcal{G} .$$

Φ genügt also den Gleichungen; die Eindeutigkeit wird schon durch die Wirkung auf der Untergruppe geliefert. $\square$

§ VI.7 Eine Begründung einer Teichmüllerschen Theorie

Die universelle Überlagerung einer geschlossenen Riemannschen Fläche vom Geschlecht $g \geq 2$ ist konform äquivalent der oberen Halbebene. Die nicht-euklidische Geometrie definiert auf der Fläche eine Riemannsche Metrik, so daß sich Geodätische und Intervalle auf nicht-euklidischen Geraden entsprechen. Es folgt:

<u>Hilfssatz VI.2:</u> In einer Homotopieklasse von Wegen (betrachtet mit festem Anfangspunkt) gibt es eine und nur eine Geodätische.

Hat man auf der Fläche eine Zerschneidung, so definiert sie in der Ebene (im allgemeinen krummlinige) Polygone, die als Fundamentalbereiche der Deckbewegungsgruppe dienen können. Wir übernehmen nun Längen und Winkel aus der nichteuklidischen Geometrie; $d(\omega)$ bezeichne die Länge einer Kurve ω. Sind die Kurven einer Zerschneidung geodätisch (Anfang und Ende brauchen aber nicht geodätisch aneinanderzuschließen), so heiße die <u>Zerschneidung geodätisch</u>. Übersteigt die Summe zweier im Stern um den Basispunkt aufeinanderfolgender Winkel π nicht, so heiße die Zerschneidung <u>zweifach-konvex</u>. In der universellen Überlagerungsfläche bedeutet die zweifache Konvexität - eine geodätische Zerschneidung vorausgesetzt -, daß die Vereinigung zweier Polygone des Netzes mit gemeinsamer Kante noch konvex ist. Unser Ziel ist nun der Beweis des folgenden Satzes VI.11, dessen Beweis aber einige Hilfssätze vorangehen.

<u>Satz VI.11:</u> Auf jeder Riemannschen Fläche gibt es zweifachkonvexe geodätische Zerschneidungen.

<u>Hilfssatz VI.3:</u> Auf F gibt es geodätisch-geschlossene nichtnullhomologe Geodätische, die unter allen nichtnullhomologen Kurven minimale Länge haben.

<u>Beweis:</u> Wir bilden für $Q \in {}'E$

$$\inf_{\substack{x \in \mathfrak{f} \\ x \neq 1}} d(Q, Qx) \quad .$$

Wegen der Diskontinuität wird das infimum für jedes Q nur

über endlich viele x gebildet, und deshalb erhalten wir eine stetige Funktion auf 'E, die im übrigen unter $\mathfrak{f}$ periodisch ist. Da der Fundamentalbereich kompakt ist, nimmt sie ihr Minimum an. Da keine Drehungen in $\mathfrak{f}$ liegen, ist dieses Minimum positiv, und es können nach Hilfssatz VI.1 keine parabolischen Transformationen in $\mathfrak{f}$ enthalten sein.

Jetzt betrachte man für Q $\in$ 'E

$$\inf_{\substack{x\in\mathfrak{f}\\ x\notin[\mathfrak{f},\mathfrak{f}]}} d(Q,Qx)$$

Man erhält wiederum eine stetige Funktion auf 'E, periodisch bezüglich $\mathfrak{f}$, die etwa in P ihr Minimum annimmt. Wegen der Diskontinuität von $\mathfrak{f}$ gibt es dann ein hyperbolisches x_1, so daß

$$d(P,Px_1) \leq d(Q,Qx)$$

für $x\in\mathfrak{f}$, $x\notin[\mathfrak{f},\mathfrak{f}]$, Q $\in$ 'E ist. Da die Punkte der Schiebungsachse von x_1 unter x_1 am wenigsten weit transportiert werden, liegen die Punkte Px_1^n auf einer Geraden, der Schiebungsachse von x_1. Das Bild derselben auf F durchläuft eine geodätische-geschlossene Kurve γ_1, die wegen der Extremalforderungen einfach-geschlossen und unter allen nicht-nullhomologen Kurven von kleinster Länge ist. ∎

Bemerkung: Natürlich sind P und x_1 durch die Minimalitätsforderung nicht eindeutig bestimmt; zumindest sind alle zu x_1 konjugierten Elemente ebenfalls erlaubt und P kann auf deren Schiebungsachsen beliebig genommen werden. Diese Schiebungsachsen ergeben aber dieselbe Geodätische auf F.

<u>Hilfssatz VI.4:</u> Unter den Kurven, die mit γ_1 die algebraische Schnittzahl $\pm$ 1 haben, gibt es eine solche minimaler Länge, und diese ist dann eine geodätisch-geschlossene einfach-geschlossene Geodätische, die γ_1 genau einmal trifft.

<u>Beweis:</u> In jeder Homotopieklasse (bei beweglichem Anfangspunkt) gibt es eine geodätisch-geschlossene Geodätische, nämlich von der Schiebungsachse kommend, und nur eine und diese hat unter allen Kurven der Homotopieklasse minimale Länge. Wir wählen nun unter den geodätisch geschlossenen Geodätischen, die mit γ_1 die algebraische Schnittzahl $\pm$ 1

haben, eine mit minimaler Länge aus, nennen sie κ und wollen zeigen, daß sie η_1 genau einmal trifft und einfach ist. Träfe sie η_1 mehrfach, so gäbe es eine Situation wie in Figur 1, wo der obere Bogen β auf κ das η_1 nicht mehr trifft. Es wäre β länger als α; sonst würden wir in η_1 das α durch β ersetzen und nach Geodätischmachen eine kürzere Kurve erhalten, die mit einer anderen die algebraische Schnittzahl ± 1 hätte, insbesondere also nicht nullhomolog wäre. Ersetzen wir nun in κ das β durch α, so bekämen wir eine kürzere Kurve als κ, die mit η_1 die algebraische Schnittzahl ± 1 hätte. Also darf κ das η_1 nur einmal treffen. Wäre κ nicht einfach-geschlossen, so gäbe es auf κ einen kürzeren Teil, der η_1 nur einmal schneidet. ∎

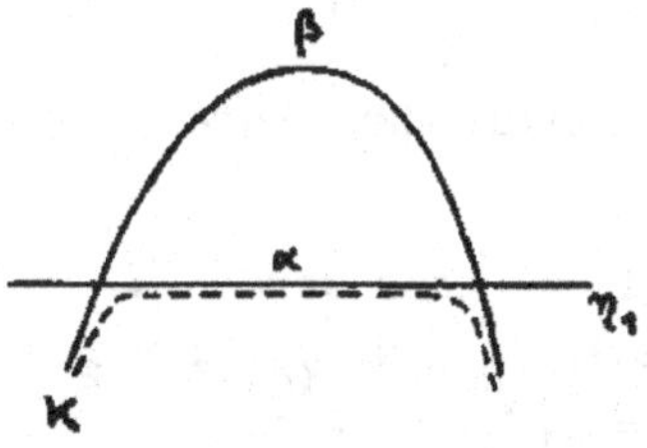

P sei der Schnittpunkt von η_1 und κ. Wir wollen nun induktiv zeigen, daß sich die folgende Aussage (E_i), $i \geq 1$, erfüllen läßt.

(E_i) $\eta_1,\dots,\eta_i$ sind einfach-geschlossene Geodätische mit dem gemeinsamen Aufpunkt P, die sich außerhalb P nicht treffen. Die Kurven $\eta_1,\dots,\eta_i$ sind homolog unabhängig und $\eta_1,\dots,\eta_{i-1}$ erfüllen (E_{i-1}). Ist ζ eine in P beginnende geschlossene Kurve und homolog unabhängig von $\eta_1,\dots,\eta_{i-1}$, so ist $d(\zeta) \geq d(\eta_i)$. Hat ein η_j mit η_1 eine von Null verschiedene algebraische Schnittzahl, so kommt κ unter $\eta_2,\dots,\eta_j$ vor.

<u>Hilfssatz VI.5:</u> Es gelten (E_i), $i = 1,\dots,2g$.

<u>Beweis:</u> Wegen Hilfssatz VI.3 gilt (E_1). Nun gelte (E_i), und wir wollen bei $i < 2g$ die Gültigkeit von (E_{i+1}) erschließen. Jedenfalls gibt es dann Kurven, die homolog unabhängig von $\eta_1,\dots,\eta_i$ sind. Unter den von P ausgehenden dieser Art sei ω eine mit minimaler Länge. Hat keine Kurve $\eta_2,\dots,\eta_i$ mit η_1 die algebraische Schnittzahl ± 1, ist aber $d(\omega) = d(\kappa)$, so nehmen wir $\omega = \kappa$. Wir wollen zeigen, daß wir ω als η_{i+1} nehmen können. Offenbar ist ω geodätisch und erfüllt die Minimalitätsforderungen. Wäre ω nicht einfach-geschlossen,

so erhalten wir einen Widerspruch zur Minimalität von ω, wie folgt: Dann ist $\omega = \omega_1\omega_2\omega_3$, wobei ω_2 geschlossen und $d(\omega_2) > 0$ ist. Da $d(\omega_1\omega_3) < d(\omega)$ ist, muß der geschlossene Weg $\omega_1\omega_3$ einer Summe in $\eta_1,\dots,\eta_i$ homolog sein. Ist etwa $d(\omega_1) \leq d(\omega_3)$, so ist $\omega_1\omega_2\omega_1^{-1}$ höchstens so lang wie ω und keiner Summe in $\eta_1,\dots,\eta_i$ homolog. Deshalb muß $\omega_1\omega_2\omega_1^{-1}$ ebenfalls geodätisch und $\omega_3 = \omega_1^{-1}$ sein. Das ist aber nicht zu vereinen: ω müßte zu seinem Mittelpunkt laufen und auf sich umkehren.

Nun treffe ω das η_k außerhalb P noch in Q. Dann werden ω und η_k durch P und Q je in zwei Bögen ω_1, ω_2 bzw. η_{k1}, η_{k2} aufgeteilt, so daß $\eta_k = \eta_{k1}\eta_{k2}$ und $\omega = \omega_1\omega_2$ und Q der Endpunkt von ω_1 und η_{k1} ist. In P beginnen und enden dann die folgenden vier Wege: $\eta_{k1}\omega_2$, $\eta_{k1}\omega_1^{-1}$, $\eta_{k2}^{-1}\omega_2$, $\eta_{k2}^{-1}\omega_1^{-1}$. Alle diese Wege sind nicht geodätisch, da bei Q ein echtes Schneiden vorliegen muß. Die Geodätischen zu diesen Wegen haben also wirklich kleinere Länge.

Weil $d(\omega) \geq d(\eta_k)$ ist, muß eine Ungleichung $d(\omega_j) \geq d(\eta_{k\ell})$ gelten, etwa $d(\omega_1) \geq d(\eta_{k1})$. Somit ist $d(\eta_{k1}\omega_2) \leq d(\omega)$

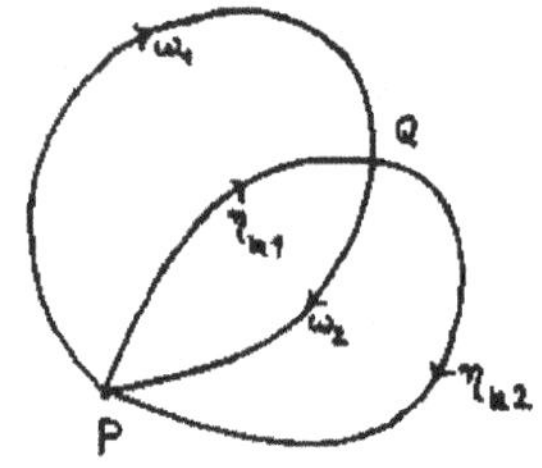

und nach Geodätischmachen echt kleiner. Deshalb ist $\eta_{k1}\omega_2$ einer Summe in $\eta_1,\dots,\eta_i$ homolog, und wir dürfen ω_2 durch η_{k1}^{-1} ersetzen, ohne die Forderungen an ω zu verletzen. Wegen der Minimalität von ω ist $d(\eta_{k1}) > d(\omega_2)$. Dann aber ist die Kurve $\omega_2^{-1}\eta_{k2}$ kürzer als η_k, muß also wegen (E_k) einer Summe in $\eta_1,\dots,\eta_{k-1}$ homolog sein. $\omega_1\eta_{k2}$ und ω unterscheiden sich - homologisch gerechnet - nur um eine Summe von $\eta_1,\dots,\eta_{k-1}$, und es ist also $\omega_1\eta_{k2}$ wie ω homolog unabhängig von $\eta_1,\dots,\eta_i$, denn $i \geq k$. Deshalb muß $d(\eta_{k2}) > d(\omega_2)$ sein, und es ließe sich η_k durch das kürzere $\eta_{k1}\omega_2$ ersetzen und (E_k) könnte nicht gelten. Nehmen wir also ω als η_{i+1}, so ist (E_{i+1}) erfüllt. ◊

Beweis von Satz VI.11: Wir finden schließlich nach Hilfssatz VI.5 eine geodätische Zerschneidung, die zwei geodätisch geschlossene Kurven - hier η_1 und κ enthält. Deswegen kann die Summe zweier benachbarter Winkel π nicht überschreiten, und die Zerschneidung ist zweifach-konvex. ∮

Hilfssatz VI.6: Sei Z eine zweifach-konvexe geodätische Zerschneidung. Dann kann jeder Punkt der Fläche als Basispunkt eine geodätische Zerschneidung dual zu Z bzw. isotop Z dienen.

Beweis: Wir betrachten wieder die universelle Überlagerung und zerlegen einen über Z liegenden Fundamentalbereich F in Stücke nach der folgenden Regel: F enthalte den Punkt Q über dem gewünschten Basispunkt, und es sei Fx ein Nachbar von F mit einer gemeinsamen Kante. Weil F zweifach-konvex ist, bilden F und Fx ein k o n v e x e s Polygon und innerhalb desselben lassen sich Q und Qx durch eine Strecke verbinden, die die gemeinsame Kante einmal schneidet. Da das einzelne Polygon ebenfalls konvex ist, treffen sich die Wege zu den verschiedenen Randstrecken von F nur in Q. Führen wir diese Konstruktion bei allen Maschen durch, so erhalten wir ein duales Netz aus geodätischen Kanten, dessen Eckpunkte über dem vorgegebenen Punkt liegen und auf dem die Gruppe ebenfalls operiert.

Es gibt zwei Erzeugende t_1, t_2 zu der Zerschneidung Z, die die algebraische Schnittzahl ± 1 miteinander haben, d.h. F und Ft_1 haben eine gemeinsame Kante τ_1^{ε} miteinander und die Paare τ_1, τ_1^{-1} und τ_2, τ_2^{-1} trennen sich im Rand zu F. Wir wählen den Schnittpunkt Q der Schiebungsachsen von t_1 und t_2 als Basispunkt zur Konstruktion des dualen Netzes Z^*. In ihm gibt es sich schneidende Geraden, es ist also zweifach-konvex. Von einem beliebigen Punkt aus können wir dann das duale Netz zu Z^* durch geodätische Netze konstruieren. Diese sind untereinander isotop und unter ihnen befindet sich Z. ∮

Hilfssatz VI.7: Z sei eine zweifach-konvexe geodätische Zerschneidung und Z' gehe aus Z durch Zweiteilung hervor. Dann kann man einen Punkt Q und von ihm ausgehende Zerschneidungen Z_1 und Z_1' isotop zu Z bzw. Z' so finden, daß beide geodätisch und zweifach-konvex sind.

Beweis: Wir wählen ein Paar von Kurven aus Z, die beide bei der Zweiteilung nicht ersetzt werden und die algebraische Schnittzahl $\pm$ 1 haben, und Q so, daß die von Q ausgehenden Geodätischen, isotop diesen beiden Kurven, auch geodätisch-geschlossen sind. Z_1 wird isotop zu Z mit dem Basispunkt Q und geodätisch gewählt, was nach Hilfssatz VI.6 geht. Dann können wir die Zweiteilung mit dem Zufügen einer Geodätischen durchführen und erhalten Z_1' isotop Z'. Z_1' ist geodätisch und, da es zwei geodätisch-geschlossene Geodätische enthält, auch zweifach-konvex. ∎

Satz VI.12: Sei R eine Riemannsche Fläche, P ein beliebiger Punkt auf R und Σ eine Konjugationsklasse kanonischer Erzeugendensysteme der Fundamentalgruppe von R zum Basispunkt P. Dann gibt es ein kanonisches geodätisches Kurvensystem Z auf R, so daß das von Z gelieferte Erzeugendensystem zu Σ gehört.

Beweis: Wegen Satz VI.11 gibt es auf R zumindest ein zweifach-konvexes geodätisches Kurvensystem. Aus dem Beweis des Satzes V.8 von Nielsen folgt, daß wir von dem dadurch definierten Erzeugendensystem zu einem vorgegebenen durch eine Kette von Zweiteilungen und Umnumerieren gelangen können. Nach Hilfssatz VI.7 läßt sich jede Zweiteilung so durchführen, daß wir wieder zweifach-konvexe geodätische Kurvensysteme erhalten. Dabei müssen wir nötigenfalls den Basispunkt ändern. Wegen Hilfssatz VI.6 können wir zum Schluß P zum Basispunkt machen. Wegen der freien Behandlung des Basispunktes sind unsere Betrachtungen nur bis auf innere Automorphismen genau. ∎

Die Verwendung des Satzes von Nielsen wäre nicht nötig, wenn man unter Σ eine Klasse kanonischer Zerschneidungen versteht und zeigt, daß man von einer kanonischen Zerschneidung zu einer anderen durch eine Kette von Zweiteilungen gelangen kann.

R sei eine Riemannsche Fläche, $\varphi :'E \to R$ die universelle Überlagerungsabbildung. Da ein Element $x \in \mathfrak{f}$ eine hyperbolische Transformation ist, hat es eine Schiebungsachse und deren Bild ist eine geodätisch-geschlossene Geodätische - eventuell mit Doppelpunkten. Die Schiebungsachsen der zu x konjugierten Elemente sind die Bilder der Schiebungsachse von x unter Anwendung der Gruppe $\mathfrak{F}$ und haben somit das gleiche Bild auf der Fläche. Diese Kurve bzw. eine geeignete Potenz repräsentiert umkehrbar eindeutig die Konjugationsklasse von x. Enthält das Element x der Fundamentalgruppe eine einfach-geschlossene Kurve und liegt auf einem Intervall zwischen äquivalenten Punkten kein weiterer dazu äquivalenter, so ist sein Bild eine einfach- und geodätisch-geschlossene Geodätische. Für nicht-zerlegende einfach-geschlossene Kurven ist das eine Konsequenz von Satz VI.12, da sie sich in Zerschneidungen einbauen lassen; zerlegende, aber nicht zusammenziehbare Kurven können als "Diagonalen" zu Zerschneidungen aufgefaßt werden, und es folgt dann aus dem gleichen Satz.

Sei nun in $\mathfrak{F}$ ein kanonisches Erzeugendensystem $\{t_1,u_1,\ldots,t_g,u_g\}$ mit $\prod_{i=1}^{g}[t_i,u_i] = 1$ gegeben. Da die algebraische Schnittpunktzahl von t_g und u_g gleich 1 ist, schneiden sich die Schiebungsachsen von t_g und u_g in einem Punkt und damit die zugehörigen Bilder ebenfalls in einem Punkt auf F; er sei P. Ersetzen wir das Erzeugendensystem durch ein konjugiertes, werden die Schiebungsachsen mit einer Transformation der Gruppe verschoben; somit liegt der Schnittpunkt immer über P. Dieser Punkt ist also der Konjugationsklasse Σ des Erzeugendensystems eindeutig zugeordnet. P nehmen wir nun als Basispunkt und repräsentieren die Erzeugenden durch ein geodätisches Kurvensystem. Dabei werden t_g und u_g durch geodätisch-geschlossene Kurven vertreten, die übrigen sicher nicht, da sie t_g und u_g in P nur berühren. Jedenfalls ist dieses Kurvensystem zweifach-konvex. Nach Aufschneiden erhält man ein konvexes Polygon der nicht-euklidischen Ebene, welches als Fundamentalbereich in der universellen Überlagerung dem Erzeugendensystem in natürlicher Weise zugeordnet ist. Umgekehrt bestimmt das Kurvensystem das Erzeugendensystem bis auf Konjugation.

Ist Σ' eine Konjugationsklasse kanonischer Erzeugendensysteme für eine Fläche R' und gibt es eine holomorphe Abbildung $R \longrightarrow R'$, bei der Σ in Σ' überführt wird, so sind die Σ und Σ' zugeordneten Fundamentalpolygone kongruent unter Beibehaltung der Bezeichnungen; denn das oben ausgezeichnete Kurvensystem wird von der Abbildung mittransportiert und stellt dann ein ebensolches System dar, welches nun aber die Konjugationsklasse Σ' repräsentiert. Alle Winkel und nicht-euklidischen Längen bleiben erhalten.

Zur Formulierung des Ergebnisses der obigen Betrachtungen bezeichnen wir als kanonisches Polygon ein solches 4g-eckiges Polygon mit der Innenwinkelsumme 2π (d.h. dem Inhalt $(4g-2)\pi-2\pi$), dessen Randstrecken sich mit den Symbolen $\tau_1, \mu_1, \tau_1^{-1}, \mu_1^{-1}, \ldots, \tau_g, \mu_g, \tau_g^{-1}, \mu_g^{-1}$ versehen lassen, so daß der Randweg zu $\prod_{i=1} \tau_i \mu_i \tau_i^{-1} \mu_i^{-1}$ wird und die mit τ_i und τ_i^{-1} bzw. μ_i und μ_i^{-1} bezeichneten Strecken gleiche Länge haben.

Unter kongruenten kanonischen Polygonen verstehen wir solche, die eine konforme Abbildung aufeinander zulassen, bei der nur gleich bezeichnete Strecken aufeinander abgebildet werden.

Mit diesen Definitionen können wir unser Ergebnis formulieren in

Satz VI.13: Jeder markierten Riemannschen Fläche wird eindeutig ein zweifach-konvexes geodätisches kanonisches Kurvensystem auf der Fläche und damit ein zweifach-konvexes nichteuklidisches kanonisches Polygon zugeordnet.

Holomorph äquivalenten markierten Flächen zugeordnete kanonische Kurvensysteme sind holomorph äquivalent, ihre kanonischen Polygone kongruent. Offenbar definieren kongruente kanonische Polygone holomorph äquivalente markierte Riemannsche Flächen.

Korollar VI.3: Eine holomorphe Abbildung einer geschlossenen Riemannschen Fläche R auf sich, isotop der Identität, ist die Identität.

Nehmen wir nämlich auf R ein Σ, so erhält die Abbildung das Σ, damit auch die Bilder der Schiebungsachsen von t_g und u_g und ihren Schnittpunkt P. Ferner ist die Abbildung konform, also auf den Bildern der Schiebungsachsen in R und damit überhaupt die Identität. ∎

Wir wollen nun zu je zwei kanonischen Polygonen desselben Geschlechts eine bestimmte Abbildung konstruieren, und sie sollen dann die $\mathcal{T}$-Abbildung für Riemannsche Flächen liefern.

Zunächst zeichnen wir einen Punkt Q im Innern eines kanonischen Polygons invariant gegen Kongruenzen aus, etwa wie folgt: Wir verbinden die Mittelpunkte der mit τ_g und τ_g^{-1} bzw. μ_g und μ_g^{-1} bezeichneten Seiten und Q sei der Schnittpunkt der Verbindungsstrecken. Verschiebt man das kanonische Polygon mit einer konformen Abbildung, so gehen die Mittelpunkte über in die Mittelpunkte der gleich bezeichneten Strecken, die Verbindungsstrecken in die Verbindungsstrecken und damit ihr Schnittpunkt in den Schnittpunkt.

Nun führen wir bezüglich Q Polarkoordinaten ein, etwa so: Wir parametrisieren den Rand, so daß die Anfangspunkte der Strecken die Parameterwerte nach folgender Tabelle erhalten:

Anfangspunkt von	τ_i	μ_i	τ_i^{-1}	μ_i^{-1}
Parameterwert	$\frac{4(i-1)}{4g}$	$\frac{4(i-1)+1}{4g}$	$\frac{4(i-2)+2}{4g}$	$\frac{4(i-1)+3}{4g}$

und daß jede Randstrecke linear (im Sinne der nicht-euklidischen Länge) parametrisiert wird (so hat z.B. der Mittelpunkt von τ_g den Parameterwert

$\frac{4(g-1)+\frac{1}{2}}{4g}$. Ferner parametrisieren wir ebenfalls die von Q zum Rand des Polygons ausgehenden Strecken linear, so daß Q den Wert 0, der Randpunkt den Wert 1 bekommt. Liegt nun der Punkt X auf der Strecke, die Q mit dem Randpunkt zum Parameterwert t verbindet, und erhält X auf seiner Strecke den Wert s, so bilden wir X auf den Punkt $s \cdot e^{2\pi i t}$ ab.

Das definiert uns zu einem kanonischen Polygon $\mathcal{R}$ eine feste topologische Abbildung $\varphi_{\mathcal{R}}: \mathcal{R} \to \{z: |z| \leq 1\}$. Als $\mathcal{T}$-Abbildung vom Polygon $\mathcal{R}_1$ nach $\mathcal{R}_2$ bezeichnen wir $\varphi_{\mathcal{R}_2}^{-1}\varphi_{\mathcal{R}_1}$.
Kleben wir entsprechende Seiten von $\mathcal{R}_1$ und $\mathcal{R}_2$ zusammen, so werden auch die Bilder zu identifizierender Punkte identifi-

ziert, und wir bekommen eine topologische Abbildung der entsprechenden Riemannschen Flächen aufeinander. $\mathcal{T}$ sei die Menge der so erhaltenen Abbildungen zwischen Riemannschen Flächen. Da nun holomorphe Abbildungen des Einheitskreises auf sich und Bewegungen der nicht-euklidischen Ebene dasselbe sind, werden bei holomorphen Abbildungen nicht nur die ausgezeichneten Punkte Q ineinander überführt, sondern es wird auch die Linearisierung erhalten. Also gilt

Satz VI.14: $\mathcal{T}$ begründet eine Teichmüllersche Theorie.

§ VI.8 Die klassische Begründung

Sie basiert auf einem neuen Begriff, dem der quasikonformen Abbildung. Anschaulich ausgedrückt, überführt ja ein Diffeomorphismus "kleine Kreise" in der Nachbarschaft eines Punktes in "kleine Ellipsen" in der Nachbarschaft des Bildpunktes; eine Abbildung ist konform, wenn es Kreise bleiben. Bleiben die Quotienten aus Haupt- und Nebenachse an den verschiedenen Punkten dabei beschränkt (etwa durch K), so heißt die Abbildung (K)-quasikonform. Dieses läßt sich streng machen, gibt man den Tangentialräumen die durch die komplexe Struktur bestimmte Metrik. Dann definieren Diffeomorphismen an jedem Punkt lineare Abbildungen der Tangentialräume und somit Verzerrungen.

Da man bei der Durchführung der Theorie zu nicht-differenzierbaren Abbildungen gelangt, ist die folgende Definition geschickter: Unter einem Vierseit Q verstehen wir ein Gebiet der komplexen Ebene, dessen Rand aus einer einfach-geschlossenen Kurve besteht, die in vier Bögen $\alpha_1, \beta_1, \alpha_2, \beta_2$ unterteilt ist. Es gibt dann eine topologische Abbildung auf ein Rechteck mit Seitenlängen a und b, die im Inneren holomorph ist und die Bögen α_i auf die Seiten der Länge a, die β_i auf die Seiten der Länge b abbildet. Zwei Rechtecke lassen sich dann und nur dann durch einen Homöomorphismus, der im Inneren holomorph ist und Randstrecken in gleich bezeichnete überführt, aufeinander abbilden, wenn die Quotienten aus den Seitenlängen übereinstimmen; daher ist der Quotient $\frac{a}{b}$ eine konforme Invariante des Vierseits Q: sein Modul. Eine topologische Abbildung heißt K-quasikonform, wenn für ein beliebiges Vierseit vom Modul m das Bild einen Modul $m' \leq Km$ hat. Vertauscht man die Seiten in ihrer Bedeutung, so erhält man die Moduln $\frac{1}{m}$ und $\frac{1}{m'}$, so daß $K \geq 1$ sein muß. Eine topologische Abbildung ist genau dann konform, wenn sie 1-quasikonform ist. Aus den Sätzen über quasikonforme Abbildungen heben wir nur einen hervor: Eine Abbildung ist K-quasikonform, wenn sie es für alle "kleinen" Vierseite ist [Ahlfors 1] . Deshalb kann man den Begriff der Quasikonformität auf Abbildungen zwischen Riemannsche Flächen übertragen.

Als Verzerrung eines Vierseits bei einer Abbildung bezeichnen wir den Quotienten der Moduln von Bild und Urbild. Einer Abbildung werde ihre maximale Verzerrung zugeordnet. Das wichtigste Resultat für uns ist der folgende Satz von O.Teichmüller

Satz VI.15: Es seien R und R' zwei geschlossene Riemannsche Flächen vom Geschlecht $g \geq 2$, ferner $\varphi: R \longrightarrow R'$ ein Homöomorphismus. Dann gibt es einen, aber auch nur einen, Homöomorphismus isotop zu φ, dessen maximale Verzerrung die kleinste ist unter den maximalen Verzerrungen der zu φ isotopen Abbildungen.

Beweise dieses schwierigen Satzes findet man in [Teichmüller 1,2] [Ahlfors 1] ,[Bers 1] .

Aus der Definition der Quasikonformität folgt direkt, daß das Produkt einer K_1- und einer K_2-quasikonformen Abbildung K_1K_2-quasikonform ist, somit ändern konforme Abbildungen die maximale Verzerrung nicht. Und Satz VI.15 besagt

Satz VI.16: Die Menge $\mathcal{T}$ der extremalen quasikonformen Abbildungen begründet eine Teichmüllersche Theorie.

Diese Begründung hat der von uns in § VI.7 gegebenen gegenüber beträchtliche Vorteile. Es wird eine lokale Eigenschaft herangezogen, die nicht so willkürlich ist wie das Auszeichnen eines Polygons, die Wahl eines Zentrums Q und die davon abhängige Einführung von Polarkoordinaten. So werden insbesondere die $\mathcal{T}$-Abbildungen für Flächen verschiedenen Geschlechts gleichartig.

Natürlich entsteht die Frage nach der Bedeutung unserer willkürlichen Auszeichnung. Es sei noch hervorgehoben, daß bei uns das Produkt zweier $\mathcal{T}$-Abbildungen, wenn überhaupt erklärt, wieder eine $\mathcal{T}$-Abbildung ist.

§ VI.9 Teichmüllersche Räume

Nach Satz VI.13 ist jeder markierten Riemannschen Fläche vom Geschlecht g ein 4g-Eck der nicht-euklidischen Ebene - bis auf Kongruenz genau - zugeordnet. Das erlaubt, dem Raum dieser markierten Flächen eine Topologie zu geben, etwa so: Fixieren wir den Anfangspunkt und die Richtung der ersten Strecke τ_1, so entsprechen den Polygonen eindeutig Punkte im $'E^{4g}$, und wir erhalten eine abgeschlossene Teilmenge. Die induzierte Topologie werde für den Raum der markierten Riemannschen Flächen übernommen. Diese Topologie erhält man auch so: Führt man als Parameter die auftretenden Winkel und Bogenlängen ein, so bekommt man für den ersten Kommutator 5, für die nächsten (g-2) Kommutatoren je 6 freie Parameter. Für den letzten Kommutator ist dann ein Fünfeck wie das nebenstehende zu bestimmen. Dabei ist die Länge von K durch die ersten (g-1) Kommutatoren vorgegeben.

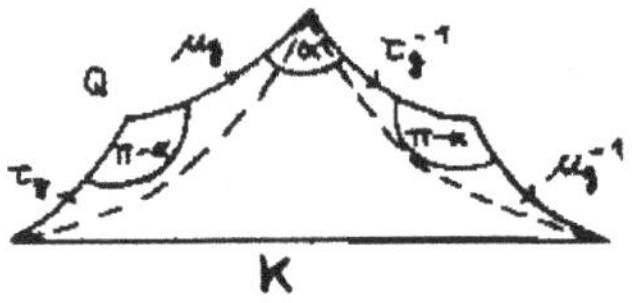

Ferner ist durch die Gesamtinhaltsangabe die Winkelsumme des Fünfecks festgelegt. Man sieht: Gibt man α und die Länge von τ_g und μ_g vor, so sind die gestrichelten Linien eindeutig bestimmt und damit das Fünfeck. Durch die Forderung, daß der Winkel bei Q gerade π-α ist,

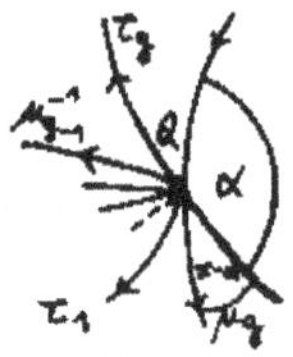

(auf der Riemannschen Fläche)

und durch die festgelegte Winkelsumme gehen wieder zwei Parameter verloren, so daß also insgesamt 6(g-1) freie Parameter bleiben. Ist man genauer, so erhält man $'R^{6g-6}$. Die genaue Durchführung sei aber wegen Unkenntnis eines einfachen durchsichtigen Beweises unterlassen. Es sei nur auf die geometrisch deutlichere Tatsache verwiesen, daß man eine offene Teilmenge des $'R^{6g-6}$ erhält und den Raum der betrachteten Polygone zusammenziehen kann. Eine natürlichere Definition der Topologie erhält man, wenn man die Enden der Schiebungsachsen und die Schiebungslängen als Parameter nimmt [Bers 1]. Dem Raum kann man auch eine Metrik geben, und zwar sei der Abstand zweier markierter Riemannschen Flächen der Logarithmus der maximalen Verzerrung der extremalen quasikonformen Abbildung zwischen ihnen. Damit erhält der Teichmüllersche Raum eine feinere Struktur [Ahlfors 2] .

Satz VI.17: Dem Raum der markierten Riemannschen Flächen vom Geschlecht g kann man eine Topologie aufprägen, so daß er dem $'R^{6g-6}$ homöomorph wird.

§ VI.10 Automorphismen endlicher Ordnung

Satz VI.18: Sei $\mathfrak{G}$ eine diskontinuierliche Gruppe der nichteuklidischen Ebene mit kompaktem Fundamentalbereich, ferner $\alpha: \mathfrak{G} \to \mathfrak{G}$ ein Automorphismus, für den α^n, $n \geq 2$, ein innerer ist. Dann gibt es einen Homöomorphismus $\zeta: {}'E \to {}'E$, so daß $\zeta g \zeta^{-1} = \alpha(g)$ ist. - Für geschlossene Flächen enthält insbesondere jede Abbildungsklasse endlicher Ordnung einen Homöomorphismus endlicher Ordnung.

Die letzte Aussage ist in [Nielsen 6] bewiesen worden, die Verallgemeinerung stammt aus der Teichmüllerschen Theorie [Kravetz 1]. Wir folgen hier den Beweisen in [Fenchel 1,2] und [Macbeath 4] und beschränken uns wie dort auf den Fall, daß es sich um die Fundamentalgruppe einer orientierbaren geschlossenen Fläche handelt und eine Primzahlpotenz p^m von α ein innerer Automorphismus ist:

Durch $A:(R,\Sigma) \to (R,\alpha\Sigma)$ wird eine Abbildung des Raumes der markierten Riemannschen Flächen vom Geschlecht g auf sich definiert. Da sich die Erzeugendensysteme $\alpha\Sigma$ aus den Σ unabhängig von der vorliegenden Riemannschen Fläche berechnen lassen, ändert sich "$\alpha\Sigma$ stetig mit Σ"; da α^{p^m} ein innerer Automorphismus ist, ist $[R,\alpha^{p^m}\Sigma]$ gleich $[R,\Sigma]$. Wir bekommen damit eine Abbildung des $'R^{6g-6}$ auf sich mit einer Primzahlpotenzordnung. Wegen des Fixpunktsatzes von [Smith 1] hat A einen Fixpunkt: $[F_o,\Sigma_o] = [F_o,\alpha\Sigma_o]$. Der Übergang vom Erzeugendensystem Σ_o von F_o zu $\alpha\Sigma_o$ läßt sich also durch eine konforme Abbildung $\varphi: F_o \to F_o$ erreichen, und es ist φ^{p^m} isotop der Identität. Aber in der Isotopieklasse der Identität gibt es nur eine konforme Abbildung: die Identität (vergl. Korollar VI.3 zu Satz VI.13 oder den folgenden Beweis.) ∎

Daß eine konforme Abbildung, isotop der Identität, die Identität ist, folgt auch so: die Fixpunkte einer solchen von der Identität verschiedenen Abbildung müßten diskret liegen und alle den Index 1 haben. Deshalb ist die Zahl der Fixpunkte gleich der algebraischen Fixpunktzahl, also durch die Lefschetzsche Zahl $\sum_{i=0}^{2}(-1)^i$ Spur φ_i gegeben, wobei φ in der Homologiegruppe $H_i(F,'Z)$ die Abbildung φ_i induziert. (Siehe etwa [Alexandroff-H.Hopf], Kap.XIV, §.3, Satz 1. Da in unserem Falle alle φ_i die identischen Abbildungen sind, erhalten wir den Widerspruch

$$0 \leq \text{Zahl der Fixpunkte} = 2 - 2g < 0.$$

Im Zusammenhang mit diesem Kapitel vergleiche man besonders die folgenden Arbeiten:

Fricke, R. und Klein, F. "Vorlesungen über die Theorie der automorphen Funktionen 1" S. 284-32o, Teubner, Leipzig 1897
(Nachdruck: Johnson Reprint Corp., New York; Teubner, Stuttgart, 1965)

Keen, L. "Canonical Polygons for finitely generated Fuchsian Groups" Acta Math., Vol 115 (1966) 1-16

A n h a n g

Der Raum der markierten Riemannschen Flächen

H.-D. Coldewey und H. Zieschang

Wir danken Herrn C.L. Siegel für seine freundliche Kritik und Hilfe, die diese Fassung des Anhangs wesentlich beeinflußte und - wie wir hoffen - durchsichtig machte.

<u>1. Einleitung.</u> Im VI. Kapitel wurde der Begriff der markierten Riemannschen Flächen eingeführt und eine Teichmüllersche Theorie der Homöomorphismen zwischen Riemannschen Flächen vom Geschlecht g ($g > 1$) begründet. Dieses geschah mit Hilfe zweifach konvexer geodätischer Zerschneidungen und daraus abgeleiteten zweifach konvexen nicht-euklidischen kanonischen Polygonen, im Folgenden kurz "kanonische Polygone" genannt. Es wurde gezeigt, daß zwischen kanonischen Polygonen und Klassen holomorph äquivalenter markierter Riemannscher Flächen eine eindeutige Zuordnung besteht (Satz VI.13). Nun erhebt sich die Frage, ob es nicht möglich ist, mit diesen Hilfsmitteln den in § VI.6 angekündigten Satz zu beweisen, daß der Teichmüllersche Raum vom Geschlecht g ($g > 1$) dem $'R^{6g-6}$ homöomorph ist.

Offenbar reicht es, dieses für den Raum der kanonischen Polygone durchzuführen. In dem folgenden Beweis geschieht dieses, indem ein kanonisches Polygon auf eine geeignete Weise so zerlegt wird, daß man einen Überblick über die möglichen Teilstücke bekommt und aus der Zerlegung sukzessive ein kanonisches Polygon konstruieren kann. Der Rekonstruktionsprozeß führt auf natürliche Weise zu einer Faserung des Raumes der kanonischen Polygone, woraus man dann leicht die Homöomorphie zum $'R^{6g-6}$ folgert.

Es liegt in der Natur dieses Beweises, daß er hauptsächlich Hilfsmittel aus der nicht-euklidischen Geometrie (speziell aus dem Poincaré-Modell der hyperbolischen Geometrie) benutzt und zwar wurden auch einige wenige Formeln (Abstand zweier Punkte als Funktion der Koordinaten, Inhalt eines Dreiecks als Funktion der Seitenlängen) benutzt, die hier nicht bewiesen wurden.

Der Leser sei in diesem Zusammenhang neben den schon zitierten "Vorlesungen über ausgewählte Kapitel der Funktionentheorie, II" von C.L. Siegel (siehe Literaturverzeichnis) besonders hingewiesen auf das Buch "Nichteuklidische Geometrie" von Heinrich Liebmann (2. Auflage, Berlin und Leipzig 1912, Göschen'sche Verlagshandlung).

2. Hilfssätze aus der hyperbolischen Geometrie

Hilfssatz 1. Der Inhalt eines hyperbolischen Dreiecks ABC über einer Seite a = BC läßt sich als Funktion von $|a|$, $s = \frac{1}{2}(|a|+|b|+|c|)$ und $\Delta = |b| - |c|$ angeben. Der Inhalt des Dreiecks wächst bei festem Δ mit zunehmendem s und bei festem s mit abnehmendem $|\Delta|$.

Beweis: Nach der "Heronischen" Formel berechnet sich der Inhalt F des Dreiecks durch

$$\sin\frac{F}{2} = \frac{\sqrt{\sinh s \ \sinh(s-|a|)\ \sinh(s-|b|)\ \sinh(s-|c|)}}{2 \ \cosh\frac{|a|}{2}\ \cosh\frac{|b|}{2}\ \cosh\frac{|c|}{2}}$$

Nun ist

$$s-|b| = \frac{1}{2}(|a|+|c|-|b|) = \frac{1}{2}(|a|-\Delta)$$

$$s-|c| = \frac{1}{2}(|a|+|b|-|c|) = \frac{1}{2}(|a|+\Delta) \text{ und somit}$$

$$\sinh(s-|b|)\sinh(s-|c|) = \sinh\frac{1}{2}(|a|-\Delta)\sinh\frac{1}{2}(|a|+\Delta)$$

$$= \frac{1}{2}(\cosh|a| - \cosh\Delta)$$

und ebenso

$$\sinh s \sinh(s-|a|) = \sinh \tfrac{1}{2}(2s-|a|+|a|) \sinh \tfrac{1}{2}(2s-|a|-|a|)$$
$$= \tfrac{1}{2}(\cosh(2s-|a|) - \cosh|a|),$$

$$\cosh\frac{|b|}{2} \cosh\frac{|c|}{2} = \cosh \frac{1}{2}\left(s-\frac{|a|}{2}+\frac{\Delta}{2}\right) \cosh \frac{1}{2}\left(s-\frac{|a|}{2}-\frac{\Delta}{2}\right)$$
$$= \frac{1}{2}\left(\cosh\left(s-\frac{|a|}{2}\right)+\cosh\frac{\Delta}{2}\right) .$$

Daraus ergibt sich

$$\sin\frac{F}{2} = \frac{1}{2\cosh\frac{|a|}{2}} \cdot \frac{\sqrt{(\cosh(2s-|a|)-\cosh|a|)(\cosh|a|-\cosh\Delta)}}{\left(\cosh\left(s-\frac{|a|}{2}\right)+\cosh\frac{\Delta}{2}\right)}$$

oder

$$\tilde{F} = 4\cosh^2\frac{|a|}{2}\sin^2\frac{F}{2} = \frac{(\cosh(2s-|a|)-\cosh|a|)(\cosh|a|-\cosh\Delta)}{\left(\cosh\left(s-\frac{|a|}{2}\right)+\cosh\frac{\Delta}{2}\right)^2}$$

Da aber $0<\frac{F}{2}<\frac{\pi}{2}$ gilt, wächst (bzw. fällt) bei festem a $\tilde{F}$ genau dann, wenn F wächst (bzw. fällt).

$$\frac{\partial\tilde{F}}{\partial\Delta} = -\frac{\cosh(2s-|a|)-\cosh|a|}{\left(\cosh\left(s-\frac{|a|}{2}\right)+\cosh\frac{\Delta}{2}\right)^3}\left[\sinh\frac{\Delta}{2}(\cosh|a|-\cosh\Delta) + \right.$$
$$\left. + \sinh\Delta\left(\cosh\left(s-\frac{|a|}{2}\right)+\cosh\frac{\Delta}{2}\right)\right]$$

$$\Rightarrow \quad \operatorname{sgn}\left(\frac{\partial\tilde{F}}{\partial\Delta}\right) = -\operatorname{sgn}\Delta \quad (\text{wegen } 2s > |a| > |\Delta|)$$

Das bedeutet aber gerade, daß $\tilde{F}$ (und somit auch F) monoton wächst, wenn $|\Delta|$ abnimmt.

$$\frac{\partial\tilde{F}}{\partial s} = \frac{2(\cosh|a|-\cosh\Delta)}{\left(\cosh\left(s-\frac{|a|}{2}\right)+\cosh\frac{\Delta}{2}\right)^3}\left(\sinh(2s-|a|)\cosh\left(s-\frac{|a|}{2}\right)\right.$$
$$- \cosh(2s-|a|)\sinh\left(s-\frac{|a|}{2}\right) + \sinh(2s-|a|)\cosh\frac{\Delta}{2}$$
$$\left. + \sinh\left(s-\frac{|a|}{2}\right)\cosh|a|\right)$$

$$= \frac{2(\cosh|a| - \cosh\Delta)}{\left(\cosh\left(s - \frac{|a|}{2}\right) + \cosh\frac{\Delta}{2}\right)^3}\left((1 + \cosh|a|)\sinh\left(s - \frac{|a|}{2}\right)\right.$$

$$\left. + \cosh\frac{\Delta}{2}\sinh(2s - |a|)\right)$$

$\Rightarrow \frac{\partial\tilde{F}}{\partial s} > 0$ und somit wächst wegen sgn $\frac{\partial F}{\partial s}$ = sgn $\frac{\partial\tilde{F}}{\partial s}$, mit zunehmendem s der Inhalt F des Dreiecks monoton.

Dieser Hilfssatz soll angewandt werden, wenn sich der dritte Eckpunkt A auf einer Höhenlinie h_a senkrecht zu a bewegt. Wobei h_a wie folgt definiert ist:

Sei g_a die Gerade, auf der die Strecke a liegt. Eine Gerade h_a, die g_a im Punkte D senkrecht schneidet, heißt Höhenlinie auf a mit Fußpunkt D.

Dann gilt der

Hilfssatz 2. Sei a = BC eine Strecke, h_a eine Höhenlinie auf a mit Fußpunkt D und A ein Punkt auf h_a. Bewegt man A auf h_a von D fort, so wachsen $|b| = |CA|$ und $|c| = |BA|$ streng monoton, während $||b| - |c||$ monoton fällt. (Sogar streng monoton, falls $|b| \neq |c|$.)

Beweis: Zum Beweis werde die obere Halbebene konform so auf das Innere des Einheitskreises abgebildet, daß die Punkte B, C auf die reelle Achse und D auf den Punkt (0,0) abgebildet werden. Die Höhenlinie, auf der der dritte Punkt variiert werden soll, ist dann die imaginäre Achse.

Aus der Entfernungsformel

$$d(z_1, z_2) = \log \frac{1 + \left|\frac{z_2 - z_1}{1 - \bar{z}_1 z_2}\right|}{1 - \left|\frac{z_2 - z_1}{1 - \bar{z}_1 z_2}\right|}$$

ergibt sich für die speziellen Werte

$z_1 = x$, $z_2 = t \cdot i$, $x, t \in \mathbb{R}$

$$d(x,ti) = \log \frac{\sqrt{1 + x^2 t^2} + \sqrt{x^2 + t^2}}{\sqrt{1 + x^2 t^2} - \sqrt{x^2 + t^2}}$$

Interessant ist hier die Änderung von $d(x,ti)$ bei Variation von t.

Eine kurze Rechnung ergibt:

$$\frac{\partial\, d(x,ti)}{\partial t} = \frac{2t}{1-t^2}\ \frac{(1 + x^2)}{\sqrt{(x^2 + t^2)(1 + x^2 t^2)}}\ , \text{ mit } |x| < 1,\ o < t < 1.$$

$d(x,ti)$ nimmt also mit wachsendem $|t|$ streng monoton zu und aus Symmetriegründen ebenfalls mit wachsendem $|x|$.

Doch $\frac{\partial\, d(x,ti)}{\partial t}$ ist auch von x abhängig und es gilt

$$\frac{\partial^2\, d(x,ti)}{\partial x\, \partial t} = -2\frac{xt(1 - x^2)(1 - t^2)}{(x^2 + t^2)^{\frac{3}{2}}\ (1 + x^2 t^2)^{\frac{3}{2}}},$$

das heißt: $\frac{\partial\, d(x,ti)}{\partial t}$ ist bei festem t eine streng monoton fallende Funktion von $|x|$.

Daraus ergibt sich speziell, daß, wenn $|t|$ wächst, in dem Dreieck ABC mit

$A = (0,t)$, $B = (x,0)$, $C = (y,0)$, $|x| \neq |y|$

die kürzere der Seiten AC und AB stärker zunimmt als die längere Seite. Folglich ist

$|\Delta| = ||AC| - |AB|| = ||b| - |c||$ eine streng monoton abnehmende Funktion von $|t|$.

Für $|x| = |y|$ ist $\Delta = 0$.

Damit ist der Hilfssatz 2 bewiesen und man sieht, unter Berücksichtigung von Hilfssatz 1, daß der Inhalt eines Dreiecks ABC echt zunimmt, wenn man A längs h_a von der Geraden durch B und C entfernt.

Es stellt sich jetzt noch die Frage nach der oberen Grenze für den Inhalt des Dreiecks ABC, wenn man die Punkte B und C festhält und außerdem Δ vorgibt oder verlangt, daß A auf einer bestimmten Höhenlinie liegt. Die obere Grenze für den Dreiecksinhalt bei festem Δ ist eine Funktion von Δ und $|a|$, die streng monoton mit $|a|$ wächst und abnimmt, wenn $|\Delta|$ wächst. Liegt A auf der Höhenlinie h_a mit Fußpunkt D, so wächst die obere Grenze streng monoton, wenn D sich dem Mittelpunkt der Strecke a nähert.

Sei zunächst Δ fest. Dann gilt

$$\sin^2 \frac{F}{2} = \frac{(\cosh|a| - \cosh \Delta)}{4 \cosh^2 \frac{|a|}{2}} \; \frac{(\cosh(2s - |a|) - \cosh|a|)}{(\cosh (s - \frac{|a|}{2}) + \cosh \frac{\Delta}{2})^2}$$

$$\lim_{s\to\infty} \frac{\cosh (2s - |a|) - \cosh|a|}{(\cosh (s - \frac{|a|}{2}) + \cosh \frac{\Delta}{2})^2} = \lim_{s\to\infty} \frac{\sinh (2s - |a|)}{\sinh (s - \frac{|a|}{2})(\cosh(s - \frac{|a|}{2}) + \cosh \frac{\Delta}{2})}$$

$$= \lim_{s\to\infty} 2 \frac{\cosh (s - \frac{|a|}{2})}{\cosh (s - \frac{|a|}{2}) + \cosh \frac{\Delta}{2}} = 2$$

$$\Rightarrow \lim_{s\to\infty} \sin^2 \frac{F}{2} = \frac{1}{2} \; \frac{\cosh|a| - \cosh \Delta}{\cosh^2 \frac{|a|}{2}} = \frac{\cosh|a| - \cosh \Delta}{\cosh|a| + 1}$$

$$= 1 - \frac{\cosh \Delta + 1}{\cosh|a| + 1} = 1 - \frac{\cosh^2 \frac{\Delta}{2}}{\cosh^2 \frac{|a|}{2}}$$

$$\sin^2 \frac{F_{max}}{2} = 1 - \frac{\cosh^2 \frac{\Delta}{2}}{\cosh^2 \frac{|a|}{2}}$$

$$\Rightarrow \left| \cos \frac{F_{max}}{2} \right| = \frac{\cosh \frac{\Delta}{2}}{\cosh \frac{|a|}{2}}$$

und wegen $0 \leq \frac{F_{max}}{2} \leq \pi/2$ folgt

$$F_{max} = 2 \arccos \frac{\cosh \frac{\Delta}{2}}{\cosh \frac{|a|}{2}}$$

Damit ist der erste Teil der Behauptung bewiesen und man sieht außerdem, daß die obere Grenze aller Dreiecke über a gerade $2 \operatorname{arc\,cos} \frac{1}{\cosh \frac{|a|}{2}}$ ist. Das uneigentliche Dreieck mit diesem Inhalt bekommt man, wenn man A in den Schnittpunkt der reellen Achse mit dem Mittellot von a legt.

Um den zweiten Teil der Behauptung zu beweisen, wird die Seite a durch eine linear gebrochene Transformation so auf die imaginäre Achse gelegt, daß C auf den Punkt (0,1) abgebildet wird. Die Koordinaten von B seien (0,t).Die Höhenlinien auf a sind dann euklidische Halbkreise mit (0,0) als Mittelpunkt. Sei Δ^r der Grenzwert, gegen den Δ strebt, wenn A auf dem Kreis $x^2 + y^2 = r^2$ (bzw. $z\bar{z} = r^2$) gegen die reelle Achse geht. Es genügt dann zu zeigen, daß für $r \geqslant \sqrt{t}$ Δ^r monoton mit r wächst.

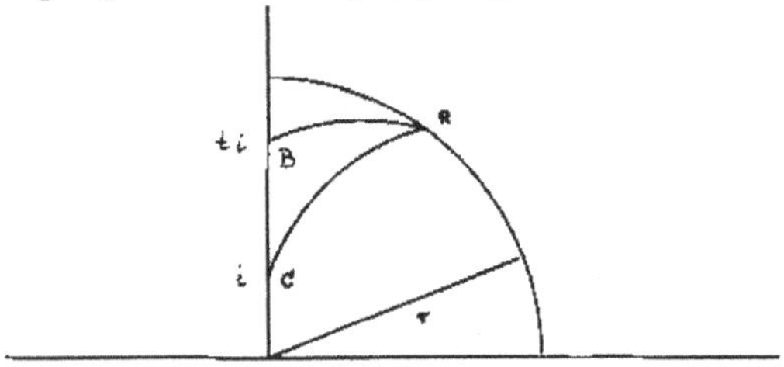

Der Abstand zweier Punkte $z_1 = x_1 + iy_1 = r_1 e^{i\phi_1}$

$z_2 = x_2 + iy_2 = r_2 e^{i\phi_2}$

ist

$$d(z_1, z_2) = \operatorname{arc\,cosh} \frac{r_1^2 + r_2^2 - 2x_1 x_2}{2y_1 y_2}$$

und folglich ist, mit $A = (x,y)$, $x^2 + y^2 = r^2$,

$$\Delta = |b| - |c| = \operatorname{arc\,cosh} \frac{1+r^2}{2y} - \operatorname{arc\,cosh} \frac{t^2 + r^2}{2ty}$$

$$= \operatorname{arc\,cosh} \left[\frac{(1 + r^2)(t^2 + r^2)}{4ty^2} - \sqrt{\frac{\left((1 + r^2)^2 - 4y^2\right)\left((t^2 + r^2)^2 - 4t^2 y^2\right)}{(4y^2 t)^2}} \right]$$

$$= \operatorname{arc\,cosh} \frac{(1+r^2)(t^2+r^2) - \sqrt{((1+r^2)^2 - 4y^2)((t^2+r^2)^2 - 4t^2y^2)}}{4y^2 t}$$

$$\Rightarrow \cosh \Delta^r = \lim_{y \to 0} \frac{8y\,((t^2+r^2)^2 - 4t^2y^2) + 8yt^2((1+r^2)^2 - 4y^2)}{16y\,t\,\sqrt{((1+r^2)^2 - 4y^2)((t^2+r^2)^2 - 4t^2y^2)}}$$

$$= \lim_{y \to 0} \frac{1}{2} \frac{t^2(1+r^2)^2 + (t^2+r^2)^2 - 8t^2y^2}{t\sqrt{((1+r^2)^2 - 4y^2)((t^2+r^2)^2 - 4t^2y^2)}} = \frac{1}{2} \frac{t^2(1+r^2)^2 + (t^2+r^2)^2}{t(1+r^2)(t^2+r^2)}$$

$$\Rightarrow \Delta^r = \operatorname{arc\,cosh} \frac{1}{2} \left[\frac{t(1+r^2)}{t^2+r^2} + \frac{t^2+r^2}{t(1+r^2)} \right]$$

Daraus folgt $\Delta^r = 0 \Leftrightarrow (r^2 - t)^2(t-1)^2 = 0$

oder wegen $t \neq 1$ $\Delta^r = 0 \Leftrightarrow r = \sqrt{t}$, somit gilt für

$$r > \sqrt{t}\,, \quad \frac{\partial \Delta^r}{\partial r} > 0 \Leftrightarrow \frac{\partial(\cosh \Delta^r)}{\partial r} > 0$$

$$\frac{\partial \cosh \Delta^r}{\partial r} = \frac{1}{2} \left(\frac{2tr(t^2+r^2) - 2tr(1+r^2)}{(t^2+r^2)^2} + \frac{2tr(1+r^2) - 2tr(t^2+r^2)}{t^2(1+r^2)^2} \right)$$

$$= rt(t^2-1)\left(\frac{1}{(t^2+r^2)^2} - \frac{1}{t^2(1+r^2)^2}\right)$$

$$= \frac{rt(t^2-1)}{t^2(1+r^2)^2(t^2+r^2)^2}(t^2 + 2t^2r^2 + t^2r^4 - t^4 - 2t^2r^2 - r^4)$$

$$= \frac{r\,(t^2-1)^2\,(r^4 - t^2)}{t\,(1+r^2)^2\,(t^2+r^2)^2}$$

$$r > \sqrt{t} \Rightarrow r^4 > t^2 \Rightarrow \frac{\partial \cosh \Delta^r}{\partial r} > 0$$

<u>Hilfssatz 3.</u> Sei a eine vorgegebene Strecke. Die obere Grenze der Inhalte aller Dreiecke mit Grundseite a ist

$$F_{max} = 2 \arccos \frac{1}{\cosh \left|\frac{a}{2}\right|}.$$

Die obere Grenze für Dreiecke mit festem Δ ist

$$F^{\Delta}_{max} = 2 \arccos \frac{\cosh \frac{\Delta}{2}}{\cosh \left|\frac{a}{2}\right|}.$$

Die obere Grenze des Inhalts aller Dreiecke mit Grundseite a, deren dritter Punkt A auf der Höhenlinie h_a mit Fußpunkt D liegt, wächst monoton, wenn sich D gegen den Mittelpunkt von a bewegt.

Mit dem Hilfssatz 3 sind die Vorbetrachtungen über die Geometrie der Dreiecke abgeschlossen. Bevor jetzt die speziellen Eigenschaften der kanonischen Polygone betrachtet werden, soll noch auf eine unmittelbar aus Hilfssatz 3 folgende Eigenschaft von Polygonen hingewiesen werden.

Hilfssatz 4. Die obere Grenze des Inhalts aller Polygone mit n Ecken über einer vorgegebenen Seite wächst stetig und streng monoton mit der Länge dieser Seite.

Eine ähnlich leicht beweisbare Aussage über spezielle Polygone wird später benutzt.

3. Kanonische Polygone

Im Folgenden soll ein kanonisches Polygon K_g einer kompakten Riemannschen Fläche vom Geschlecht g betrachtet werden. K_g besteht aus einem g-Eck J_g, dem auf jeder Seite ein gewisses 5-Eck (die "Kommutatorflächen") aufgesetzt ist. Die Kommutatorflächen haben die Eigenschaft, daß, wenn man seine Außenseiten durchlaufend mit s_1, s_2, s_3, s_4 bezeichnet, $|s_1|=|s_3|$ und $|s_2|=|s_4|$ gilt. Eine dieser Kommutatorflächen, die als unfrei bezeichnet werden soll, erfüllt außerdem die Winkelbeziehungen $\sphericalangle(s_1,s_2) = \sphericalangle(s_3,s_4)$, $\sphericalangle(s_1,s_2) + \sphericalangle(s_2,s_3) = \pi$.

Die Summe der Innenwinkel von K_g ist 2π, der Inhalt also $(4g-2)\pi-2\pi = 4(g-1)\pi$.

Da in der unfreien Kommutatorfläche schon zwei Winkel vorkommen, deren Summe π ist, sind alle auftretenden Winkel kleiner als π.

Eine Zerlegung des Polygons soll nun wie folgt durchgeführt werden.

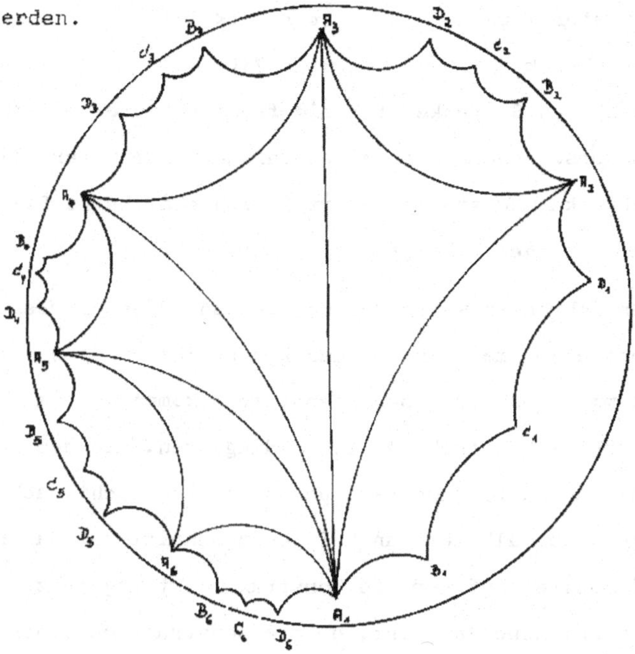

Vom Eckpunkt A_1 der unfreien Kommutatorfläche $A_1B_1C_1D_1A_2$ +) ausgehend wird das Polygon zunächst in g-2 Sechsecke $A_1A_iB_iC_iD_iA_{i+1}$ $(1 < i < g)$ (<u>Kommutatorsechsecke</u>) und zwei Fünfecke (die unfreie Kommutatorfläche $A_1B_1C_1D_1A_2$ und die freie Kommutatorfläche $A_1A_gB_gC_gD_g$) zerlegt, wie aus der Skizze ersichtlich. Die Kommutatorsechsecke bestehen dann aus einem Dreieck $A_1A_iA_{i+1}$ und einer aufgesetzten Kommutatorfläche $A_iB_iC_iD_iA_{i+1}$ $(1 < i < g)$.
Da die Gesamtsumme der Winkel im Polygon 2π ist und in der unfreien Kommutatorfläche bereits zwei Winkel vorkommen, deren Summe π ergibt, bekommt man für die Inhalte der Flächen die folgenden Schranken:

+) Im Gegensatz zu den Bezeichnungen im Kapitel VI trägt hier der unfreie Kommutator statt des Indexes g den Index 1.

Unfreie Kommutatorfläche	$\pi < J_1 < 2\pi$
Freie Kommutatorfläche	$2\pi < J_2 (< 3\pi)$
Kommutatorsechseck	$3\pi < J_3 (< 4\pi)$

Dabei sind die oberen Schranken für die freie Kommutatorfläche und das Kommutatorsechseck allgemeine Schranken für hyperbolische Fünf- bzw. Sechsecke und stellen somit in Wahrheit keine Bedingungen an die Flächen.

Diese einfachen Schranken waren der Hauptgrund, diese Zerlegung zu wählen. Konstruiert man nämlich das kanonische Polygon mit der unfreien Kommutatorfläche beginnend, so bekommt man im Verlaufe der Konstruktion ausschließlich Bedingungen, die den Inhalt der zu konstruierenden Flächen nach unten, jedoch nicht nach oben beschränken. Deshalb hat man bei jedem Schritt nur dafür zu sorgen, daß die Seite, auf der die Konstruktion fortgesetzt werden soll, ausreichend lang ist, um die Konstruktion einer entsprechend großen Fläche zu ermöglichen. (Vergleiche Hilfssatz 4.) Im Folgenden sollen zunächst diese einzelnen Flächenelemente genauer untersucht werden.

4. Die Unfreie Kommutatorfläche

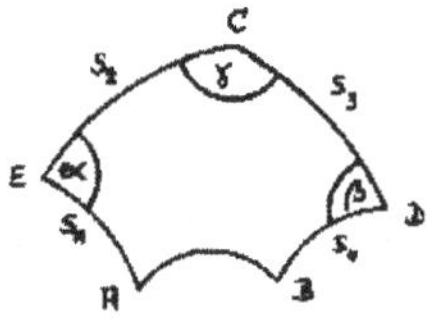

$|s_1| = |s_3|$

$|s_2| = |s_4|$

$\alpha = \beta, \; \alpha + \gamma = \pi$

Die Dreiecke ACE und CBD sind kongruent. Also ist $|AC| = |BC|$ und C liegt auf dem Mittellot von AB. (Man sieht hieraus auch, daß die Punkte A,B,C und E den Punkt D festlegen.)

Wegen der speziellen Lage von C kann man durch eine Bewegung der oberen Halbebene das Mittellot von AB auf die imaginäre Achse bringen, so daß C oberhalb von AB liegt.

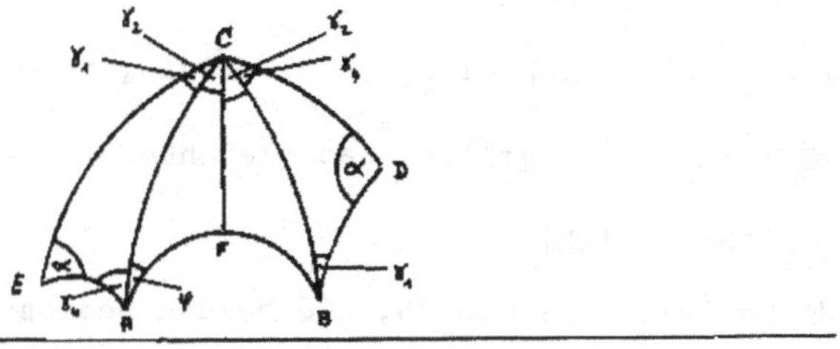

Ist C einmal festgelegt, so auch γ_2. Wegen $\alpha + \gamma_1 + 2\gamma_2 + \gamma_4 = \pi$ oder $2\gamma_2 = \pi-(\alpha + \gamma_1 + \gamma_4)$ ist damit der Inhalt des Dreiecks ACE bestimmt: $|ACE| = 2\gamma_2$.

Der Inhalt der Kommutatorfläche ist

$$J = \pi - 2\gamma_2 - 2\phi + 4\gamma_2 = \pi + 2(\gamma_2 - \phi)$$

Welche Bedingungen lassen sich daraus für C und E ableiten, wenn AB vorgegeben ist?

Da der Inhalt größer als π sein soll, muß zunächst $\gamma_2 > \phi$ gelten, oder äquivalent dazu

$$(1) \qquad |CF| < \tfrac{1}{2}|AB| = |AF|$$

und $|AF|$ ist eine Grenze für $|CF|$.

Außerdem ist aber $|CF|$ nach unten beschränkt. Der Inhalt des über AC zu konstruierenden Dreiecks soll $2\gamma_2$ sein, muß aber kleiner sein als $2 \arccos \frac{1}{\cosh\frac{|AC|}{2}}$, weil dies die obere Grenze für den Inhalt aller über AC möglichen Dreiecke ist (Hilfssatz 3):

$$\cos \gamma_2 > \frac{1}{\cosh \frac{|AC|}{2}}$$

Diese Bedingung ist, wie man mit Hilfsmitteln der hyperbolischen Trigonometrie zeigt, äquivalent zu

$$(2) \qquad \cosh |CF| > \frac{\sinh |AF| + 1}{\cosh |AF|}$$

Sollen nun (1) und (2) gleichzeitig erfüllt sein, so muß

$\cosh |AF| > \frac{\sinh |AF| + 1}{\cosh |AF|}$ gelten, was gleichbedeutend ist mit

$\log (3 + 2\sqrt{2}) < |AB| = 2|AF|$.

Die Punkte C des Mittellotes von AB, die beiden Bedingungen (1) und (2) genügen, bilden für $|AB| > \log (3 + 2\sqrt{2})$ ein endliches offenes Intervall. Für $|AB| < \log (3 + 2\sqrt{2})$ sind (1) und (2) nicht gleichzeitig erfüllbar.

Nun ist der Inhalt der Kommutatorfläche durch A,B und C bestimmt und ist bei festem AB eine monoton fallende Funktion von $|CF|$. Gleichzeitig erkennt man aus der Bedingung $\cos \gamma_2 > \frac{1}{\cosh \frac{|AC|}{2}}$, daß das Supremum der Inhalte aller über AB konstruierbaren unfreien Kommutatorflächen mit der Länge der Grundseite $|AB|$ wächst.

Sei nun AB mit $|AB| > \log (3 + 2\sqrt{2})$ vorgegeben. Ferner sei C in dem durch AB bestimmten offenen Intervall festgelegt (und damit der Inhalt der unfreien Kommutatorfläche). Wie kann der Punkt E gewählt werden? Die notwendige und hinreichende Bedingung an E ist, daß der Inhalt des Dreiecks ACE gleich $2\gamma_2$ ist: $|ACE| = 2\gamma_2$. Verlangt man, daß E auf einer Höhenlinie auf AC mit Fußpunkt G liegt, so ist das nach Hilfssatz 3 nur möglich, wenn G in einem durch $|AC|$ und γ_2 bestimmten offenen Intervall um den Mittelpunkt von AC liegt. Ist diese Bedingung aber erfüllt, so gibt es wegen der Hilfssätze 1 und 2 auf der Höhenlinie genau einen Punkt E, für den $|ACE| = 2\gamma_2$ gilt. Aus Stetigkeitsgründen ist der geometrische Ort aller dieser Punkte eine Kurve, die an zwei verschiedenen Stellen der reellen Achse die obere Halbebene verläßt und jede Höhenlinie auf AC höchstens einmal schneidet. Die Menge der möglichen Punkte ist also, wenn man sie auf natürliche Weise topologisiert, einem $'\mathbb{R}^1$ homöomorph.

Die eben gewonnenen Ergebnisse lassen sich zusammenfassen in

Hilfssatz 5. Die Inhalte der über einer Strecke AB konstruierbaren unfreien Kommutatorflächen bilden ein offenes Intervall (π, s), $s < 2\pi$. Dabei ist s eine mit $|AB|$ monoton wachsende Funktion, die sich asymptotisch dem Wert 2π nähert und für $|AB| = \log(3+2\sqrt{2})$ den Wert π annimmt. ($s \leqslant \pi \Leftrightarrow (\pi, s) = \emptyset$). Für jede Konstante k ist der Raum der unfreien Kommutatorflächen über a mit Inhalt größer als k entweder leer oder homöomorph $'\mathbb{R}^2$ topologisierbar. Soll der Inhalt gleich k sein, so ist der Raum entweder leer oder homöomorph $'\mathbb{R}^1$.

5. Die freie Kommutatorfläche

Für die freie Kommutatorfläche wird wie bei der unfreien gefortert, daß $|s_1| = |s_3|$, $|s_2| = |s_4|$ gilt, aber an die Winkel wird nun eine schwächere Forderung gestellt: Die Summe der 5 Innenwinkel muß kleiner sein als π, d.h.: der Inhalt der freien Kommutatorfläche muß größer als 2π sein.

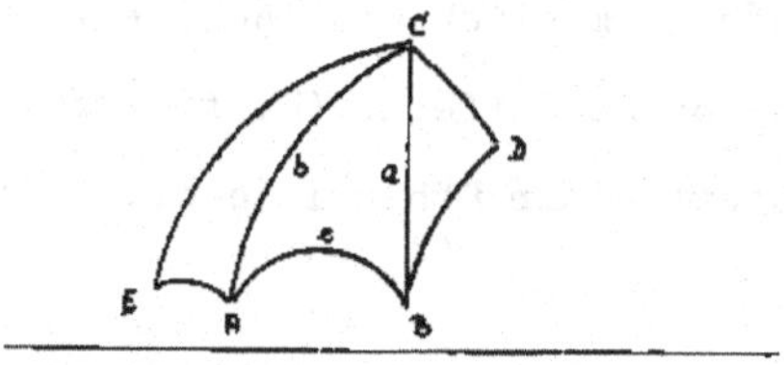

$|AE| = |CD|$

$|EC| = |DB|$

Auch hier wächst, wie man leicht sieht, das Inhaltssupremum der über c konstruierbaren Kommutatorflächen mit $|c|$.

Sei nun AB = c vorgegaben. Ist dann auch C festgelegt, so gilt für den Inhalt der noch über AC = b und BC = a zu konstruierenden Dreiecke ACE und BDC :

$$|ACE| + |BDC| < 2 \operatorname{arc\,cos} \frac{1}{\cosh \frac{|b|}{2}} + 2 \operatorname{arc\,cos} \frac{1}{\cosh \frac{|a|}{2}}.$$

Andererseits kann man durch geeignete Wahl von E (und damit von D) $|ACE| + |BDC|$ diesem Grenzwert beliebig nahe bringen, indem man z.B. E auf dem Mittellot von AC dem Rand der Halbebene nähert. Bewegt man also C auf einer Höhenlinie h_c von c fort, so wächst sowohl $|ABC|$, als auch das Supremum für $|ACE| + |BDC|$.

Geklärt werden muß hier noch der Zusammenhang zwischen E und D. Nach Wahl von E muß über BC ein Dreieck CBD mit den Seitenlängen $|CD| = |AE|$ und $|BD| = |CE|$ konstruiert werden. Dieses ist genau dann möglich, wenn sowohl $|AE| + |CE| > |BC|$ als auch $||AE| - |CE|| < |BC|$ gilt. Da außerdem die Orientierung des Dreiecks vorgeschrieben ist, gibt es in diesem Fall genau einen Punkt D, der den obigen Bedingungen genügt.

Sei nun A,B,C fest und E werde auf einer Höhenlinie von b fortbewegt. Dann wachsen $|CE|$ und $|AE|$, während $||AE| - |CE|| = |\Delta|$ fällt (Hilfssatz 2). Falls es also auf dieser Höhenlinie e i n e n Punkt E gibt, so daß über BC ein Dreieck CBD mit $|BD| = |CE|$ und $|CD| = |AE|$ konstruiert werden kann, so ist es für alle folgenden Punkte ebenfalls möglich und $|ACE| + |CBD|$ wächst monoton, während E sich von AC entfernt (Hilfssatz 1 und 2). Gibt man nun neben A,B und C statt einer Höhenlinie die Differenz der Seitenlängen $\Delta = |AE| - |CE|$ vor, so ist das das Supremum von $|ACE| + |CBD|$ eine Funktion F^* von $|a|$, $|b|$ und Δ, und es gilt nach Hilfssatz 3:

$$F^*(|a|,|b|,\Delta) = 2 \operatorname{arc\,cos} \frac{\cosh \frac{\Delta}{2}}{\cosh \frac{|a|}{2}} + 2 \operatorname{arc\,cos} \frac{\cosh \frac{\Delta}{2}}{\cosh \frac{|b|}{2}} .$$

Da $\cosh \frac{\Delta}{2}$ eine streng monoton wachsende Funktion von $|\Delta|$ ist und arc cos im obigen Bereich eine streng monoton fallende Funktion ist, ergibt sich F^* als streng monoton fallende Funktion von $|\Delta|$.

Verlangt man also bei vorgegebenem C,
$|ACE| + |CBD| = K = \text{const} > \pi$,
so ist die Menge der möglichen Punkte E entweder leer, oder sie bildet eine Kurve $\mathfrak{C}$, die an zwei verschiedenen Stellen der reellen Achse die obere Halbebene verläßt und jede Höhenlinie h_b höchstens einmal schneidet. (Beweis erfolgt analog zum Beweis von Hilfssatz 5.) Verlangt man jedoch
$|ACE| + |CBD| > k = \text{const} > \pi$, so kann E frei in dem von $\mathfrak{C}$ und der reellen Achse eingeschlossenen Gebiet variieren. Falls die Menge der möglichen Punkte E nicht leer ist, so ist sie im ersten Fall homöomorph $'R$ und im zweiten Fall homöomorph $'R^2$ topologisierbar.

Sei nun von C nur verlangt, daß es auf einer festen Höhe h_c mit Fußpunkt F liege. Bewegt man C auf h_c von F fort, dann wächst sowohl $|ABC|$ als auch sup $(|ACE| + |CBD|)$ monoton. Die oberen Grenzen beider Größen sind von F abhängig und wachsen, wenn F sich dem Mittelpunkt von AB nähert. Dieses läßt C in einem $'R^2$ variieren, wenn $|ABC|$ + sup $(|ACE| + |CBD|)$ größer als eine feste Zahl sein soll und es ein solches C überhaupt gibt. Für festes k mit $3\pi > k > 2\pi$ bilden deswegen die freien Kommutatorflächen über AB mit Inhalt $J > k$ (bzw. $J=k$) einen Raum, der entweder leer ist oder sich dem $'R^4$ (bzw. $'R^3$) homöomorph topologisieren läßt. Damit ist der folgende Hilfssatz bewiesen:

<u>Hilfssatz 6.</u> Für ein festes k mit $2\pi < k < 3\pi$ ist der Raum der über einer vorgegebenen Seite AB konstruierbaren freien Kommutatorflächen mit Inhalt $J > k$ (bzw. $J=k$) entweder leer oder homöomorph dem $'R^4$ (bzw. $'R^3$) topologisierbar. Ist der Raum für ein k_o leer, so ist er es für alle $k > k_o$. Das Infimum aller k, für die dieser Raum leer ist, ist eine mit $|AB|$ wachsende Funktion.

6. Das Kommutatorsechseck

Das Kommutatorsechseck besteht aus einem Dreieck ABC und einer freien Kommutatorfläche, welche auf die Seite BC des Dreiecks aufgesetzt ist.

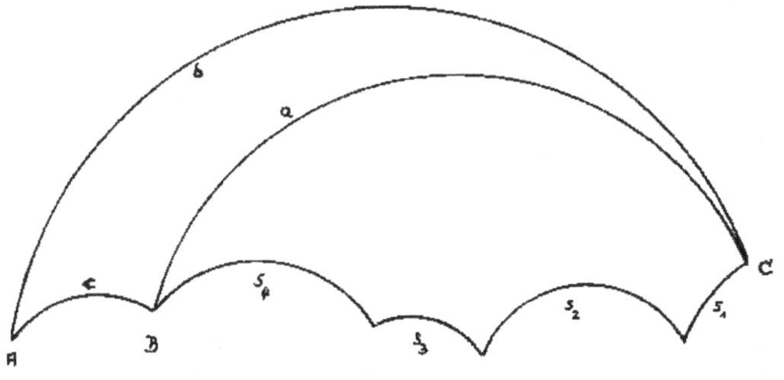

$$|s_1| = |s_3| \ , \quad |s_2| = |s_4|$$

Benutzt man dieses Flächenstück, um das kanonische Polygon zu konstruieren, so muß die Seite $b = AC$ lang genug sein, damit über b noch eine Fläche ausreichend großen Inhaltes konstruiert werden kann.

Falls dieses nach Vorgabe von AB überhaupt möglich ist, ergibt sich in der Induktion folgende Situation: AB wird die "freie Kante" (vergl. 7.). Die über AB insgesamt noch zu konstruierende Fläche muß einen Inhalt J_2 haben, der durch die vorher konstruierte Fläche mit dem Inhalt J_1 bestimmt ist, nämlich durch $J_1 + J_2 = 4(g-1)\pi$. Hat nun das Kommutatorsechseck den Inhalt H, so muß also über b noch eine Fläche vom Inhalt J_2-H konstruiert werden. Die untere Grenze für $|b|$ erweist sich bei vorgegebenem AB als eine stetige streng monoton fallende Funktion von $|H|$ und soll mit b_* bezeichnet werden. (Vergl. 7. und Hilfssatz 4.)

Die Frage nach dem Kommutatorsechseck läßt sich demnach wie folgt stellen: Es sei AB vorgegeben und über AB soll ein Kommutatorsechseck H konstruiert werden mit $|AC| = |b| > b_*(|H|)$, wobei b_* eine stetige streng monoton fallende Funktion von $|H|$ ist. Sei h_c eine Höhenlinie auf AB = c mit Fußpunkt F und C_o ein Punkt auf h_c, für den es ein Kommutatorsechseck H mit Grunddreieck ABC_o und $|b| > b_* = b_*(|H|)$ gibt. Dann existieren solche Kommutatorsechecke auch für alle die Punkte auf h_c, die weiter von F entfernt sind als C_o. Wenn sich C nämlich auf h_c von F entfernt, so wachsen $|a|$, $|b|$ und $|ABC|$ und mit $|a|$ auch die obere Grenze der Inhalte aller über a konstruierbaren freien Kommutatorflächen. Mit $|FC|$ wachsen also $|b|$ und das Inhaltssupremum der Kommutatorsechsecke mit Grunddreieck ABC. Insbesondere gibt es zu jedem C mit $|FC| > |FC_o|$ Kommutatorsechsecke, deren Inhalt H so groß ist, daß $|b| > b_*(|H|)$ gilt.

Wie hängt nun dieser Prozeß vom Fußpunkt F der Höhenlinie ab? Auf jeder Höhenlinie kann man durch geeignete Wahl von C sowohl $|a|$ als auch $|b|$ beliebig groß machen. F hat also keinen Einfluß auf die obere Grenze der Inhalte aller über a konstruierbaren freien Kommutatorflächen und bedingt keine Schranken für $|a|$ oder $|b|$. Aber die obere Grenze für den Inhalt des Grunddreiecks ABC ist von F abhängig und wächst monoton, wenn F sich dem Mittelpunkt von c nähert (Hilfssatz 1 und 2). Folglich bildet die Menge aller Punkte C, für die es ein Kommutatorsechseck H mit dem Grunddreieck ABC und $|b| > b_*(|H|)$ gibt, einen Raum, der entweder leer oder dem $'R^2$ homöomorph topologisierbar ist.

Sei nun dieser Raum nicht leer und C ein beliebiger Punkt darin. Dann ist ABC und damit a und b (!) fixiert und es gibt ein Kommutatorsechseck H mit $b_*(|H|) < |b|$. Gesucht sind nun alle freien Kommutatorflächen über a, deren Inhalt J der Ungleichung $b_*(J + |ABC|) < |b|$ genügt. Es gibt nun eine positive Zahl J_* mit $b_*(J_* + |ABC|) = |b|$; denn es ist b_* streng monoton und stetig, es gibt ferner eine Lösung J der obigen Ungleichung und für $J \to o$ gilt $b_*(J + |ABC|) \to \infty$, weil die Winkelsumme in einer freien Kommutatorfläche kleiner π sein muß. Gesucht sind also alle freien Kommutatorflächen über a mit Inhalt $J > J_*$. Dieser Raum ist nach 5. einem $'R^4$ homöomorph, da er nicht leer ist.

Da die möglichen C einem $'R^2$ durchlaufen, ergibt sich für die Kommutatorsechsecke ein Raum, der entweder leer oder dem $'R^6$ homöomorph ist.

<u>Hilfssatz 7.</u> Sei $b_* : 'R^+ \to 'R^+ \cup \{\infty\}$ eine stetige, streng monoton fallende Funktion, sei weiter $c = AB$ eine vorgegebene Strecke. Dann ist der Raum aller Kommutatorsechsecke H über c mit Grunddreieck ABC und freier Kommutatorfläche über $a = BC$, deren Inhalt $|H|$ der Bedingung $b_*(|H|) < |b| = |AC|$ genügt, entweder leer oder dem $'R^6$ homöomorph topologisierbar.

7. Der Raum der kanonischen Polygone

Vergleiche Skizze auf Seite A 11. Sei das Geschlecht $g > 1$ vorgegeben. Die Ecken des kanonischen Polygons seien fortlaufend mit $A_1, B_1, C_1, D_1, A_2, B_2, \ldots, C_g, D_g, A_{g+1} = A_1$ bezeichnet, wobei $A_1B_1C_1D_1A_2$ die unfreie Kommutatorfläche ist. Für $1 < i < g$ ist dann $A_iB_iC_iD_iA_{i+1}$ eine freie Kommutatorfläche, während für $1 < i \leq g$ $A_1A_iB_iC_iD_iA_{i+1}$ ein Kommutatorsechseck ist. Ferner soll für $1 < i < g$ das Polygon $A_1A_iB_i \ldots C_gD_g$ mit Q_i bezeichnet werden. Dieses ist ein $(g-i+2)$-Eck mit $(g-i+1)$ aufgesetzten freien Kommutatorflächen. Sei $Q_i^* = Q_i^*(|A_1A_i|)$ das Inhaltssupremum aller Polygone vom Typ Q_i über A_1A_i. Dann gilt, wie man sich leicht überlegt,

$$Q_i^* = (4(g-i) + 2)\pi + 2 \text{ arc cos } \frac{1}{\cosh \frac{|A_1A_i|}{2}}$$

(vergl. Hilfssatz 3).

Q_i^* ist also eine mit $|A_1A_i|$ streng monoton wachsende Funktion. Das gleiche gilt für das Inhaltssupremum $G^*(|A_1A_2|)$ aller über A_1A_2 konstruierbaren unfreien Kommutatorflächen (Hilfssatz 5). Die Konstruktion des kanonischen Polygons beginne man mit der Strecke A_1A_2. Verschiedene Lagen dieser Strecke in der nichteuklidischen Ebene müssen als äquivalent angesehen werden, da sie durch linear gebrochene Transformationen ineinander überführt werden können. Jedoch führen Strecken verschiedener Länge nicht zu kongruenten Polygonen.

Die einzige an A_1A_2 gestellte Bedingung ist, daß über dieser Strecke die Konstruktion eines kanonischen Polygons überhaupt möglich ist, also daß

$$G^* + Q_2^* = G^*(|A_1A_2|) + (4(g-2)+2)\pi + 2 \operatorname{arc} \cos \frac{1}{\cosh\frac{|A_1A_2|}{2}} > 4(g-1)\pi$$

d.h. $$G^*(|A_1A_2|) + 2 \operatorname{arc} \cos \frac{1}{\cosh\frac{|A_1A_2|}{2}} > 2\pi$$

Die beiden Terme der linken Seite dieser Ungleichung sind streng monoton wachsende Funktionen von $|A_1A_2|$, deren Summe größer als 2π wird. (Nach Hilfssatz 5 gilt $\lim\limits_{|A_1A_2| \to \infty} G^*(|A_1,A_2|) = 2\pi$, außerdem gilt $\lim\limits_{|A_1A_2| \to \infty} 2 \operatorname{arc} \cos \frac{1}{\cosh\frac{|A_1A_2|}{2}} = \pi$)

Andererseits muß $|A_1A_2| > \log(3 + 2\sqrt{2})$ gelten, damit über $|A_1A_2|$ eine unfreie Kommutatorfläche konstruiert werden kann (vergl. 4.). Nun gilt aber

$$\lim_{|A_1A_2| \downarrow \log(3+2\sqrt{2})} \left(G^*(|A_1A_2|) + 2 \operatorname{arc} \cos \frac{1}{\cosh\frac{|A_1A_2|}{2}}\right) = \frac{3\pi}{2} < 2\pi.$$

Wegen der strengen Monotonie dieser Funktion gibt es also ein $k_* > \log(3 + 2\sqrt{2})$, so daß über A_1A_2 ein kanonisches Polygon genau dann konstruiert werden kann, wenn $|A_1A_2| > k_*$ gilt. +) Die Menge aller A_2 , die (bei festem A_1 und vorgegebener Halbgeraden auf der A_2 liegen soll) die Konstruktion eines kanonischen Polygons zulassen, bildet also einen $'R^1$.

Einzige Bedingung an die unfreie Kommutatorfläche G über dem nun festen A_1A_2 ist, daß sie einen größeren Inhalt als

---

+) Einer schriftlichen Mitteilung von Herrn C.L. Siegel zufolge, berechnet sich k_* als $\log(9+4\sqrt{5})$

$4(g-1)\pi - Q_2^*(|A_1A_2|) = 2\pi - 2 \text{ arc cos } \frac{1}{\cosh\frac{|A_1A_2|}{2}}$ hat. Da es nach Konstruktion von A_1A_2 solche unfreien Kommutatorflächen über A_1A_2 gibt, bildet die Menge aller dieser Flächen nach Hilfssatz 5 einen $'R^2$.

Der nächste Schritt ist die Konstruktion eines Kommutatorsechsecks $H_2 = A_1A_2B_2C_2D_2A_3$ über A_1A_2. (Falls g=2, folgt bereits der letzte Schritt, siehe unten.) Dabei ist $|A_1A_2|$ und $|G|$ derart, daß Q_2 und damit auch H_2 über A_1A_2 konstruierbar ist, d.h. es ist $Q_2^*(|A_1A_2|) + |G| > 2\pi$. Dieser Schritt entspricht aber gerade dem "Induktionsschritt" der Konstruktion von $H_i = A_1A_iB_iC_iD_iA_{i+1}$ $(1 < i < g-1)$ über A_1A_i, wobei nach Induktionsvoraussetzung A_1A_i und der Inhalt $|P_i|$ der bereits konstruierten Fläche $P_i = A_1B_1C_1D_1A_2...C_{i-1}D_{i-1}A_i$ der Ungleichung $Q_i^*(|A_1A_i|) + |P_i| > 2\pi$ genügen.

Nach Voraussetzung läßt sich e i n H_i so konstruieren, daß

$$Q_{i+1}^*(|A_1A_{i+1}|) + |H_i| + |P_i| > 2\pi \text{ gilt.}$$

Diese Bedingung definiert eine Funktion $b_{i*}(|H_i|)$, so daß $|A_1A_{i+1}| > b_{i*}(|H_i|)$ genau dann erfüllt ist, wenn

$$Q_{i+1}^*(|A_1A_{i+1}|) + |H_i| + |P_i| > 2\pi$$ gilt (vergl. 6.). Dabei ist b_{i*} eine stetige streng monoton fallende Funktion von $|H_i|$. Der Raum dieser Sechsecke H_i bildet nun nach Hilfssatz 7 einen $'R^6$, da er nicht leer ist. Die Induktionsvoraussetzungen bleiben bei dieser Konstruktion gerade erhalten; denn es ist $P_{i+1} = H_i \cup P_i$. Nach g-2 solchen Schritten ist die Fläche $P_g = A_1B_1C_1D_1A_2...A_g$ konstruiert und es gilt

$$Q_g^*(A_1A_g) + |P_g| > 2\pi$$

Über A_1A_g sind also alle freien Kommutatorflächen vom festen Inhalt $2\pi - |P_g|$ gesucht. Da die Existenz e i n e r solchen Fläche nach Hilfssatz 6 gesichert ist, bilden diese Flächen gerade einen $'R^3$.

Der Raum der kanonischen Polygone ist homöomorph

$$'R^1 \times 'R^2 \times ('R^6)^{g-2} \times 'R^3 = 'R^{6g-6} ,$$

weil man sukzessive Faserungen über $'R^6$ erhält.

<u>Satz:</u> Der Raum der Äquivalenzklassen markierter Riemannscher Flächen vom Geschlecht $g > 1$ (der "Teichmüllersche Raum" vom Geschlecht g) ist dem $'R^{6g-6}$ homöomorph.

Literaturverzeichnis

Ahlfors,L.V.

1. On quasiconformal mappings.
   J.d'Analyse Math.3 (1953/54), 1-58
2. The complex analytic structure of the space of closed Riemann surfaces
   Analytic functions, Princeton 1960, p.45-66

Artin,E.

1. Theorie der Zöpfe
   Abh.Math.Sem.Univ.Hamburg 4 (1926), 47-72
2. Theory of braids
   Ann.Math.(2) 48, 101-126 (1947)
3. Braids of permutations.
   Ann.Math.(2) 48, 643-649 (1947)

Baer,R.

1. Kurventypen auf Flächen
   J.reine angew.Math.156 (1927), 231-246
2. Isotopien von Kurven auf orientierbaren, geschlossenen Flächen
   J.reine angew.Math.159 (1928), 101-116
3. Die Abbildungstypen der orientierbaren, geschlossenen Flächen vom Geschlecht 2
   J.reine angew.Math.160 (1928), 1-25

Baer,R. u.Levi,F.

1. Freie Produkte und ihre Untergruppen
   Compositio Math.3 (1936), 391-398

Bers,L.

1. Quasiconformal mappings and Teichmüller's theorem
   Analytic functions, Princeton 1960, p.89-120

2. Spaces of Riemann surfaces
Proc.Int.Kongr.Math.Edinburg 1958, p.349-361

Burde,G.

1. Zur Theorie der Zöpfe
Math.Ann.151 (1963), 101-107

Chang,B.

1. The automorphism group of a free group with two generators
Mich.Math.J.7 (1960), 79-81

Cohen,D.E. + Lyndon,R.C.

1. Free bases for normal subgroups of free groups
Trans.Amer.Math.Soc.108 (1963),526-537

Coxeter,H.S.M. + Moser,H.W.O.J.

1. Generators and relations for discrete groups
Ergebn.Math.N.F.14, Springer-Verl., Berlin 1957

Dehn,M.

1. Transformation der Kurven auf zweiseitigen Flächen
Math.Ann.72 (1912), 413-421

2. Die Gruppen der Abbildungsklassen
Acta Math.69 (1936), 135-206

v.Dyck,W.

1. Gruppentheoretische Studien
Math.Ann.20 (1882), 1-44

Epstein,D.B.A.

1. Curves on 2-manifolds and isotopies
Acta Math.115 (1966), 83-107

Fenchel,W.

1. Bemarkingen om endelige gruppen af abbildungsklasser
Mat.Tidsschrift B (1950), 90-95

2. Estensioni di gruppi descontinui e transformazioni periodiche delle superficie
Rend.Acc.Naz.Lincei (Sc.fis-,mat e nat.) 5 (1948), 326-329

Fox,R.H.

1. On Fenchel's conjecture about F-groups
Mat.Tidsschrift 6 (1952), 61-65

Gerstenhaber,M.

1. On the algebraic structure of discontinuous groups
Proc.Amer.Math.Soc.4 (1953), 745-750

Goeritz,L.

1. Normalformen der Systeme einfacher Kurven auf orientierbaren Flächen
Abh.Math.Sem.Univ.Hamburg 9 (1933), 223-243

2. Die Abbildungen der Brezelfläche und Vollbrezel vom Geschlecht 2
Abh.Math.Sem.Univ.Hamburg 9 (1933), 244-259

Graeub,W.

1. Die semilinearen Abbildungen
Sitz.Ber.Heidelberger Akad.Wiss.Math.Nat.Kl.1950, 205-272

Greenberg,L.

1. Discrete Groups of motions
Canad.J.Math.12 (1960), 415-426

Hamstrom,M.E.

1. Homotopy properties of the space of homeomorphisms on P^2 and the Klein bottle
Trans.Amer.Math.Soc.110 (1965), 37-45

2. Homotopy groups of the space of homeomorphims on a 2-manifold
Illinois Journ.Math.10 (1966), 563-573

Higgins,P.J. + Lyndon, R.C.

1. Equivalence of elements under automorphisms of a free group
Vervielfältigt, Queen Mary College, London

Hopf,H.

1. Beiträge zur Klassifikation von Flächenabbildungen
J.reine angew.Math.165 (1931), 225-236

Hurewicz,W.

1. Zu einer Arbeit von O.Schreier
Abh.Math.Seminar Univ.Hamburg 8 (1931), 307-314

Kneser,H.

1. Die kleinste Bedeckungszahl innerhalb einer Klasse von Flächenabbildungen
Math.Ann.103 (1930), 347-358

Kuhn,H.W.

1. Subgroup theorems for groups presented by generators and relations
Ann.Math.58 (1952), 22-46

Lehner,J.

1. Discontinuous groups and automorphic functions
Math.Surveys VIII, A.M.S., Providence, Rhode Island 1964

Lickorish,W.B.R.

1. Homeomorphisms of non-orientable 2-manifolds
Proc.Cambridge Phil.Soc.59 (1963), 307-317

2. A finite set of generators for the homeotopy group of a 2-manifold
Proc.Cambridge Phil.Soc.60 (1964), 769-778

Lyndon, R.C.

1. The equation $a^2b^2 = c^2$ in free groups
   Mich.Math.J. 6 (1959), 89-94

2. Dependence and independence in free groups
   J.reine angew.Math.210 (1962), 148-174

3. On Dehn's algorithm
   Math.Ann.166 (1966), 208-238

Macbeath, A.M.

1. The classification of non euclidean plane crystallographic groups
   Canad.J.Math.6 (1967), 1192-1205

2. Fuchsian groups
   Proc.summer school, Queen's College, Dundee (Scotland), 1961

3. Geometrical realisations of isomorphisms between plane groups
   Bull.Amer.Math.Soc.71 (1965), 629-630

4. On a theorem by J.Nielsen
   Quart.J.Math., Ser.2, 13 (1962), 235-236

MacLane, S.

1. A proof of the subgroup theorem for free products
   Mathematica 5 (1958), 13-18

Magnus, W.

1. Über diskontinuierliche Gruppen mit einer definierenden Relation
   J.reine angew.Math.163 (1930), 141-165

2. Über Automorphismen von Fundamentalgruppen berandeter Flächen
   Math.Ann.109 (1934), 617-648

Magnus,W., Karras,A., Solitar,D.

1. Combinatorial Group Theory: Presentations of groups in terms of generators and relations.
   Interscience Publishers, John Wiley + Sons, Inc.
   New York, London, Sidney, 1966

Mal'zev, A.J.

1. Über Gleichungen $zxyx^{-1}\ y^{-1}\ z^{-1} = aba^{-1}\ b^{-1}$ in freien Gruppen
   Algebra und Logik (Seminar) 1 Nr.5 (1962), 45-50

Mangler,W.

1. Die Klassen topologischer Abbildungen einer geschlossenen Fläche auf sich
   Math.Z. 44 (1939), 541-554

Mennicke,J.

1. Eine Bemerkung über Fuchs'sche Gruppen
   Inv.math.2 (1967), 301-305
   und Corrigendum zu "Eine Bemerkung über Fuchs'sche Gruppen"
   Inv.math.6 (1968), 106

Morton,H.R.

1. The space of homeomorphisms of a disc with n holes
   Illinois J.Math.11 (1967), 40-48

Neumann,B.H.

1. An essay on free products of groups with amalgamation
   Phil.Trans.Roy.Soc.London (1954) Ser.A 246, 503-554

Nielsen,J.

1. Die Isomorphismen der allgemeinen, unendlichen Gruppe mit zwei Erzeugenden
   Math.Ann.78 (1918), 385-397
2. Über die Isomorphismen unendlicher Gruppen ohne Relation
   Math.Ann.79 (1919), 269-272

3. Die Isomorphismengruppen der freien Gruppen
Math.Ann.91 (1924), 169-209

4. A basis for subgroups of free groups
Math.Scand.3 (1955), 31-43

5. Untersuchungen zur Topologie der geschlossenen zweiseitigen Flächen I
Acta Math.50 (1927), 189-358

6. Abbildungsklassen endlicher Ordnung
Acta Math.75 (1942), 23-115

Nielsen,J. + Bundgaard,S.

1. Forenklede Bevizer for nogle Satningen i Flachtopologien
Mat.Tidsschrift B (1946), 1-16

Poincaré,H.

1. Theorie des groupes fuchsien
Acta Math.1 (1882), 1-62

Rado,T.

1. Über den Begriff der Riemannschen Fläche
Acta Univ.Szeged 2 (1924-26), 101-121

Rapaport,E.S.

1. On free groups and their automorphisms
Acta Math.99 (1958), 139-163

Reidemeister,K.

1. Einführung in die kombinatorische Topologie
Friedr.Vieweg u.Sohn, Braunschweig 1932

2. Über unendliche diskrete Gruppen
Abh.math.Sem.Univ.Hamburg 5 (1927), 33-39

Reidemeister,K. + Brandis,A.

1. Über freie Erzeugendensysteme der Wegegruppen eines zusammenhängenden Graphen
Sammelband zu Ehren des 250.Geburtstages Leonhard Eulers
Akademie Verlag, Berlin 1959

Sanatani,S.

1. On planar group diagrams
   Math.Ann.172 (1967), 203-208

Schreier,O.

1. Die Untergruppen der freien Gruppen
   Abh.math.Sem.Univ.Hamburg 5, 161-183 (1927)
2. Über die Gruppen $A^aB^b = 1$
   Abh.math.Sem.Univ.Hamburg 3, 167-169 (1924)

Schubert,H.

1. Knoten und Vollringe
   Acta Math.90 (1953), 131-286

Seifert,H.

1. Lehrbuch der Topologie
   Teubner-Verlag, Leipzig 1934

Seifert,H., Threlfall,W.

1. Lehrbuch der Topologie,
   Teubner, Leipzig 1934

Siegel,C.L.

1. Vorlesungen über ausgewählte Kapitel der Funktionentheorie II
   Math.Institut Göttingen 1964
2. Vorlesungen über ausgewählte Kapitel der Funktionentheorie I
   Math.Institut Göttingen 1964

Smith,P.A.

1. A theorem on fixed points of periodic transformations
   Ann.Math.35 (1934), 572-578

Teichmüller,O.

1. Extremale quasikonforme Abbildungen und quadratische Differentiale
   Preuß.Akad.Ber. (1940), 1-197
2. Bestimmung der extremalen quasiionformen Abbildung bei geschlossenen orientierbaren Riemannschen Flächen
   Preuß.Akad.Ber. (1943)

Threlfall,W.

1. Gruppenbilder.
Abh.sächs.Akad.Wiss. math.-phys.Kl.41, Nr.6 (1932), 1 - 59

van der Waerden,B.L.

1. Free products of groups
Amer.J.Math.70 (1948), 527-528

Weir,A.J.

1. The Reidemeister-Schreier and Kuroš subgroup theorem
Mathematika 3 (1956), 47-55

Whitehead, J.H.C.

1. On certain sets of elements in a free group
Proc.Lond.Math.Soc.41 (1936), 48-56

2. On equivalent sets of elements in a free group
Ann.Math.37 (1936), 782-800

Wilkie,M.C.

1. On noneuclidean cristallographic groups
Math.Z. 91 (1966), 87-102

Zieschang,H.

1. Über Worte $S_1^{a_1} S_2^{a_2} \ldots S_q^{a_q}$ in freien Gruppen mit p freien Erzeugenden
Math.Ann.147 (1962), 143-153

2. Diskrete Gruppen von Bewegungen der Ebene und ebene Gruppenbilder
Uspechi Mat.Nauk 21 Nr.3 (1966), 195-212

3. Alternierende Produkte in freien Gruppen
Abh.math.Sem.Univ.Hamburg 27 (1964), 13-31

4. Alternierende Produkte in freien Gruppen II
Abh.math.Sem.Univ.Hamburg 28 (1965), 219-233

5. Über Automorphismen ebener Gruppen
Doklady AN USSR 155 (1964), 57-60

6. Der Satz von Nielsen, einige seiner Anwendungen und Verallgemeinerungen
Trudy IV. Allunionskonferenz über Topologie 1963, Taschkent 1967, S.184-201

7. Über Automorphismen ebener diskontinuierlicher Gruppen
Math.Ann.166 (1966), 148-167

8. Algorithmen für einfache Kurven auf Flächen
Math.Scand.17 (1965), 17-40

9. Algorithmen für einfache Kurven auf Flächen II
Math.Scand. (im Druck)

Index

Bezeichnungen

'Z ganze Zahlen

'R reelle Zahlen

'C komplexe Zahlen

'E obere Halbebene = nicht-euklidische Ebene

$\{\ldots;\ldots\}$ Gruppenbeschreibung

$\{\ldots;\Pi\}$ binäres Produkt

Offsetdruck: Julius Beltz, Weinheim/Bergstr.